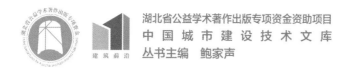

湖北省公益学术著作出版专项资金资助项目

中国城市建设技术文库

丛书主编 鲍家声

The Reconstruction of Planning Mechanism
in Urban Fringe Area during Transitional Periods

转向多中心平衡

转型期城市边缘区规划实施机制变革

熊向宁 著

华中科技大学出版社

http://press.hust.edu.cn

中国·武汉

图书在版编目(CIP)数据

转向多中心平衡:转型期城市边缘区规划实施机制变革/熊向宁著.—武汉:华中科技大学出版社,2023.1

（中国城市建设技术文库）

ISBN 978-7-5680-8364-5

Ⅰ.①转… Ⅱ.①熊… Ⅲ.①城市规划-研究-武汉 Ⅳ.①TU984.263.1

中国版本图书馆 CIP 数据核字(2022)第 102609 号

转向多中心平衡
——转型期城市边缘区规划实施机制变革

熊向宁 著

Zhuanxiang Duozhongxin Pingheng

——Zhuanxingqi Chengshi Bianyuanqu Guihua Shishi Jizhi Biange

策划编辑：易彩萍

责任编辑：陈　忠

封面设计：王　娜

责任校对：李　琴

责任监印：朱　玢

出版发行：华中科技大学出版社（中国·武汉）　　　电话：(027)81321913

　　　　　武汉市东湖新技术开发区华工科技园　　　邮编：430223

录　　排：华中科技大学惠友文印中心

印　　刷：湖北金港彩印有限公司

开　　本：710mm×1000mm　1/16

印　　张：16.5

字　　数：253 千字

版　　次：2023 年 1 月第 1 版第 1 次印刷

定　　价：198.00 元

中国城市建设技术文库
丛书编委会

作者简介

熊向宁,男,汉族,1971 年出生,毕业于华中科技大学,研究生学历,工学博士,正高职高级规划师,国家注册城乡规划师。长期从事城乡规划、城市设计和空间规划研究以及自然资源规划管理等方面工作,完成了近 200 项设计和研究成果,并获得了国家、省、市各类技术成果奖励 40 余项,在核心权威期刊及国内外会议上发表 20 余篇专业论文。

前　言①

　　城市边缘区是转型期内大城市快速扩展背景下,城市外向扩展的唯一空间载体,是城市向外扩散与乡村集聚发展的互为渗透、相互影响的混合区域。城市的快速蔓延与无序发展给边缘区带来了一系列空间、人口、经济、社会、生态环境等问题,资源与利益面临着重新分配和重构。特别是农村居民产权主体意识的逐渐加强,对规划的实施将产生巨大的影响,并将左右我国城市化发展的进程。这些都对传统以城市发展为主体的规划机制的科学性和合理性提出挑战。

　　在城乡统筹、城乡一体化建设目标下,特别是在集体土地流转制度改革的强烈诉求背景下,为真正解决城乡二元结构分离的问题,我们必须对城市边缘区的规划机制予以研究。本书从历史的角度对国内外大城市边缘区的空间结构和形态阶段演变特征予以比较,在理论和实践两个层面概括了转型期中国大城市边缘区规划机制的内涵和发展规律。通过引入制度经济学、公共管理学等前沿理论,创新性地运用制度分析的方法,对当前由政府主导的单中心规划机制展开了剖析,总结了边缘区规划机制四个内在循环演化阶段的特征,循序渐进地阐述了传统规划机制的成因和弊端。

　　本书以武汉市为例,针对城乡统筹发展要义下边缘区空间拓展中的多元主体分化的现实问题,在"单中心"与"多中心"理论对比分析的基础上,从规划管理组织架构重构、规划决策机制完善、规划实施机制创新三个方面展开了深入的研究,提出了多中心平衡的规划机制重构框架及其主要内容,以弥补现行规划机制的不足,进一步提高城乡规划调控的有效性。

---

　　①　由国家自然科学基金项目"中部大城市簇群式发展机理及空间调控关键技术研究——以武汉、长沙为例"(项目编号:50878091)资金资助。

目　　录

第1章 导　　论

1.1　研究的缘起

1.1.1　以时代背景为依托

伴随着我国经济从传统的集中计划经济向现代的市场经济转型,经济体制转型所产生的巨大变革向社会政治体制深化、渗透,作为空间载体的城市也处于此剧烈的转型发展之中,中国的城市化发展道路面临着重新选择。一方面,自20世纪90年代后,作为中国城市化中的发展主体——大城市的规模增长及空间拓展极为迅速,中国城市化发展的区域化及区域城市化趋势明显,城市的发展和扩张均是呈向外拓展的主要态势,大城市边缘区(特指城市集中建成区与周边农业用地融合渐变的地域空间单元)面临着都市区外向空间拓展的压力。但另一方面,城乡二元经济结构仍很明显,城乡差距较大,城乡对立矛盾突出。因此边缘区是当前现实状况下,实现城乡一体化发展的最集中和最有效的区域。

在城乡统筹发展背景下,为解决城乡二元经济结构导致的问题,特别是目前从国家层面提出的重大农村政策改革,其中允许农村集体建设土地入市和同价使用,将为农村与城市的发展带来全新的变革,为城市连绵区、城市群以及城市边缘区的空间发展带来深刻变化。在未来的半个世纪里,中国的城市化进程将大大加快,城市数量和等级都会有较大提升,大城市的边缘区空间演化将在中国城市化发展道路中扮演重要角色。但面对中国特有的城乡二元经济结构实际国情以及经济体制转型中多元利益群体分化与博弈的现实,规划技术的进步并不足以遏制现有规划管理体制或制度导致的负面作用,因而必须从规划机制创新的角度来合理引导城市边缘区的空间拓展,真正探索出城乡一体化发展的新路径,确保城市化进程的顺利进行。

1

1.1.2 以现实问题为导向

在此背景下,我们重新审视和关注这些城市空间变化剧烈地区存在的方方面面的问题。一方面,在中国快速的城市化进程中,城市边缘区作为城市外向扩张的承载主体和集中区域,农业集体土地与国有用地混杂的特殊性,导致土地管理制度、经济发展模式与城市建成区均有所不同,其面临的规划问题也将有其特殊性;另一方面,城市边缘区的农村集体发展要求与城市发展之间的矛盾日益尖锐,资源与利益面临着重新分配和重构,以往潜藏在政府、市场、社会大众之间的博弈关系开始显现,特别是农村居民产权主体意识的逐渐加强,将对规划的实施产生巨大的影响,并将左右我国城市化发展的进程。这些都对传统以城市发展为主体的规划机制的科学性和合理性提出了挑战。因此,必须从边缘区空间组织的实施机制入手,探求城市化快速发展背景下边缘区空间拓展问题的应对策略,解决规划实施过程中的实际问题。

1.2 相关术语辨析

1.2.1 转型期

从狭义上讲,转型是指经济体制发生根本性变化的过程,是从基于国家控制产权的集中计划经济转向自由的市场经济,是一个新制度代替旧制度的过程;从广义上讲,转型就是一个发展制度、发展环境发生明显变迁的过程,从这个意义上看,全球化的影响已经将世界上的大多数国家带入了转型的发展过程之中。

在国内学术界,"转型"一般都是指从传统的集中计划经济向现代的市场经济过渡的理论和实践。与苏联及东欧地区的激进改革形成鲜明对比的是,中国采取的"渐进改革"转型方式取得了明显的成功。但事实上,转型就是一种大规模的制度变迁过程,是一个各方面的体制变化由量变到质变的过程。即使制度的变迁首先是发生在经济领域,但是也会逐渐延展到社会、政治等其他领域。然而从中国内部而言,自20世纪80年代以来,四十余年的政治与经济体制改革,中国的经济、社会与政治格局及总体运作秩序都已经发生了根本的变化,中国的转型是"社会文化、制度传统环境的转变,资源配置方式转变和政府权力行为方式转变这三种主变量变化的统一"。"转型期"就是特指在制度变迁背景下,不同利益主体间利益关系调整的社会体制转变时期。

1.2.2　城市边缘区

"边缘"的意思是物体沿边的部分,它首先表明所指对象隶属于物体本身,其次特指周围的部分。边缘是靠近界线周围的、有厚度的以及同两方面以上有关系的部分,它可以很好地反映城市—乡村过渡区域中兼容城市和乡村的特点,以及城乡相互联系的空间区域的特点,而非"线"或者"带"。边缘区的概念在区域经济的研究中应用得较多,国际性城市、节点城市和区域的代表性城市周围通常存在边缘区。目前对城市及其周边用地分类的描述中,郊区、城乡交接带、城乡接合部、边缘区、阴影区等概念均涉及边缘区的内容。边缘区是城市化发展到一定阶段形成的独特产物,是城市空间利用的快速变更区域,是城乡互为渗透、城市化发展加速和城乡过渡的地带。约翰·弗里德曼(John Friedmann)在其著作中将这种区域描述为 peripheral region(边缘区),重点强调区域的区位特征——边缘。洛斯乌姆(Russwurm)在其研究中将边缘区描述为 urban fringe(城市边缘区),重点强调边缘部分的状态特征——城市化。国内学术界对"城市边缘区"概念的描述,有许多不同的看法,总结起来,主要是从四个方面对"城市边缘区"的概念进行定义。一是从空间位置方面解释,城市边缘区即围绕城市的地带或城市外围地带,一般指城市建成区的外围地带。二是从行政地域方面解释,就目前我国城市地域的行政体制而言,有城区和郊区之分,城市边缘区为城区与郊区交错分布的接触地带。三是从社会、经济、景观特征方面解释,城市边缘区是城市经济、城市社会、城市景观与乡村经济、乡村社会、乡村景观的接合部,或城市环境景观与乡村环境景观的交错地区。四是从城市的扩散作用或城市的影响力方面解释,城市边缘区可称为城市直接影响区或城市化的侵入地区。

综上所述,城市边缘区的概念在我国应用得比较广泛,虽然对它的描述和界定还没有形成比较一致和全面的看法,但是用"城市边缘区"的概念描

述城市—乡村过渡区域的做法正在被越来越多的学者所接受和推崇。按照城乡一体化的建设要求,城市边缘区是指城市建成区与周边广大农业用地融合渐变的地域空间单元,是介于城市与乡村之间的实体空间形态。依据约翰·弗里德曼的划分标准,城市周围宽度约 50 千米的地域为城市边缘区,且可以划分为近缘区和外缘区,近缘区宽度为 10～15 千米,外缘区延伸至25～50 千米。

1.2.3　规划机制

"机制"原指机器的构造和动作原理,常见于生物学和医学领域,说明生物功能的内在工作方式,包括有关生物结构组成部分的相互关系,及其间发生的各种变化过程的物理、化学性质和相互关系。阐明一种生物功能的机制,意味着对它的认识已从对现象的描述上升到对本质的说明。

"边缘区的规划机制"表述的是城市规划与管理体系中针对边缘区空间拓展的规划、管理与实施的组织和行为,以及它们在运作过程中的动态联系,主要包括四个方面:

①规划管理体制的构成(包括规划管理机构的组织、层级、职责等);

②规划决策的方式(包括城市规划与设计方案编制、组织实施等环节的制度安排);

③规划实施的具体模式(包括组织形式、实施手段等);

④相关的配套制度或机制(包括规划实施的融资方式、土地相关政策的变革、有关的产权配置方式、规划的技术支持等内容)。

1.3　大城市边缘区的规划制度模式研究

改革开放以来,在全球化和市场化的双重背景下,中国大都市的空间结构正受到经济转型和社会转型等的多重影响,经历着急剧的演变进程,本书希望基于对武汉的实证研究,达到以下三个研究目的。

第一,从地理学、社会学、公共管理学和经济学等多学科的角度对城市边缘区的相关理论研究进展进行系统的总结,在充分了解该领域研究动态的前提下,建立处于全球化和市场化转型过程中的中国大都市边缘区规划机制的研究框架。

第二，基于本书研究的理论框架，针对中国典型大城市扩散中边缘区空间结构的演化特征与趋势进行研究，从制度分析的角度，提出转型期中国大城市边缘区规划机制变革的方向。

第三，以武汉为案例城市，立足于城乡统筹规划的目标要求，对转型期的规划机制进行解析，并初步构建具有中国特色的大城市边缘区规划机制框架体系。

本书研究的意义主要体现在以下两个方面。

（1）对大城市边缘区的规划制度模式研究具有重要的理论意义

20 世纪 90 年代后，一方面，中国大城市规模增长及空间拓展迅速，中国城市化发展的区域化及区域城市化趋势明显，大城市边缘区面临着都市区向外部空间拓展的压力。但另一方面，城乡二元结构仍很明显，城乡差距较大，城乡对立矛盾突出。因此城市边缘区是当前现实状况下，实现城乡一体化发展最集中和最有效的区域。

2007 年，经国务院同意，国家发展和改革委员会批准武汉城市圈、长株潭城市群为"全国资源节约型和环境友好型社会建设综合配套改革试验区"，这就要求武汉必须探索出一条低投入、高产出、低消耗、少排放、能循环、可持续的新型工业化及城乡一体化的城市化发展道路。在某种意义上，这也是新时期国家对中国未来城市化科学健康发展的期待和要求。按照"两型社会"的发展要求，对转型期城市边缘区的规划机制予以研究，可以科学合理地引导边缘区空间拓展行为，实现"两型社会"下新型城市化的总体发展目标，既可避免重蹈部分沿海城市边缘区生态损害型城市区域化发展之覆辙，同时也可以丰富我国城市化研究，为探索我国城乡一体化的发展道路积聚基础，为沿海发达地区城市区域化发展提供借鉴。

在未来的半个世纪里，中国的城市化进程将大大加快，城市数量和等级都会有较大提升，大城市的边缘区空间演化将在中国城市化发展道路中扮演重要角色。但面对中国特有的城乡二元结构实际国情以及经济体制转型中多元利益群体分化与博弈的现实，规划技术的进步并不足以遏制现有规划管理体制或制度的负面作用，因而必须从规划机制创新的角度来合理引导城市边缘区的空间拓展，确保城市化进程的顺利进行，同时可以推进我国

城市边缘区空间演化机制的范型研究,从理论体系构建方面来讲,这对于大城市边缘区的合理发展有重要的理论意义。

(2)对大城市边缘区的规划实施机制研究具有重要的现实意义

针对转型期我国大都市空间拓展中出现的城乡经济、社会发展差距过大的问题,若缺乏理性、有效的边缘区空间成长管理及实施对策,未来大城市很可能走向城市空间区域化无序发展,造成城市区域生态环境本底的不可逆式破坏、城市空间结构绩效降低、城乡二元极化的进一步对立,进而导致城乡整体经济、社会结构的不健康、不稳定,最终破坏城市长远发展的基础和环境。失地农民的生活保障等诸多问题也会对构建和谐社会造成极大威胁。

考虑我国大城市蔓延中边缘区发展存在的现实情况,特别是面对农村地区的发展滞后和城乡社会阶层矛盾突出等诸多问题,必须从边缘区空间组织的实施机制入手,探求快速成长背景下边缘区空间拓展的应对策略,解决规划实施过程中的实际问题,完善边缘区空间规划管理的内容。这对于大城市边缘区合理发展有着重要的现实意义,同时对目前武汉城市规划实践具有重要的指导作用,对中部地区乃至全国的同类城市也有重要的示范作用。

1.4 国内外相关研究

人们对城市边缘区空间的研究是从个体走向群体,从局部微观实践走向整体宏观,从空间直觉形态走向社会制度政策分析,这实际上反映了人们认识不断深化、视野不断拓宽的过程,中西方概莫能外。本书主要是对国内外的主要研究成果进行梳理,对研究重点进行比较分析,并以此为基础明确研究的对象和范围。

1.4.1 国外相关理论研究与实践的演变历史脉络

(1)边缘区空间形态及主要特征

西方学术界早期将研究重点放在对理想城市整体空间形态结构模式的探索上,对城市空间发展中的边缘区也有所涉及,特别是从 19 世纪初到 20 世纪 50 年代前,人们从社会改良的角度提出了一系列理想城市模式,对城市

与乡村的空间关系提出了一些设想,如霍华德(E. Howard)的田园城市、戛涅
(T. Garnier)的工业城市、赖特(F. L. Wright)的广亩城市、恩温(R. Unwin)
的卫星城市、道萨迪亚斯(C. A. Doxiadis)的动态城市、"Team 10"的"簇群城
市"结构学说等。但这一时期古典城市地理、城市规划学者对城市内部空间
的研究关注度更高一些,对城市外部和边缘区仅仅是对现象和问题的描述,
被认为是缺乏理论分析的经验型科学。

对城市边缘区的研究真正始于 1936 年,德国地理学家赫伯特·路易斯
(H. Louis)发现,伴随城市的扩展过程,德国柏林城市空间的地域结构具有
一个特殊规律:虽然部分分布在边缘地带的城市土地已逐渐融合为城市建
成区的一部分,但仍然因其特殊的景观面貌成为城市新、旧城区的分界地带
(图 1-1),而且这一地段内的土地利用类型随着城市地域内位置的不同而具
有不同的变化特征。他把这一与城市土地利用类型不同的地区称为城市边
缘带。

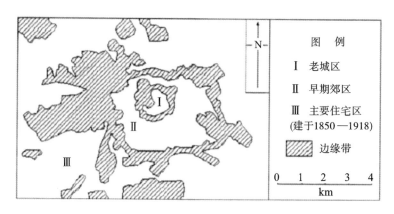

图 1-1　柏林早期城市边缘带

资料来源:周婕.大城市边缘区理论及对策研究——武汉市实证分析[D].上海:同济大学,2007.

1942 年,威尔文(G. S. Wehrwein)首次将城市边缘区定义为城市土地利
用与专门农业生产地区之间的用地激烈转变区域,认为边缘区是"明显的工
业用地与农业用地的转变地带",并提出了边缘区的交通方式及资金模式两
个重要特征。同年安德鲁斯(R. B. Andrews)指出边缘带是城市和乡村过渡
的地带,并属于乡村—城市边缘带的一部分。

1962 年,威锡克(G. A. Wissink)在分析总结了边缘区的各种土地利用状况后,认为现有土地使用均是随机混合的方式,反映了城市边缘区不舒适、不卫生的状况,并称它为"大变异地区"。怀特汉德(J. W. R. Whitehand)在研究城市边缘区内新土地利用的空间模式时,称边缘区是城市新区外向拓展中的一种特殊空间形态区域。

印度学者安加纳·德塞(Anjana Desai)和斯密塔·森·古普塔(Smlta Sen Gupta)在 20 世纪 80 年代提出了乡村边缘带专有的概念,界定其是乡村地域景观较为明显、乡村经济活力突出的地带;并采用"郊区化"指数来确定边缘区的范围,同时也认为城市边缘带和乡村边缘带是共同组成乡村—城市边缘带的两个部分。

(2)边缘区空间的结构、发展规律等理论研究

城市边缘区空间结构及运行的基本规律,一直是西方城市学界关注的核心问题之一。学者们借助城市空间各类理论的发展,重新审视城市边缘区的发展问题,以美国芝加哥大学的派克(E. Park)和沃尔思(L. Wirth)为首的学者,遵从"物竞天择、适者生存"的生态学原理,针对城市空间的动态扩展,从社会学角度陆续提出了同心圆理论(concentric zone theory)、扇形理论(sector theory)、多核心理论(multiple-nuclei theory)三大土地利用经典模式。这三大经典模式从动态变化角度入手,对城市空间所体现出来的"非计划的结局所表现出来的犹如最优计划般的有序",即对城市中心区空间和边缘区空间结构的自组织形成和演化予以深化分析,并在同一城市(芝加哥市)或不同城市找到了相关实例予以剖析,为从社会学、生态学的角度探讨城市地域结构的发展演化提供了一种思路。

1947 年,迪肯森(R. E. Dickinson)提出类似伯吉斯的理论,综合考虑城市历史发展和自身地理条件的影响等方面,进一步论证了同心圆理论的真实性。他将土地利用结构由市中心向外依次划分为中央地带、中间地带、外缘地带。中央地带由商业用地、行政办公用地、高档住宅区、贫民窟、公共建筑及铁路站场等组成;中间地带以私人住宅以及早期形成的工业区为主;外缘地带则包括许多沿铁路发展的集中工业厂区、郊区新建高档住宅区以及原有的中心村镇和城镇。

1950 年以后,库恩(Queen)和汤姆斯(Thomas)提出大都市地区三地带学说,认为大都市地区的地域结构由核心到外围分为市街密集的中心区域、郊外的城市边缘区和市郊外缘广阔的城市腹地,从而在地域结构上明确提出了城市边缘区的范围界定。1953 年,麦肯(M. C. Mckain)与波恩赖特(R. G. Burnight)将边缘区分解为内边缘区、外边缘区、城市阴影区和外围农业区四个部分。

1967 年,哈威德·玛耶(H. Mayor)认为城市边缘区发展的两个重要研究方向主要包括边缘区的土地竞争和开放空间的保存。1968 年,普罗尔(R. J. Pryor)定义城市边缘区是"城乡间土地利用、社会和人口统计学等方面具有明显差异特征的区域,地理空间上则位于连片建成区和城市郊区之间。兼具城市与乡村两方面的特征,人口密度低于中心城区,但高于周围的农村地区"。

20 世纪 70 年代中期,萨特司(Suttles)和柏瑞(Berry)在研究美国城乡边缘带的社区结构时,将边缘区划分为四种构成类型:高级富裕阶层公寓复合体、中产阶层的家庭住宅区、低收入少数民族和工人阶级社区、世界主义者中心。

美国城市与区域规划学家约翰·弗里德曼在对城市边缘区空间进行分析的过程中,采用了"核心-边缘理论",认为城市经济中的主导工业或发动型工业可促进该地区产生一种强大的集聚力量,确保经济发展进一步集中在该地区,形成核心区域(core region),它对周边产生一定范围影响的区域则称为边缘区(peripheral region)。城市中心区和城市周边区域在空间系统上存在着权威-依附的相互关系,但二者之间也长期存在冲突与对峙,呈现一种典型的核心-边缘关系。

(3) 边缘区空间的影响因素、动力机制等理论研究

自 20 世纪 60 年代开始,不同理论流派基于不同理念对城市空间体系形成的基本动力进行了多方位、多层次的探索与实践。城市空间变动最为激烈的区域——城市边缘区的范围、结构、功能也处在不断的变化之中。因此,通过对影响城市边缘空间的各类因素和动力机制进行研究,来揭示城市边缘区形成发展的规律,成为各国学者研究的重点。

20 世纪 60 年代英国的著名学者科曾（M. R. G. Conzen）认为对城市边缘区发展的研究不仅是一种解释城市土地利用景观变化的方法，而且是一种深刻认识复杂的城市发展过程有序化的重要手段。他认为城市边缘区是城市地域扩展的前沿地区，但这种扩展并非持续稳步推进，而是呈加速期、静止期、减速期这三种周期性的变化状态；因而又可以将城市边缘区划分为内缘区、中缘区和外缘区三个区域，分别代表不同时期城市地域外向扩展中的不同情况及阶段。

在 1975 年，洛斯乌姆（Russwurm）通过研究城市地区和乡村腹地以后发现，在这两个地域之间存在着一个连续的具有自身特点的统一体，并将整个城市区域划分为核心区、城市边缘区、城市影响区和乡村腹地四个部分。同时提出城市边缘区（urban fringe）是指位于城市核心区外围，土地利用已处于农村转变为城市的高级阶段的社会空间实体地区。它是城市发展外向拓展中各类指向因素集中渗透的地带，也是郊区城市化和乡村城市化地区混合发展区域。

20 世纪 70 年代中期，以卡特（H. Carter）与威特利（S. Wheatley）为代表的社会学者针对边缘区功能的变化和实际情况另辟蹊径，提出：①边缘区的发展既不像城市，也不同于农村，其土地利用类型具有混合的特点，并已逐渐演化成了一个城市以外的独特的区域；②从多个方面，特别是从边缘区人口及社会特征的城乡过渡性的角度研究城市边缘区的演替过程，通过分析城市边缘区的区位竞争现象，认为城市由于内部经济压力，在向四周扩散的过程中存在局部静止阶段，以这一阶段形成的"固定线"（fixation line）边界来确定城市建成区，"固定线"以外是边缘区。

戴维·克拉克（David Clark）于 1979 年对城乡边缘带的社区结构的形成规律做了深入研究后，认为职业社会阶层分化和种族分离问题是决定城乡边缘带居住空间区位选择和保持社会阶层稳定作用的重要影响因素。

从 20 世纪 80 年代开始，穆勒（Muller）在研究日益郊区化的大都市地区时，借鉴城市地域（urban realm）概念，提出了郊区空间拓展中小城镇建设是边缘区空间发展的主导影响因素，是一种多中心城市模式。

1983 年，埃里克森（Rodney A. Erickson）通过对美国 14 个特大城市自

1920年以来人口、产业及经济等要素向外扩散的情况进行综合比较和分析研究,将城市边缘区空间外向拓展结构的演化过程划分为三个不同的阶段:外溢-专业化阶段、分散-多样化阶段、填充-多核化阶段(图1-2)。

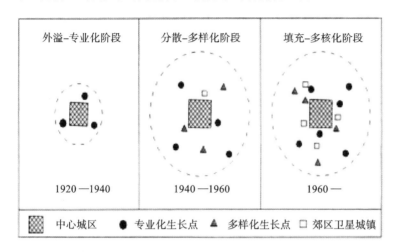

图1-2 城市边缘区空间演变过程

资料来源:周婕.大城市边缘区理论及对策研究——武汉市实证分析[D].上海:同济大学,2007.

1985年,茹哈维奇把城市边缘区描述为反映错综复杂的城市化过程集中浓缩的特殊区域,既客观反映了一系列长期形成的边缘区居民迁移的内在规律,又体现了城乡融合的主导地区动力发展的内在机制。

1995年,约翰(John O. Browder)、詹姆斯(James R. Bohland)和约瑟夫(Joseph L. Scarpaci)通过对曼谷、雅加达和圣地亚哥的城市边缘区的社区进行比较分析后认为,形态和功能方面的多样性决定城市边缘区应是综合反映社会、经济的多面体,其具有不同的发展动力影响因子以及差异化的发展趋势,所以对其分类就不能仅仅依据社会、经济或地理空间的单一化标准来简单予以划分。

(4)边缘区空间的控制策略、实施对策等研究

从城市发展的实际过程看,19世纪的西方工业化城市是一种高密度集中的单中心城市;20世纪出现城市的郊区化后,普遍形成多中心结构的现代城市;由于郊区化时代的来临、环境保护及可持续发展思想的传播,学术研究开始重视对城市边缘区空间增长的引导与控制,较为集中地对西方大城

市蔓延的发生机理予以分析（Lopez，Hynes，2003；Gillham，2002）。"城市成长管理（urban growth management）""紧凑城市（the compact city）"及"精明增长（smart growth）"方面的研究大量出现。源于 20 世纪 60 年代的美国城市成长管理，最初只是强调通过限制新的开发来保护环境资源（Gillham，2002），学界在城市蔓延的界定（Dutton，2000）、城市蔓延的测度方法（Lopez，Hynes，2003）、城市蔓延发展机理（Carruthers，2002）等方面的研究基础上，提出城市成长管理不仅要容纳新的开发，同时要保护社区的特性，保护环境和开敞空间，并且要限制新的基础设施投资。"紧凑城市"作为一种城市发展理念，目前的理论在一定程度上是以遏制城市扩张为前提的，虽然多数学者认为较高的城市密度将有助于减少资源消耗和经济投资，促进城市可持续发展，但西方城市学界对紧凑城市在经济、社会、生活质量等方面的效果还存在争议（Jenks，Burton，Williams，2000；Mclaren，1992）。20 世纪 90 年代后的"精明增长"理论实际上是各种控制城市蔓延路径的大汇合。一般地，精明增长指既要支持增长，又要规避增长带来的负面影响（Gillham，2002）。Anderson 强调精明增长必须在城市增长和保持生活质量之间建立联系。Bollens 认为，"增长管理"应包括"增长制约（growth restricting）"和"增长容纳（growth accommodating）"等要素，在新的发展和既有社区改善之间取得相对平衡，新增加的用地需求应更加趋向于紧凑的已开发区域。Gillham（2002）在《无限制蔓延》（*Limitless Sprawl*）一书中总结了精明增长七个方面的措施。在某种意义上，"精明增长"是一项将交通和土地利用综合考虑的政策，在城市建成区向边缘区扩张过程中，它倡导促进更加多样化的交通出行选择，通过公共交通导向的土地开发模式将居住、商业及公共设施混合布置在一起，并将城市边缘区的开敞空间和环境设施的保护置于同等重要的地位。

　　同时在 20 世纪 70 年代末到 20 世纪 80 年代初，西方社会面对经济停滞、种族隔离、贫富不均等一系列新的经济、社会和政治问题，在各类空间研究方面涌现出人文主义、行为主义、结构主义等不同研究范式，从而为城市边缘区空间政治社会分析提供了理论基础。其中以结构学派（the structural approach，又称新马克思主义学派）为代表的"政治经济学"城市空间结构研究,将空间结构视为社会、经济与政治发展过程塑造的效果,并认为决定城市空间结构的是隐藏在表面世界后的深层社会、经济结构;哈维(D. Harvey)和卡斯塔尔(M. Castells)等人在其代表著作 *Social Justice and the City*、*The Urban Question* 中提出了资本积累与阶级斗争的过程是决定城市空间结构及形态变化的规模、速度和本质的核心。城市问题不是工业化的结果,而是资本主义制度的产物,要解决城市问题,不能孤立地分析地理空间,而要全面改造整个社会结构。对边缘区空间的分析也应纳入城市空间社会结构内在分析框架之中。

20 世纪 80 年代后,西方城市空间研究重点转向城市社会地理学、制度学、公共管理学,普遍重视社会分层(social stratification)和社会流动(social mobility)对城市内在空间结构形成与变化的影响。其中的制度学派(又称新韦伯主义学派)认为对城市空间结构产生影响的是多元社会政治制度,而非抽象的"超结构",城市边缘区的空间拓展实际上就是制度变迁的外在反映。

另外,相关学科如制度经济学、公共管理学的发展也为西方大城市边缘区的控制策略研究提供了新的视野,以奥斯特罗姆(2000)、迈克尔·麦金尼斯(2000)等为代表的公共管理学者,对传统的政府单一权威中心模式下的"单中心理论"提出了质疑,并从长期的公共管理实际案例中总结提炼了广受关注的"多中心理论"。他们认为,城市公共管理者应将治理权力通过合理的制度安排授予多元社会主体,避免以往政府单一主导的垄断性权威模式,形成多层次的交叠管理和市场化的竞争模式;积极采用"社群自主治理"方式,打破由政府来提供所有公共产品的传统束缚观念。

受多中心理论影响,"新公共管理"思潮在西方发达国家蓬勃发展,其关键就是在政府管理进程中引入市场机制,按照市场规律,实现灵活的公私合作模式,以达成统一而高效的公共政策管理目标。这些也为分析城市边缘区规划管理方式的变革提供了有益的启示。Jonathan S. Davies 通过研究英国不同城市的更新发展政策,提出了采用公私合作的方式,可以在市场引导下实现城市的可持续增长。Gwyndaf Williams 则指出,对于变幻莫测的城市发展进程,需要引进企业化的管理机制来作为城市发展的动力,可采用一

种全新的政府治理模式和政治经济协调平衡机制来促进城市边缘区的健康持续发展。20世纪90年代后,主流学者的看法是,在全球化进程中,经济、社会、政治诸范畴及其在不同层面的社会过程及相互关系构成了城市边缘区空间发展的内在机制。

1.4.2　国内研究与实践的主要分类

改革开放后,随着市场在空间资源配置中的作用不断加强、城市化进程速度的不断加快,相关学者对我国城市边缘区的研究越来越多,大体可归纳为以下四个方面。

(1)大城市边缘区空间结构研究

我国20世纪90年代后大规模的城市增长,一方面带来城市结构形态的变化,引发城市空间结构重组;另一方面也导致大城市边缘区的初步成型,并引起更大范围的区域效应——城市群、城市密集区的出现。与西方城市边缘区空间研究的侧重点不同,国内没有形成对城市边缘区空间结构有影响的解析理论,而是注重对不同阶段城市边缘区形态动态演化过程及其机理、特征的研究。国内大城市边缘区空间结构研究集中在两个方面。

一是对大城市边缘区范围、空间特征及结构形态的研究。顾朝林等(1995)对我国大城市边缘区的多种构成要素的基本特征进行了深入研究,结果表明:①边缘区的人口特征具有过渡性和动态性;②不同社会阶层空间分化现象较为明显;③由于受城市不同区段级差地租及比较收益规律的制约,城市边缘区的空间经济活动具有从中心区向外缘圈层递减分布的特征;④城市边缘区的土地利用性质和开发强度、地域空间结构及地理景观等方面都具有高度的混杂性,而且基本遵循距离衰减规律,由城市向郊区衰减。城市边缘区具有与城市和乡村不同的社会、经济以及景观特征。林炳耀等通过对大城市边缘区社会、经济特征的总结,对涉及大城市边缘区社会、经济特征变化的影响因素从土地产权、地价以及人口等方面予以深入分析。同时对城市边缘区空间结构的研究也是国内学者重点关注的内容。顾朝林等(1995)对北京城市边缘区进行研究后,将其大致划分为三个不同地带:第一带为内环带,为城市与农村混合地区,是精细蔬菜、高档花卉、特色苗圃等高附加值园艺类农业分布带,宽约5千米;第二带为近郊环带,为普通蔬菜、畜牧奶蛋为主的混合农业分布带,宽为 10～15 千米;第三带则是远郊环带,为粮食、经济作物、果林、畜牧等综合农业分布带。涂人猛则将城市边缘区划分为内层、中层和外层三个部分,并以武汉市为实例研究后,提出了城市边缘区的空间结构,内层边缘区由成片具有较完善服务设施的高层住宅新区组成,并已逐渐融入城市建成区,中层边缘区则由大型工业企业以及各类经济开发区等用地组成,外层边缘区仍然为郊县地带,以农业为主,保留有大片的原生态农田和村庄。钱紫华等结合我国大城市边缘区发展的动力因素研究,提出了产业园区发展模式、房地产发展模式、大学城发展模式、旅游发展模式、大型活动与大型设施引导模式等五种空间发展模式的特征。

二是对城市边缘区空间演化规律的研究。城市边缘区的空间过程和结构演变是城市经济活动、自然、技术等多重因素共同作用的结果,工业活动的内容决定了大城市边缘区空间结构的演变发展方向,是边缘区外向拓展的动力之源。崔功豪通过对苏南地区城市边缘区的空间扩展研究发现,边缘区的扩展速度伴随经济发展的周期性波动而呈现出典型的周期性特征,并符合英国学者科曾提出的加速期、减速期和稳定期三种变化阶段的特点;武进认为当大城市的经济规模及效益达到一定阶段后,文化将成为边缘区空间结构发展的主要影响因素。顾朝林等(1995)结合我国城市化发展的实际情况,通过研究总结中国大城市边缘区空间扩展形式和各种扩展因素,提出了大城市边缘区地域分异和用地职能演化规律,由内及外渐进推移并遵从指状生长—充填—蔓延周期性城市空间演化规律。

学界对城市区域化发展中城市边缘区空间变化趋势有普遍共识,但边缘区理论研究现状与我国大城市边缘区规划的实践要求还有较大差距。

(2)大城市边缘区空间发展规划模式及局部地域规划策略研究

20 世纪 90 年代中后期以来,由于大城市空间向四周扩张迅速,政府部门和学术界对城市边缘区的空间发展过程中的规划模式以及规划策略等问题从不同视角进行了深入研究。

邢忠等认为按照边缘区内自然资源不同的生态价值和禁止建设的土地使用先后次序,来控制城市边缘区循序渐进的分期拓展速度,并始终将其纳入城市发展的目标控制之中;李和平、郭春娥等认为城市边缘区应遵从秩序

论原则下适度集中和均衡疏散相结合的空间发展策略,提出了混合用途原则下间隙式用地布局的城市土地控制等规划手段;张明针对城市边缘区的动态性和过渡性,认为应按照城市总体规划确定的城市未来发展方向,建立以基础管网、道路系统、开敞空间为骨架的城市外向拓展总体框架,围绕此框架灵活机动开展边缘区项目建设,以改变现状无序蔓延的局面;周婕(2007)对边缘区的概念和理论体系做了初步探讨,并以武汉为实例,采用 RS和 GIS 技术在工业、住区、生态环境以及社会空间等方面展开了深入研究,提出了武汉城市边缘区反蔓延生态控制圈的规划策略;徐坚等以昆明市为例,通过对城市边缘区的居住、绿化和水资源环境的综合分析,系统地研究探讨了城市边缘区的生态环境综合规划应对问题。

大城市的空间扩张不仅导致城市边缘区的用地性质转变,而且对周边村镇的发展与农村居民点的规划与改造带来深刻影响。刘韶军从河南省等经济不发达地区城市边缘区的村庄发展特征入手,在区位、用地、人口及社会、工业、农业、第三产业、环境景观等七个方面,详细阐述了边缘区村庄规划布局的基本模式和设计原则;胡智清等则以经济发达地区的温州、杭州等大城市为例,对边缘区的村庄规划引导分别提出了分类改造、分区管制、分期实施的规划策略,同时也强调加快完善相应的配套政策和制度建设;李瑞霞等深入探讨了资源型城市边缘区农村居民点的规划特点,并明确了相应的规划策略;赵蕾等针对城市边缘区小城镇与中心城区的关系,探讨了其合理的规划与发展导向问题。

如何积极引导大城市边缘区的空间有效拓展也引起国内研究者的关注。龚兆先探讨了如何在城市边缘区开展大规模项目开发时进行准确的功能定位,并围绕此主导功能提出了城市边缘区规划设计、建设管理的全过程控制要求。何彬则提出了借助大型艺术表演节、文化贸易博览会以及综合性体育盛会等大型主题活动来推动城市边缘区有序、快速发展的思路。陈有川则从城市产业转移、就业政策转变及网络化发展三个方面探讨了城市边缘区的规划对策及发展方向。

同时针对城市边缘区中的特殊地段——城中村规划改造展开了专题研究。李俊夫在《城中村的改造》一书中,认为城中村改造的前提是对现有土地制度的改革,重点分析了城中村的历史演化规律及形成机制,提出了以村级组织为主体的城中村改造实施思路,并初步构建了城中村土地和房屋改制的具体政策框架。魏立华则通过分析"城中村"的概念、含义及其构成部分,认为"城中村"已经逐渐成为城市流动人口集聚的低收入人群社区,因此仅考虑对村民的搬迁改造无法解决实际问题,只有采取原有区位上村民或村集体自我改造的模式,才能解决利益冲突矛盾。阎小培则从协调城乡关系的角度对广州市"城中村"改造模式及发展方向做了深入研究。

(3)大城市边缘区空间发展要素研究

自 20 世纪 90 年代以来,学界对城市边缘区的研究进入了对其发展的各种要素进行深入探讨的阶段,此方面的研究文献众多,不胜枚举,但大致集中在四个方面。

一是对城市边缘区土地利用及性质问题的研究。城市边缘区是农业用地转换为非农业用地的集中过渡地带,该地区土地利用转换的机理也是研究者关注的重点。陈浮等认为城市边缘区土地利用发生变化的主要人文驱动因素是外资大量进入、城镇人口增长,特别是以旅游业为主的第三产业的迅速发展带来了边缘区土地的急速变动;陈晓军在以北京市边缘区土地利用转换过程中的动力机制研究基础上,提出了城市边缘区土地用途转换的内在动力应是"市场力"和"政府力"的综合作用。

同时土地利用规划编制也是城市边缘区土地利用研究的核心内容,主要是对城市边缘区的土地利用规划编制的目标、范围及其土地利用模式做探讨。陶陶等认为在为中心城市的扩张提供"保障""疏导"与"控制"作用时,应积极发挥城市边缘区土地利用规划的刚性控制作用;韦素琼认为针对城市边缘区存在的土地利用变化较快等一系列特殊的问题,其总体规划编制应该具有自身的特殊性,规划编制应遵循土地供给制约与引导需求、耕地保护的刚性控制、服从城市规划和功能控制要求等三项基本原则。

二是对城市边缘区的产业类型发展问题的研究。城市边缘区产业发展及产业结构调整内容也是学术界关注的重要问题之一。龙开元提出,城市边缘区的工业建设必须充分利用边缘区的农业及其他各类资源,实现产业结构合理转型,通过强化规划的控制要求,达到优化城市边缘区工业结构的最终目的。特别是有多位研究者积极探讨了城市边缘区的农业发展问题，韦素琼认为城市边缘区的农业正从单一的个体小规模经济向规模化、产业化发展，同时又表现出一种产业及配套产业链高度集约化的发展趋势；宋虹提出在经济发达的大城市边缘区应优先考虑发展具有地方特色的观光农业，积极探索通过重点培植观光农业精品、优化农业布局、拓展旅游综合型农业等多种方式推动城市边缘区观光农业的发展。

近年来大城市城郊旅游、休闲业的发展也引起了人们的关注。吴必虎认为城市边缘区具有观光度假、娱乐运动、教育培训等不同功能，是适合发展"短期游度假模式"的重要空间载体；此外王云才、庞振刚等也对城市边缘区旅游业发展的模式及内涵做了研究。

三是对城市边缘区景观形态塑造与生态环境保护建设方面的研究。城市边缘区具有与城市和乡村不同的景观特征。陈浮等总结了城市边缘区景观变化的各种影响因素，认为城市边缘区人为开发利用活动是主导因素，而且其活动方式正在从传统单一的农业生产生活向城镇建设与农业生产生活等多元化并存的活动方式转变，从而导致其景观特征从传统典型的农业生产景观向城郊混合景观类型转变；谢花林初步探索建立了包括社会效应、生态质量、美感效果三个层次的边缘区乡村环境景观评价指标体系，针对城市边缘区环境景观现状评价中暴露的问题，提出了城市边缘区乡村功能组团规划和新型生态乡村社区的建设；此外，郝润梅、孙会国等分别就半干旱地区城市边缘区存在的水资源缺乏制约条件下，边缘区环境景观格局的特点以及不同阶段的发展变化情况下，如何采取有效的环境景观生态规划方法及应对措施等诸多方面做了深入研究。

由于处于不同行政边界的混合地区，城市边缘区的管理较为混乱，但多数城市的边缘区往往也是城市生态环境保护重点地区，实际也因是一个生态较为敏感的地区而颇受关注。吕传廷博士提出通过积极鼓励放射状的城市空间扩展模式，力求在城市边缘区建立一定规模的生态隔离区的方法，可以有效克服目前边缘区存在的生态环境恶化和生态失衡的严重问题；马涛则在分析了城市边缘区所存在的各类生态环境特征以及用地组织构成基础上，认为城市边缘区与城市中心城区相比，是一个具有缓冲、梯度、廊道、复合以及极化等多种效应的生态界面;此外,周婕(2007)、韩西丽、谢涤祥等以武汉、北京、广州等城市为例,分别就城市边缘区的绿色开敞空间及生态湿地保护与利用、城市边缘区绿化用地建设空间体系架构以及边缘区其他生态环境用地的保护建设等问题做了探讨。

四是对城市边缘区社会分化问题的研究。城市边缘区是城市高速发展过程中各类社会问题最为复杂、激烈的地区,往往也是城市社会与乡村社会、城市文化与乡村文化、传统文化与外来文化发生矛盾的过渡地带。魏竹琴认为在城市边缘区的城市建设征地过程中存在社会矛盾大、社会失控现象等一系列严重的社会问题,提出政府应重点对城市产业布局的优化、环境建设的美化、社会保障体系的完善等几个方面予以强化;林民书则探讨了城市边缘区农民转型后的劳动力就业安置问题,认为要把允许农民为保障自身生活来源而集资建设的"外来人员公寓"和农民的劳动就业属地安置联系起来,应采取多种措施促进郊区农民特别是青年农民的就业以及技能培训。

(4)大城市边缘区规划管理相关的研究

城市边缘区具有城乡过渡的用地特征,但是规划管理却具有统一融合的趋势。特别是边缘区土地产权政策的双重特征以及城乡过渡特点所引起的二元管理体制不协调,导致城市规划及管理的问题最为突出,社会矛盾较为尖锐。近年来,借鉴国外城市成长控制的经验,国内学界也开始关注城市边缘区成长的空间规划政策及实施措施研究,已开始考虑从制度层面、建设项目投资管理层面及区域空间管制等多方位加强边缘区的空间发展管理。张梅建议采取成立统一的具有政府背景的开发公司来统筹边缘区的项目建设,并通过规划和公众干预的方式来合理调整边缘区的土地利用和用地建设;唐承丽等(2000)就城市边缘区的开发建设项目管理,城市边缘区与各类经济开发区在土地、空间、政策方面统一协调等问题做了比较研究;刘君德等通过探讨上海市真如镇边缘区中的社会分化、异化情况下的社会阶层整合的实质和内在规律,提出外来人口的合理安置、社区管理体制变革是大城市边缘区社区健康发展的关键,同时建议要及时理顺居委会的行政隶属关系,为城市边缘区的社区(乡村社区)发展提供制度保证。陈湘满、李丽雅等就城市边缘区行政管理体制的区域整合、行政区划调整模式与改革思路做

了探讨;众多学者对城镇群体发展区域的管理体制(黄亚平(1995),张京祥(2000)),大城市成长管理的空间对策(张忠国,2006),大都市区的空间合理组织(谢守红,2004),城市空间结构的绩效(韦亚平,赵民,2006),城市—区域管治(张京祥,2006),以及针对中国体制转型时期的城市边缘区空间结构治理过程(张京祥,罗震东,何建颐,2007)进行了广泛的探讨。此外,俞兴泉、褚军洲分别对边缘区的规划管理和发展问题予以探讨。

1.4.3　国内外研究比较及综述

综上所述,工业革命以来,对西方城市边缘区问题的研究已有近70年的历史。先后受到理想主义—理性主义—人文主义—后现代主义等哲学思想的影响,在研究方法上发展出形态方法、实证方法、行为方法、结构方法、后结构方法等范式,在研究内容上从最初的定义边缘区(赫伯特·路易斯),尝试分析边缘区的形成特征(威尔文),到从城市区域出发,从经济、空间、功能等多角度分析边缘区的问题(约翰,詹姆斯),边缘区正成为城市发展中所必须面对的综合区域,并逐渐被人们重视。从研究的历程看,对边缘区问题的研究多集中在城市化快速发展时期。研究的内容从最初的空间状况认识开始,逐渐深入到讨论城市边缘区发展的规律、边缘区发展的影响因素、边缘区的设施建设、边缘区发展的动力机制、边缘区空间发展的控制策略等。

与西方的边缘区研究相比,当前国内的边缘区研究基本上处于城市形态和实证研究阶段,从我国大城市快速发展及城市规划实践的要求来看,仍存在以下不足。

一是从研究方法来看,对城市成长与边缘区空间变迁的历时态总结性研究多、定性的描述性分析多、一般实证研究讨论多,而对行为方法、结构方法等运用较少。这些研究能够回答各个具体城市边缘区空间如何增长及变化(是什么),以及影响变化的动力机制(为什么),但对面向中国国情的城乡一体化时代背景下的逐步走向区域化的中国大城市边缘区空间规划对策研究(该怎么办)则明显不足。

二是从研究内容来看,已有研究主要聚焦于城市边缘区的空间形态、空间结构优化,交通与城市土地利用协同和生态环境保护等方面,对城市边缘区的规划理念、规划方法等有所涉及,但大多是基于规划实践和工作的体会。目前,对城市边缘区原有问题和不断涌现的新问题症结及内在分析的研究还很薄弱,寻找问题解决路径的综合性应用研究较为缺乏,尤其是缺乏从城乡一体化、城乡统筹的角度透视转型期城市边缘区空间拓展中的制度建设和规划机制的研究,即研究的系统性不足。

三是从研究地域来看,对城市发展及其空间规划策略研究的类型性、差别性均不足。中国幅员辽阔,各地区工业化及城市化水平差异明显,而已有研究中实证城市过于集中,对沿海经济发达地区大城市的研究相对充分,而中部、西北等地区城市实证研究相对较弱,研究结论的普适性存疑,地域类型性、差别性不足。

四是从研究理论体系来看,有中国特色的代表性理论缺乏。"城市成长管理""精明增长"是舶来品,引介、借鉴可以,但不能原版照搬运用于中国城市。目前尚缺乏有中国特色的城市边缘区空间结构理论及空间管理方法体系,特别是面向城乡一体化的边缘区空间成长控制理论的研究不足,即研究的基础性不足。

总而言之,对大城市边缘区的研究在方法、内容、地域、理论体系等方面均有不足,尤其是在应对中国现阶段快速城市化进程的规划管理需求时,对转型期的城市边缘区空间发展的制度、体制方面成系统的研究不足,一方面关于体制转型的研究尚局限于社会学、公共行政学、经济学领域,另一方面是国内对规划的制度和体制理论的研究薄弱,特别是对边缘区空间拓展下城乡空间转换中的内在机制和实施对策研究不足,亟待予以研究填补此类空白,为城乡一体化的发展提供有力保障。

第2章 大城市边缘区空间演变发展现状及问题

2.1 大城市边缘区空间发展的现有状况^①

城市是人类社会经济活动最主要的空间载体。从全球城市化的总体格局分析,大城市在现代社会中仍居于支配地位,在很大程度上仍保持着它们原先的吸引力。大城市在现代世界的地位和作用,不仅在于其巨大的人口数量,更在于所聚集的丰富的人才和组织资源。因此在城市化过程中,大城市的发展走向将决定一个区域的城市化发展方向。在单体大城市向空间区域化城市群体的发展趋势中,大城市边缘区则是受此趋势影响最剧烈、最显著的区域。

自20世纪80年代起,世界人口在城市和农村的增长速度都有下降趋势,世界城市化的速度总体减缓。但是发达国家城市化水平仍在很高的基准上缓慢地上升,2000年约为76%,预计2025年将上升到83%;而广大的发展中国家的城市化水平将从现有的30%提升到2050年预计的61%左右。世界城市化的重点地区将从发达国家转向发展中国家。中国自1978年改革开放后,经济迅速发展,综合竞争力极大提高。城镇化的进程不断加快,城市发展的质量不断提高,城市经济的辐射带动作用日益增强。2000—2007年是我国城镇化速度最快的8年,全国城镇化率已由2000年的36.22%提高到2007年的44.9%,年均增长1.09个百分点。城镇化所带来的城市发展重要特征之一就是工业化水平的提高,城市规模的增长,以及由此带来的城市化区域的扩大。2001年诺贝尔经济学奖获得者斯蒂格利茨指出"世纪初期影响最大的世界性事件,除高科技以外就是中国的城市化"。

---

① 黄亚平.城市外部空间开发规划研究[M].武汉:武汉大学出版社,1995.

22

2.1.1　国外边缘区空间发展的阶段及启示

纵观世界城市发展的历史，18 世纪中叶以前，由于生产水平和经济发展的缓慢，城市发展基本保持不变。城市的类型大致可划分为两类：一是因经济、交通要素发展的城市，通常呈自然向心放射的空间形态；二是因行政、宗教、军事等因素建造的城市，总是呈四边形，如古希腊、古罗马的城市及中世纪欧洲的许多城市。从整体而言，其城市空间扩展与变化的速度非常缓慢，但无论其环境与结构形态如何，均具有一个共同特征——城市和乡村之间有一条明显的界线（城墙），这个界线是由于城市和乡村存在的巨大差别以及不同功能需求而形成的，城市活动仅仅局限于城墙内，城市边缘区则基本保持了乡村的自然特质。城市与乡村只是空间地域上的概念，分别在两个独立的系统内运行，城乡之间处于二元孤立期，联系非常微弱，城市处于静态发展阶段。

但 18 世纪中叶后，伴随西方国家以蒸汽为动力的工业化时代来临，生产力水平极大提高，农村剩余劳动力不断增加，并向城市集聚。城市原有的静态平衡被打破，迅速突破了以往界线，向乡村扩展。城市真正进入具有划时代意义的飞跃发展时期，因此我们将重点放在考察产业革命以后西方城市的发展。

一般来说，城市形态学的研究倾向于将城市空间的扩展演化视为一个类似于有机体的空间生长自组织过程，而城市社会学、城市经济学则更多地从社会、经济系统演变的角度予以阐释。这两种理论往往沿着相对独立的方向发展，城市形态学研究中的城市空间扩展过程似乎是独立于具体区域的社会、经济背景而按其自身规律运行的，但研究结论却与城市空间发展的实际情况大相径庭；而从社会、经济学中归纳总结和演绎推导的结论却难以在空间实践中体现出具体性与可操作性。约翰·弗里德曼从两者的对应关系出发，把经济发展阶段论（进化论）与空间扩展过程（极化论）予以综合，建立了相对应的模型（图 2-1）。因此从城市空间总体演化机制来看，如果试图探索城市空间外延扩展的规律，特别是边缘区空间扩展的发展轨迹，必须首先探讨城市空间的变化与该城市经历的经济发展阶段之间的某种联系，城市的经济发展主要受制于经济生产组织方式的转变，尤其是城市产业结构转换和经济水平的变化。城市产业结构的转换可划分为三个阶段：第一阶段是从以农业第一产业为主转换为以传统工业第二产业为主；第二阶段是从传统工业经济为主过渡到以现代高新技术产业和信息产业为主，即由低附加值的传统第二产业转换升级为高附加值的新兴第二产业，此时第三产业开始大量出现；第三阶段则是由高新技术和信息产业结构的不断升级和发展过渡到相关金融、研发等配套服务产业，即由新兴第二产业转换为第三产业，但产业类型在城市体系中予以等级分化，新兴第二产业与第三产业是互动平衡的关系，产业结构趋于稳定。

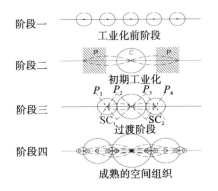

图 2-1　弗里德曼经济发展-区域空间演化相关模型

资料来源:张京祥.城镇群体空间组合[M].南京:东南大学出版社,2000.

1）工业化时期城市的自发扩展

在第一阶段，即从农业经济逐步向工业经济演变的阶段，有了明显的社会分工，人口数量不断增加，农业发展水平有了极大的提高，但土地是有限的，农业剩余劳动力规模越来越大。此时大机器生产引起的工业革命提供了新的机遇，大量劳动人口被吸引进城，同时商品交换的规模也较农业阶段大为扩展，城市空间开始以空前的速度向外扩张。英国的工业革命开始以后，欧洲各国先后经历了这种典型的城市化过程。

这一时期的城市空间结构是以集聚发展为主线，城市空间扩展主要是一种外延型扩展方式，即城市向外扩展是一直保持着与建成区接壤，向外逐步推进的过程。在大、中、小各级城市的边缘地带都可以看到这种外延现象。城市中人口不断增多，需求不断增加，能量不断积累。累积的能量传递到市区边缘,便促使城市建成区继续向外膨胀,蚕食郊区,于是村镇变成小城市,而小城市变成大城市,现代工业城市几乎都是沿用此种方式演变而成的。同时,现代技术和交通方式的发展也为城市扩展提供了可能,城市在由小变大的空间扩展过程中,一般按照功能圈层的形态扩展。美国社会学家伯吉斯(E. W. Burgess)于1923年针对工业化时期城市边缘区扩展首次提出同心圆学说,高度概括了多数工业革命过程中发展起来的城市模式,即自发由内向外扩展的同心圆空间布局模式(图2-2)。

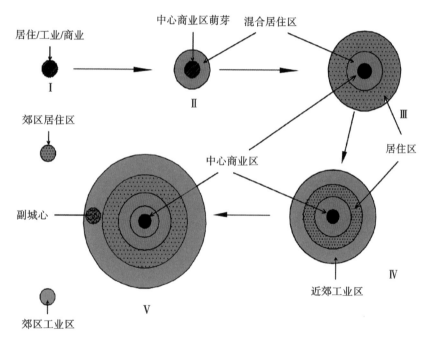

图 2-2　工业化时期城市外延扩展过程同心圆结构图

资料来源:作者自绘

西方工业化时期最典型的城市是英国伦敦。1800—1914年伦敦人口从大约100万人增长到650万人,增长了约5.5倍。这种超常规的发展速度很大程度上是由于蒸汽机等工业技术的发展,形成了工业化生产向资源丰富的地方集中的趋势。这一时期伦敦城市空间扩展可分为两个阶段:工业化早期和工业化晚期。工业化早期是高度集中发展,1800年伦敦人口为100

万时,其城市建设范围基本在离中心大约 3.2 千米半径以内;到 1851 年,伦敦人口增加一倍,但半径尚未超过 5 千米,城市外延扩展速度缓慢。在1870—1914 年,所有英国城市开始建立公共交通系统,从有轨马车或公共马车开始,到 20 世纪初的有轨电车,最后到 1914 年建立的公共汽车交通系统,其后伦敦等大城市还发展了城际通勤火车。工业化晚期因交通条件的改善,城市人口迅速扩散,城市向建成区外边缘郊区发展,城市建设范围扩大到离市中心 25 千米的半径范围之内。1914 年伦敦人口大约为 650 万人,1939 年为 850 万人,但在短短的 25 年间内,建成区范围扩大了近 3 倍。

总的来看,19 世纪下半叶至 20 世纪初,在欧洲大陆及北美,尽管各个国家发展进程不一,但先后由于工业革命的推动而引起城市的第一次巨大转变:农村人口向城市迁移,农业用地转为城市用地,大规模集中的城市不断出现,这也是我们通常所说的城市化运动。该阶段空间外延扩展的一个共同特征就是缺乏规划的自发发展,缺少人为控制,城市内部的经济功能分区完全按照区位效应而发生改变;城市空间结构不稳定,乡村地域成为生产要素净流出的边缘,初步呈现出“核心—边缘”的城乡二元极化模式。国家有时也试图解决其中一些问题,但对城市空间扩展的实际进程影响甚微。这种空间集中式无序扩展及其后果在伊利尔·沙里宁 1943 年的《城市:它的发展、衰败与未来》中有过充分论述。城市空间自发扩展一直延续到第二次世界大战前夕。

2)后工业化时期城市的郊区化蔓延

第二阶段,由传统的手工业和小规模的制造业进入工业化快速发展时期,特别是科学技术的进步为制造业的高速发展注入了新的活力;后工业化阶段是城市经济发展的决定性转折阶段,社会和私人投资能力扩大,国民经济进入强烈动态增长时期,第三产业开始大量出现。城市人口继续在增加,城市空间扩展仍在继续。部分中心城镇演化成区域大城市,城市空间距离不断扩大,城市功能在一个越来越大的地域内延伸。这个时期的城市与乡村的界线日益模糊且不断地变化,特别是“郊区化”城市发展模式所导致的城市边缘区空间混乱和无序蔓延,城市处于动态发展阶段。城乡之间由单一的“核心—边缘”逐渐转变为“多核心”结构,呈现出城市空间结构的极度不稳定,带来了一系列城市问题。

（1）郊区化趋势

郊区化（suburbanization）,是指第二次世界大战以来在特大城市郊区,尤其是西方发达国家城市郊区出现的地域职能变化的新现象。主要表现为城市的人口和功能逐步向郊区外移,城市边缘区迅速转变成一个具有多种城市功能的综合体。这个过程被称为郊区化。

郊区化的实质按照区位经济理论的聚散效应（agglomerative and diffusive effect）分析,各类产业经济活动要素会向具有区位优势的地区与经济中心聚集,但其经济活动的有效运行需要一个与其运行相适应的合理密度。当聚集地区的合理密度超过临界点后,因过度聚集（过密）而出现空间聚集边际负效应时,就会产生空间扩散。因此从某种意义上讲,聚集过度常成为促成扩散的契机。西方各国特大城市的发展因产业经济过于集中于中心城区而产生空间外溢,城市的边缘区作为空间的扩散载体而形成特有的郊区化发展模式。但各国郊区化的进程及时间并不一致,例如美国的郊区化始于第二次世界大战前夕,20 世纪 50 年代达到高潮,德国的郊区化则比美国晚20～30 年。

（2）郊区化发展趋势下城市空间结构特征

世界各国的郊区化情况因不同的经济发展方式和时代背景的变化而具有差异,按空间结构发展模式的不同大致可分为两种特征。

第一种是欧美、日本等工业发达国家的中心区衰落、郊区急速发展的单极空间发展结构特征。产业和人口外迁,中心区沦为贫民区,带来了社会治安变差、犯罪率提高等一系列问题,环境质量也不断恶化,更加推动了中产阶级的郊区化移居。但郊区化带来的外部空间扩展并非按同心圆的理想模式向外扩散。实际上,只有区位良好、交通方便、接近消费市场的郊区才具有更大的吸引力。因为各种用途的土地为了克服空间摩擦而支付的交通成本倾向于最低,一般通过两种方式实现:一是使相关活动的空间距离减小,二是利用快速交通体系使时间距离减少。二者之间相互促进、转化,因此城市的空间扩展总是沿着对外交通阻力最小的方向发展,但随着空间距离的延伸,同心圆状膨胀的边际效益下降,大多数情况下,城市沿着向外放

射的交通轴线蔓延,形成鸭蹼状的不规则空间形态。但是由于交通网分布的不均匀性及郊区基础条件的不同,其外向扩展表现为明确的空间指向性。

第二种是苏联、东欧国家和部分新兴发展中国家的中心市区与郊区同步发展的双极空间发展结构特征。这些国家郊区化的共同趋势就是以制造业向外疏散为主体展开。在东欧剧变之前,其社会主义国家,按照计划经济体制要求,城市发展计划从属于工业发展计划。工业发展模式则遵循规模经济学的原理,为降低企业成本而组建拥有万名以上职工的大型联合企业,用地规模较大,因而这些企业多选址在郊外并相应建立自身的服务体系和职工居住区。大型工业厂区的建设对城市空间布局产生重大影响,往往成为郊区化的主导。同时汽车的普及以及政府提倡的大规模市郊化住宅建设政策,鼓励人们向郊区迁居。但郊区的建设是以大型企业单位为主要载体的,其他产业仍然围绕中心区而发展。如苏联的城市人口数量在 1926 年占总人口数量的 18%,1959 年占 48%,1982 年达 64%,且其中约有半数城市化人口居住在 50 万人口以上的城市,所以中心市区与郊区都在发展,其城市空间结构呈现内部继续高度集聚,外部为团块状蔓延的双极发展特征。

从发展中国家来看,其城市的发展均经历了殖民化的历史,少数大城市尤其是首都更成为人口集聚的主要地域,一般大城市的人口数量以每年 5%～7% 的速度增长。其城市外部郊区增长的主要动力来自城市周边影响区域乃至整个国家范围内流入城市的人口。与西方发达国家略有不同,发展中国家的城市空间结构表现为复杂的双向特征:城市中心区往往是西方式的经济、政治中心,城市空间是高强度开发的过度密集形态,而城市边缘区则是城乡混合的"土著区域"[①],因经济落后而产生土地粗放利用现象,导致城市空间四处蔓延,城市空间结构在蔓延和跳跃中嬗变。

我们可以从世界各国郊区化的共同趋势中看出:如果说第一次城市转变导致农村人口向城市迁移,造成大集中的城市;第二次转变可以用一句话概括——工业与人口的布局在宏观上持续不断地趋向于分散或"蔓延出

---

① 张京祥,罗震东,何建颐.体制转型与中国城市空间重构[M].南京:东南大学出版社,2007:6.

去"。[①] 从城市地域空间上看,这种郊区化的扩展方式,意味着城市边缘区的空间形态出现前所未有的变化。

3）当代区域一体化多中心网络状城市群

第三阶段,科技创新成为产业升级的原动力,以金融、信息、管理、弹性集成制造业等为代表的现代知识产业在西方发达国家得以飞速发展,并将长期成为这些国家经济增长的方式。传统的工业经济也开始了全球经济化的转移和扩散,同时以计算机网络通信为主体的信息联系方式,将从根本上改变城市空间发展态势。特别是 20 世纪 90 年代以来,随着世界经济全球化程度的加深,西方发达国家也经历着巨大的社会、经济体制的转型。主要是经济组织方式的全球化生产方式由福特主义向后福特主义转变,城市治理方式向公民社会强化等城市发展政策、城市政体转变,城市空间演化要素和发展机制面临着重大的转变机遇。

城市发展进入技术工业和高消费阶段,此时经济优先布局原则的作用有所下降,生态系统平衡的原则受到更多的重视,空间结构的各组成部分完全融合为一个有机的整体并相互作用、相互依赖。相应地,城市居住区、公共服务设施都形成了区域等级体系,整个空间结构系统的重心恢复到"平衡"之中。城市边缘区成为相邻的多个都市"核心"的互为影响区域,对城市空间起到了加密、加紧一体化联系的作用。传统单中心的城市结构被一种多中心的簇群或网状模式所取代,各类城市按照不同的等级体系,构成区域一体化的城市群体系统,并形成城乡交融、地域连绵的"星云状"大都市群体空间。城市处于内部结构体系演化和外部动态发展相交融的混合阶段（图2-3）。

（1）知识经济时期城市边缘区发展的新影响因素

20 世纪 80 年代以后,西方发达国家出现的新经济因素正在迅速影响全球,这些影响因素在全球范围内渗透并发挥愈来愈大的作用。传统的经济增长理论认为,经济增长最主要来自资本、土地、劳动力三大要素的贡献,而技术因素是"非直接投入",但到了今天,技术与经济的关系正在发生变化,

---

① 来源于《OECD 国家对城市化进程中城市问题的回顾》英文版。

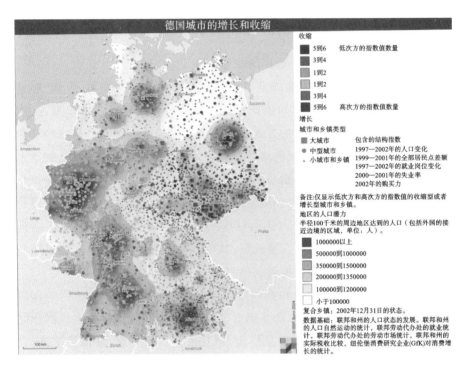

图 2-3　德国城市增长和收缩及人口潜力空间分布图

资料来源:德国联邦建筑事务和规划局德中大道武汉站中文宣传手册

科技成为影响经济增长的首要因素。

　　世界经济在经历了资源密集型—劳动密集型—资本密集型—资本、技术密集型等阶段后,已进入了技术、智力密集型的知识经济(knowledge economy)阶段。科技创新能扩大整体经济规模,如表 2-1 所示,每一次技术创新(长波)都对区域、城市的发展和空间扩张的模式产生了重大的影响。其影响主要表现在以下四个方面。

表 2-1　技术创新与区域、城市发展及世界城市体系格局的对应关系

	第一个长波	第二个长波	第三个长波	第四个长波
时间	18 世纪 80 年代—19 世纪 40 年代	19 世纪 40 年代—19 世纪 90 年代末	19 世纪 90 年代—20 世纪 30 年代下半期	20 世纪 30 年代末至今

续表

	第一个长波	第二个长波	第三个长波	第四个长波
技术创新	棉纺、铁、蒸汽动力	铁路、交通运输革命、冶金技术进步	电力、汽车、化学	以电子计算机为代表
城市产业结构	农业部门占主体,制造业比重上升,服务部门比重小	制造业比重上升,服务部门增加,农业比重下降	制造业占主要地位,服务业比重加大,农业比重很小	制造业比重下降,服务业为主体,新技术产业比重上升
城市化创新	期末城市化水平在6%左右,人口向城市集中,城市围绕旧城扩大	期末城市化水平在13%左右,人口向大城市集中,大城市郊区化开始	期末城市化水平在25%左右,产业向郊区扩展,城市分散化开始	1993年城市化水平在44%,城市中心区衰退,城市分散化普遍
世界经济重心	英国伦敦是国际中心城市	英国、美国开始起飞,伦敦中心城市向纽约分化	美国纽约、英国伦敦并驾为国际中心城市	美国纽约、英国伦敦、日本东京国际中心城市三足鼎立

资料来源:徐巨洲.探索城市发展与经济长波的关系[J].城市规划,1997(5).

①信息产业成为经济发展的核心,服务型经济(生产性服务业)逐渐取代传统工业经济,现代知识经济成为城市新的增长动力。

②跨国公司等新经济组织所推动的新国际地域劳动分工的分散化,构建了美国未来学者托夫勒(A. Toffler)提出的"标准化、专业化、同步化、集权化"新型全球化的生产社会关系,并在国家和地区的经济发展中体现愈来愈明显的控制作用。城市边缘区空间的发展与重塑,成为国家(地区)政府、企业(以跨国公司为主体)和国际组织等多种行为主体交互作用的多层面动力过程。

③面对世界经济全球化、网络化发展新趋势,自然地理区位、几何中心区位、行政中心区位等传统因子对城市扩展的决定作用越来越弱,自然地理空间绝对距离对城市空间扩展的约束力越来越小,对外联系便捷的信息区位、航空网络区位、新经济网络节点区位等新区位因子,将对城市边缘区空间扩展的演化发挥积极作用。

④现代信息、交通技术极大地改变了城市的生活和空间组织形态。物流最常出现于时速 100 千米的高速公路,人流已提升到时速 300 千米的高速铁路,资讯流则接近光速。1994 年美国政府公布的"信息网络高速公路计划"被称作"第五次工业革命"。高速、大容量的交通方式的发展使运输成本大幅降低,从而从根本上改变生产力布局的指向,在美国,正在形成一种新的城市空间现象——边缘城市(edge city)[①]。

(2) 城市边缘区发展的新空间特征

新经济环境的作用必然对城市扩展特别是边缘区的发展带来新的现象和前所未有的空间结构特征,以下从区域和城市本体空间发展两个角度予以解析。

首先从区域角度来看,继 1851 年英国城市化水平先超过 50％后,德国、法国的城市化水平也在不到 100 年的时间内上升到 50％以上。但到了 20 世纪初,美洲的城市发展具有更快的速度,而 20 世纪 50 年代后城市化快速发展的主流地区已从发达国家转移到了发展中国家,尤其是 20 世纪中叶以后,亚洲和非洲的城市化发展势头尤为迅猛。目前,西方发达国家的城市化水平已经很高且仍在缓慢地上升,2000 年约为 76％,预计 2025 年将上升到 83％;而在广大的发展中国家,许多地区城市化水平仍在 30％左右,但发展速度不断加快,预计 2025 年将达到 61％。1990 年后,随着经济全球化进程的日益加快,世界城市体系已从传统的严格等级中心型结构逐渐向区域网络型结构演化,并依照国家与全球经济系统联系的密切程度,形成"核心""半边缘""边缘"的等级体系。20 世纪 80 年代,弗里德曼提出了世界城市体系假说:城市的集聚力和辐射力以及城市体系的空间尺度已由国家范围扩

---

① 张京祥,罗震东,何建颐.体制转型与中国城市空间重构[M].南京:东南大学出版社,2007:3-4.

展到全球范围(表 2-2),城市之间的关系更为复杂,城市的地理界限已扩张到国家界限以外,空间极化和城市的专门化趋势将进一步强化,传统的城市边缘区的内涵将发生彻底的颠覆。城市边缘区的扩展不再依托于中心区的延伸,而呈现为一种跳跃性的网状城市连绵群体发展特征。

表 2-2　世界城市体系的等级网络

等级	主 要 城 市
1	伦敦、巴黎、莫斯科、约翰内斯堡、纽约、芝加哥、洛杉矶、东京、悉尼
2	阿姆斯特丹、布鲁塞尔、法兰克福、维也纳、米兰、马德里、多伦多、旧金山、休斯敦、迈阿密、墨西哥城
3	北京、香港、新加坡市、里约热内卢
4	上海、台北、首尔、曼谷、马尼拉、加尔各答、孟买、布宜诺斯艾利斯

另一方面,随着全球化和城市体系的逐渐演化,以特大或大城市为核心的经济地理空间枢轴和区域城市群将会加速成长。一是人口迅速向大城市集中,10 万以上城市的人口占世界城市人口的比重逐年上升:1950 年为56.34%,1960 年为 59.10%,1970 年为 61.51%。二是城市规模等级越高,人口增长的速度也越快,例如在 1950—1979 年,400 万人口以上城市的人口增长指数为 340,200 万~400 万人口城市的人口增长指数为 233.5,25 万~50 万人口城市的人口增长指数为 230.1,10 万~25 万人口城市的人口增长指数为 151.5。三是大城市在地域空间上不断跳跃式扩展,形成了许多以一个或几个城市为中心包括周围高度城市化地区的巨大城市集聚体。

这些超级城市集聚体将成为支撑枢轴区域增长的主要空间单元,并由此演化为"功能上的城市地区(functional urban region,FUR)",它更强调通过功能分工与互补以及各种密集的流的联系,将整个巨型城市地区紧密联系起来,成为一个更广阔的功能意义上的城市型区域。区域城市化和城市区域化的发展将推动城市边缘区的空间发展走向城市空间一体化的道路,城乡一体化发展将步入一个崭新的阶段。单个的城市将不复存在,而代之以城市系统,城市边缘区包括现有的所谓乡村地区将是城市之间的共同体,是城市系统的基质空间载体。

其次从城市本体空间发展角度来看,全球化改变了城市的功能角色与

发展的动力机制,促进了城市空间的重组与再生;信息化重塑了传统的地理空间,各种要素的便捷流动克服了时空距离,对城市物质空间发展带来新的变化,城市内的传统经济集聚地区逐步衰落,而另一些新的中心快速兴起;同时,去工业化改变了城市经济空间的主导要素,服务业和高新技术产业空间快速成长,城市传统产业空间的更新速度明显加快。新型的网络社会空间与实体地理空间相互作用,相互叠置互补,构成了网络时代多形态、多构成、多功能的城市空间。

城市的空间扩散都不是单一的距离衰减,而是多个方向、多种扩散的复合,这就表现出区域整体的一致性和密切性。信息社会的经济活动呈现出生产、消费活动的相互重合,并呈逐渐分散的发展趋势,但活动中心的数量趋于减少并在空间上进一步集中,因此传统的"核心-边缘"效应将会在一个新的空间层次内得以演化,"核心"愈来愈由一个"点"的概念演变成具有整体优势的"核心区域"等"面"状的概念,核心点与其拥有的面状边缘也表现出非邻接性的空间分布格局。城乡社会关系出现了新的变化,乡村不再单纯作为给城市提供生产要素的依附地,而是多种要素相互组合、流动激烈的变化区域,城市边缘区得到优先发展,从而改变以往单一的从城市向乡村扩散的趋势,进入"城乡一体化(urban-rural intergration)"的共生发展时期。

4)启示

从上述国外城市发展的实际过程中,可以看出城市边缘区空间扩张的历程,但本书探讨的是大城市地域界限内空间扩张的实态过程,至于许多城市问题的解决涉及更宏观的经济社会发展政策,需要跳出大城市的地理空间,从更广大的地域乃至全国、全球范围内来考虑,则不在本书研究范围内。虽然对比研究的对象主要是发达的、城市化水平较高的特大城市,但世界各国发展的情况表明,一些新兴的工业国家和发展中国家的城市似乎也在步其后尘,可以从中寻找一些基本认识。

从国外城市边缘区发展的实践来看,城市边缘区的发展大致可划分为工业化初期的城市自发扩张、后工业化时期的郊区化无序蔓延以及现代信息知识产业一体化的多中心发展三个阶段,但不同的城市空间扩展形态则很难用一个模式予以概括。西方的城市化机制总体受到空间经济规律的支配,是人们的生活、环境价值观念得以自由作用的结果。而加拿大学者麦基曾对发展中国家尤其是东亚国家的城市化进行考察,并认为:由于自身特定的历史条件和社会发展现实,许多亚洲国家或这些国家内的某些地区并未重复西方国家通过人口和经济活动向城市集中、城市和乡村之间存在显著差别的、以城市为基础的城市化过程(city-based urbanization),一般是通过原先的乡村地区逐步向城乡混合区(desakota)转化,人口和经济活动在城乡混合区集中,从而实现以区域为基础的城市化过程(regional basic urbanization)。

2.1.2　国内边缘区空间发展的历史过程及总结

在我国城市发展漫长的历史过程中,由于城市形成的地理环境和社会条件的不同、经济发展进程与社会体制的不同,与国外城市相比,其空间扩展过程、方式都有显著的差别。城市边缘区的发展具有历史延续性和独特性,虽然它更大程度上是现代城市发展的必然结果,也有趋同化的倾向,但从宏观的、历史的角度去衡量城市边缘区的意义,则必须要追根溯源,把城市边缘区的出现和发展纳入具体城市历史演变的链条中。只有这样,才能实现我们研究城市边缘区的根本意义,更全面地把握城市的过去、现在和未来,从客观的角度深层次地了解城市边缘区的内涵。

中国城市的发展历史源远流长,是世界文明史中唯一从古到今延续不中断的城市文明。在几千年的城市演化过程当中,由于自然地形、政治、军事、交通、外来势力的入侵等诸多因素的长期影响,中国的城市形态及发展格局具有明显的地域特色和历史特征,如北京、西安具有首都特色的方正格局;上海、武汉、广州等城市既是经济中心,又具有租界开埠的历史,并都濒临大江大河,城市发展深受多元社会制度的影响,具有多元化、多极化、开放性的共同特征。所以,城市类型间的差别决定了我们很难全方位地总结我国各类大城市的发展历史和其边缘区的形成、发展机制,但可以在具有多项共同特性的城市间进行个案分析和比较,从具体到普遍,挖掘同类城市边缘区形成、发展的机制。本书为充分总结分析这些典型的大城市边缘区内在规律,特选取当代中国城市经济发展区域内的中心城市,包括北京、上海、广州、武汉四个城市边缘区发展历程进行综合比较,重点以武汉为实例予以分析(图 2-4)。

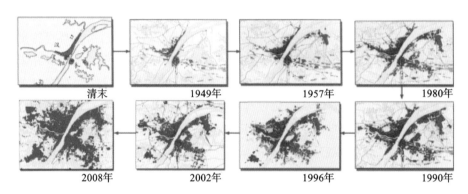

图 2-4　武汉市城市空间形态演变图

资料来源:武汉市规划设计研究院.人与城市[M].武汉:武汉出版社,2013.

从我国城市发展历史来看,鸦片战争(1840 年)之前,中国的城市都是封建社会类型的,城市功能结构简单,平面形式沿袭封建社会的城制,普遍按照著名的《周礼·考工记》所述"匠人营国,方九里,旁三门,国中九经、九纬,经涂九轨,左祖右社,面朝后市"的格局而缓慢演化,城市空间扩展甚微。比如古代武汉三镇从公元前 1500 年的商代到清朝鸦片战争前,基本是在三镇各自孤立、封闭的地域与社会文化环境中发展演化的,城市与乡村始终停留在二元结构封闭对立的环境中,城乡界限明显。大部分城市边缘区均围绕城墙形成,鸦片战争之后则逐步进入了半殖民地半封建社会。社会、经济背景的变化,必然使原有城市发生不同内容和不同形式的变化,特别是新的资本主义生产方式的发展,冲破了原有城市空间发展的束缚,而呈现出向多样性方向扩展的空间特征。尤其是中华人民共和国成立后工业化速度的加快,城市的边缘区发展更为迅速。

因此从历史的时间维度发展来看,我国城市空间发展和结构变化主要发生在近现代,对国内城市化的总体进程和城市边缘区空间扩展历史情况的考察与研究也主要从这个时间段开始。

1) 早期城市发展与布局形态特征

清末(鸦片战争)至 1949 年中华人民共和国成立,我国城市处于传统模式与外来文化相互交融时期。这一时期,受外来文化的影响,新的经济因素不断萌芽,我国城市空间结构和形态受长期封闭发展的社会文化环境的束缚日趋瓦解,其主要特点是:沿海、沿江地区的城市中出现性质单一、规模较大的集中工业区,城市内部形成具有现代资本主义特征的商场、银行、贸易公司等新型功能设施和帝国主义直接控制的租界区;生产、流通、居住功能在空间上开始分离,专门化的功能分区代替了传统的前店后坊和居住、手工业及商业合一的空间形态;城市空间结构突破了传统空间结构的格局,这种变化不仅体现在城市内部功能质的变化上,还体现在城市平面量的扩张上;同时由于近代交通方式的出现,城市从单一沿河布置发展,转向沿铁路、公路、河流等多方向扩展;城市空间扩展过程加快,扩展形式趋向多样化。

(1) 城市发展历程

城市发展早期主要指的是 1840 年鸦片战争至 1949 年中华人民共和国成立时期,上海、广州、武汉具有相似的发展背景。上海位于长江三角洲东南端、长江入海口处,东邻东海,是长江流域的门户,地理位置优越,交通便利。其最早是在渔村基础上发展起来的沿海集镇,元代设县筑城,到 1840 年以前,在黄浦江西侧,围绕现在的城隍庙,上海已经发展成为一个较为繁荣的商业和贸易中心。1844 年开埠以后,城市空间急剧扩张,结构不断演进。从 19 世纪 40 年代到 20 世纪 40 年代,这是上海历史上第一个快速增长期,随着租界的产生与延展,城市发展重心由南向北转移,城市空间沿着黄浦江和苏州河(吴淞江)向外扩张,在旧城区(老城厢)和苏州河一带相继辟设了英、美、法租界,整个城市由租界的不断扩张和南市(现已并入黄浦区)、闸北、浦东和江湾等地的逐步发展而形成由华界地区和各个租界地区“拼贴”而成的城市空间形廓,30 年时间内,市区面积就扩大了十几倍。到了 20世纪 40 年代末,市区用地规模达到 80 平方千米左右,人口规模达到约 400万人①。1945 年抗日战争胜利后,上海相继开展了以《大上海区域计划总图初稿》《大上海都市计划总图草案报告书(二稿)》和《上海市都市计划总图三稿初期草案说明》为代表的都市计划工作方案,运用“有机疏散”和“卫星城镇”理论规划城市布局形态②。但是城乡之间没有明显界限,此时期城市边

① 《上海城市规划志》编纂委员会.上海城市规划志[M].上海:上海社会科学院出版社,1999.

② 上海地方志办公室.第三章　城市总体规划[EB/OL].(2007-2-26)[2022-03-22].www.shtong.gov.cn/Newsite/node2/node2245/node73963/node73970/node74029/index.html.

缘区还未形成。

与此类似,广州也是一个历史古城。自公元前214年,秦始皇统一岭南,任嚣、赵佗建筑番禺(广州)城垣开始,早期的城址位于番山半岛,城区周长为十里(1里=500米)。至民国九年(1920年)大规模拆城垣筑马路止,历代城垣均在原城址的基础上逐步扩展。城市由城垣内、外两大部分组成,布局紧凑。城内部分主要用以保护官衙,为封闭式,城外多为商业区,呈开敞式。随着海湾泥沙淤积,陆地逐渐向南、向西方向延伸,江面不断缩窄,内港的位置随之向南、向西转移,城市用地也相应连片呈同心圆圈层式扩展①。

武汉市古称夏汭(音"瑞"),系古楚国云梦泽遗迹。由于地处中原腹地,长江与汉水交汇,城市地理位置极其优越。约3500年前殷商先民始筑盘龙城,正式揭开了武汉城邑文明的帷幕;在武汉三镇中,建城时间最早的为始建于东汉末年的却月城,它位于现汉阳区龟山西麓江汉一桥附近,因形似却月而得名;其城夯土为垣,周长不过264.6米,容量较小。后始建于三国时期东吴黄武二年(公元223年)的武昌地区夏口一城独现,它位于今蛇山西端;夏口城规模稍微扩大,周长为二三里(图2-5)。武汉成为地区行政中心,始于南朝刘宋时期孝武帝孝建元年(公元454年)在原夏口城基础上扩建而来的郢州城,该城的兴筑改变了武汉以往单一军事城堡的性质,带动了周边经济、文化的发展。到了隋唐时期,郢州城改称为鄂州城,不仅是长江中游的军事重镇、区域行政中心,而且因地当江汉之汇,是商货、漕粮装运的枢纽港口城市,水运业和商业开始发达:"万舸此中来,连帆过扬州。"唐朝武德四年(公元621年),汉阳县治从现蔡甸区临嶂山迁至鄂州城对岸的长江北岸龟山南麓,并在此修建城垣,又称为沔州城。在一江两岸相距不到两千米范围内,设立两个州级政权,形成武昌、汉阳夹江而峙的双城并立格局(图2-6②)。

至宋元时期,鄂州城的人口已达十多万人,城市突破城墙的限制向外扩展,在城外鹦鹉洲前形成长达数里的居民商业区南市(今武昌鲇鱼套一带),汉阳城(沔州城)则维系原有城市格局。明代以后,汉口因汉江在成化

---

① 广州市地方志编纂委员会.广州市志[M].广州:广州出版社,1995.
② 周婕.大城市边缘区理论及对策研究——武汉市实证分析[D].上海:同济大学,2007.

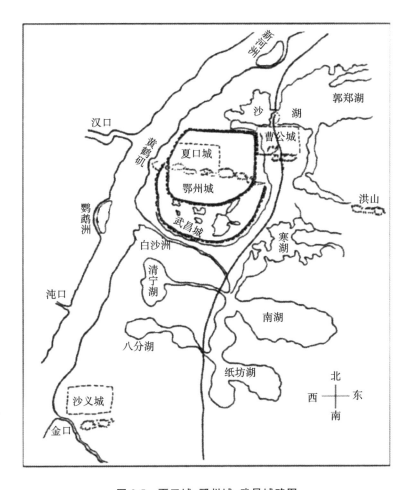

图 2-5　夏口城、鄂州城、武昌城略图

资料来源:武汉地方志编纂委员会.武汉市志·城市建设志[M].武汉:武汉大学出版社,1996.

年间的改道,凭借水运优势以其独特的商贸功能脱颖而出,到明末清初,发展到街长十里,人口达 10 余万人,成为全国四大名镇;武昌城在原鄂州城基础上向外扩展,城垣周长达 16.32 华里(1 华里=500 米);江北的汉阳城囿于原状,城墙内的空间形态呈椭圆形,但在汉阳城南门外,相继扩展形成了刘公洲和新鹦鹉洲,后者则发展成为长江中游著名的竹木市场。因此武昌、汉阳仍作为政治中心和军事重镇雄踞长江中游,并在经济上对汉口

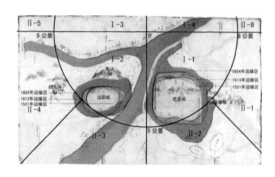

图 2-6　唐、宋时期武汉边缘区发展示意图

资料来源:周婕.大城市边缘区理论及对策研究——武汉市实证分析[D].上海:同济大学,2007.

起着补充作用。至此三镇鼎立的空间格局初步形成[①]。但武汉三镇基本是在一个封闭的地域与社会文化环境中发展演化的,城市与乡村始终停留在二元结构封闭对立的环境中,城乡界限明显围绕城墙形成,这一时期城市边缘区主要由宗教、军事、交通、仓储等用地构成,边缘区的发展处于萌芽阶段(图 2-7)。

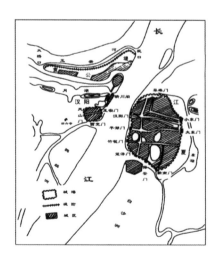

图 2-7　唐、宋、元时期武昌、汉阳城略图

资料来源:武汉地方志编纂委员会.武汉市志·城市建设志[M].武汉:武汉大学出版社,1996.

---

　　① 　武汉地方志编纂委员会.武汉市志·城市建设志[M].武汉:武汉大学出版社,1996.

武汉开始由农业经济的封建市镇向近代工业经济的商业都会转变,真正开端于第二次鸦片战争所带来的汉口开埠。1858 年的《天津条约》划定汉口等城市为通商口岸后,从 1861 年开始,先后有 17 国在汉口通商并设领事馆 9 处。在今沿江大道中段,即江汉路以北、麻阳街下码头以南、中山大道东南、滨长江西北一带,共计面积为 186.93 公顷的区域,建英、俄、德、法、日租界,这一时期租界区的经济、文化和建筑技术对汉口城市建设提供了近代化的先例。但总体上讲,租界成为殖民主义国家对我国经济进行掠夺的中心,武汉由此成为一个半封建、半殖民地的工商业城市。

张之洞在督鄂期间开展的洋务运动及"湖北新政",推进了武汉三镇的城市功能近代化。其修建卢汉铁路,创办了一批近代工厂,建设了一部分近代市政基础设施,奠定了三镇分工的格局,对城市边缘区沿河沿江的扩展有相当大的推动作用。特别是按照特大城市的空间需求,筑堤护城,拓展了武汉城市空间,预留了百年发展空间腹地。

1889—1900 年,张之洞在汉阳龟山北与汉水南岸之间的沿河地段建立汉阳铁厂和湖北枪炮厂,组成了一个从冶炼到机器制造的现代冶金机械工业区,是武汉第一个近代工业区,拉动汉阳城市空间跳跃式扩张,同时牵引汉阳城区沿西门外向汉江方向连续性发展;1892—1899 年,在武昌文昌门、山门、平湖门外建设了湖北织布局、纱局、缫丝局和制麻局,形成武汉最早的近代纺织工业区,随着城墙的拆除,武昌旧城向北持续扩展,在 20 世纪 30 年代,国立武汉大学的兴建则带动城市边缘向东郊跳跃式扩展;1906 年,卢汉铁路正式通车,后由卢沟桥延至北京,定名为京汉铁路,此铁路穿越汉口的城市边缘;而 1864 年所建的汉口堡已成为城市扩展的障碍,1907 年拆除汉口堡,沿原城墙址修建马路,即今日之中山大道,这是武汉市第一条近代化道路。汉口城区先是受轮船码头及外国租界的拉动,由汉江沿岸向长江下游线状延伸,后因铁路的限制而向西北方向扩张,但扩展速度在三镇中最快[①]。民国初期,城市发展缓慢,但是孙中山先生在其所著的《建国方略》之"第二计划"中亲自为武汉制定了发展规划:"武汉者,指武昌、汉阳、汉口三

---

①　资料来源:武汉市城市规划管理局.武汉城市规划志[M].武汉:武汉出版社,1999.

市而言。此点实吾人沟通大洋计划之顶水点,中国本部铁路系统之中心,而中国最重要之商业中心也……所以为武汉将来立计划,必须定一规模,略如纽约、伦敦之大。"1926 年,国民政府宣布迁都武汉,将三镇合而为一(但此后由于行政建制的分合,三镇并未实质合并,依然为三个独立城市)。1929 年武汉特别市政府编制三镇规划,推出《武汉特别市之设计方针》,首次提出工业区、商业区、行政区、住宅区,以及绿化、交通等系统分区,为近代武汉都市发展也提供了有益的战略思想。

近代殖民主义的入侵和城乡自身发展的要求使得武汉市边缘区迅速发展,这在一定程度上打破了我国几千年来城乡禁锢的壁垒。但由于帝国主义的殖民政策以及战乱影响,这一时期的城市无共同适用的组织法则,也没有固定的行政区划,所以直到中华人民共和国成立以前,武汉市城乡之间的界线依然明显,城市边缘区的发展仍然停留在萌芽阶段,但据相关数据初步统计,在 1899—1949 年半个世纪的历史进程中,武汉市边缘区年平均增长速率仅为 1%,发展速度极为缓慢(图 2-8)①。

(2) 城市早期空间发展的变化特征

纵观中国大城市的早期发展,主要是受到外部环境的作用,其外部影响包括以下几个方面。

首先是帝国主义的入侵,开辟通商口岸,打破了城市原有建立在农业文明自给自足、不发达经济基础上的处于封闭状态的、较低层次的商品经济状况,从而推动了城市的变革与发展,特别是对外贸易的发展与增加。城市一方面因与国际商品贸易的互动成为地区物资聚散地,另一方面也成为西方列强倾销商品、掠夺原材料的基地,从而带动了相应的配套服务及原始粗加工工业的形成与发展,商品零售则大幅度增加,人口迅速聚集。

其次是依托其优越的城市外部自然地理和经济地理区域环境条件。水运是中国早期大容量运输的主要方式,商品的交流主要发生在沿江河等集中地区,如上海、广州、武汉。武汉处于长江、汉江交汇处,历史上就是主要航运集散地,广州凭借珠江内河与对外海运而发展,上海则依托黄浦江、长

---

① 周婕.大城市边缘区理论及对策研究——武汉市实证分析[D].上海:同济大学,2007:82.

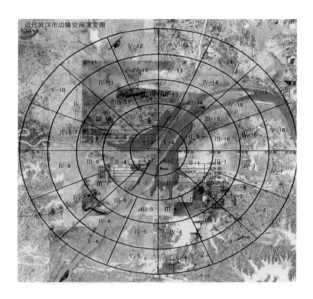

图 2-8　近代武汉市边缘区扩展示意图

资料来源:周婕.大城市边缘区理论及对策研究——武汉市实证分析[D].上海:同济大学,2007.

江及海上运输而开始扩张。同时国内官僚资本、农业剩余资本的流入,也是中国大城市发展的原因之一。洋务运动时期,清政府用官款兴办了一批实业,一部分官僚地主见开发实业有利可图,便把传统用来购买土地和放高利贷的资金投入近现代工业和商业。其中武汉、上海等城市发展尤为明显。

根据系统论的观点,城市系统的功能是指城市与外部环境发展相互联系并相互作用时所体现出来的基本特征。近代城市脱胎于封建城市,历史上曾长期处于封闭状态,鸦片战争以后,在帝国主义列强入侵的影响下,原来平衡状态下稳定的城市社会结构受到极大的冲击,城市从外部环境中吸取物质流、能量流、信息流,部分吸收了新的生产方式及先进技术,城市经济得到发展,城市功能发生了很大的变化,功能的变动必然会带来城市建设的变化。这一时期,原有城市长期封闭的布局模式开始松动,并受到外来文化的影响,其变化的主要特点有:一是城市内部用地功能转化较大,城市中出现了新的工业仓库用地;二是商业活动及港口运输活动是城市发展的主导因素,城市用地扩展具有"向江性";三是城市空间扩展经历了由内向外、由简单至复杂的变化过程。在整个过程中,虽然部分城市在帝国主义入侵时在远离旧城的江边设立"租界",或因沿江港口及配套设施建设形成"飞地",但与旧城很快又连成一片,城市用地紧凑度高。

2)1949—1978 年城市空间扩展过程

中华人民共和国成立之后,由于开始了大规模的工业化建设,城市空间扩展迅速。在城市的宏观背景下,各类区域中心的大城市普遍从中华人民共和国成立前以手工业、民族工业为主的消费型城市逐步转变为以现代工业为主的生产型城市,城市的发展动力主要来源于工业经济的发展。再者,国家借鉴苏联模式的城市发展投资政策,进一步加快了城市的外向扩展,通过 30 年的建设,城市普遍发生了很大的变化。

(1)城市发展与布局的特点

这一时期中国的大城市发展都具有浓厚的计划经济色彩,均采取由国家投资的有计划的外向逐步扩展模式。现将北京等四个城市的发展特征阐述如下。

北京在 1949 年中华人民共和国成立后,实行"变消费性城市为生产性城市"的城市建设方针,城市发展进程经历了明显加快至速度放慢再到加速的过程。1955—1963 年城市以旧城为中心向四周发展,核心区年均扩展面积从中华人民共和国成立前的 0.2 平方千米扩大到 5.2 平方千米;边缘区年均扩展面积则从 0.9 平方千米扩大到 13.5 平方千米。1958 年《北京城市建设总体规划方案》确定了"分散集团式"的城市空间布局,在北京中心组团以外,又分别设置了北苑、清河、西苑、石景山、丰台等十个城市边缘区组团。城市边缘区首先在西北、东、西三个方向扩展,形成教育科研区和工业新区,然后在各个方向都有较大扩展。分散式布局能有效地控制城市中心地区的规模,防止城市"摊大饼"式的发展。20 世纪 60 年代中期至 80 年代初,城市发展速度有所放慢,但城市边缘区面积超过 480 平方千米,逐渐发展成为一个范围广、相对独立的地域实体,此时,包括城市核心区、城市边缘区与乡村的三元结构基本形成(图 2-9)[①]。

---

① 李世峰.大城市边缘区的形成演变机理及发展策略研究——以北京市为例[D].北京:中国农业大学,2005:35.

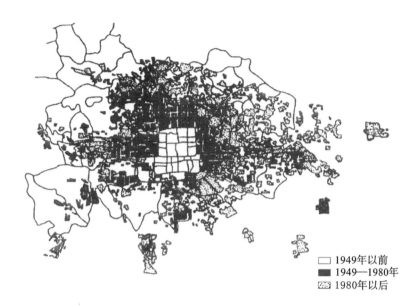

图 2-9　1994 年北京市边缘区空间扩展结构图

资料来源:李世峰.大城市边缘区的形成演变机理及发展策略研究——以北京市为例[D].
北京:中国农业大学,2005.

　　上海同样在 1949 年后受计划经济体制和其他各种社会、政治及经济因
素的影响,从一个综合型城市转变成为一个工业主导的,特别是以重化工业
为主导的生产型城市,城市功能的萎缩延缓了城市空间扩展的步伐。此阶
段城市空间的扩张仍然高度集中在浦西地区,其中沿黄浦江西岸和苏州河
均有进一步的轴向扩张,并出现了新的发展趋势。一方面,根据"逐步改造
旧市区,严格控制近郊工业区的规模,有计划地建设卫星城镇"的原则[①],在
郊区建设了以闵行为代表的一批卫星城镇。另一方面,从 1958 年开始在城
市建成区外围的近郊区建造了以曹杨新村、彭浦新村、桃浦新村等为代表的
连片居住新区。外围的卫星城镇以及近郊区大量的居住区建设,成为推动此
阶段城市边缘区空间外向扩张的主要形式。但是受体制因素的影响,这一阶
段城市扩张的空间规模受到了极大的限制,1958 年上海建成区面积为 141 平

① 《上海建设》编辑部.上海建设(1949—1985)[M].上海:上海科学技术文献出版社,1989.

方千米,到了 1987 年仅为 220 平方千米左右,30 年间仅增加了约 56%[①]。

　　广州于中华人民共和国成立后的三年经济恢复及"一五"时期(1949—1957 年),分别编制了九轮城市总体规划方案,并按照规划确定的工业区位置,沿珠江水系,先后在西村、沙园、南石头、赤岗和白鹤洞等地建设起造船、造纸、钢铁和机械制造等一大批大中型工厂、企业,形成了新的工业区和相应配套的工人生活区。城市开始由商业型城市向生产型城市过渡。这一时期,广州城市布局已明显向外伸展触角,城市边缘区逐渐形成。到了 1961 年第十一次总体规划方案,确定了分散组团式的"四团二线"(四团指旧城中心区、员村地区、黄埔地区、芳村地区;二线指广花公路、广从公路)城市空间布局结构,城市规划用地从 201 平方千米压缩到 117 平方千米,城市规划人口压缩到 200 万人。一方面,城市边缘区空间结构呈现出分散组团发展模式,除一部分为山地,大多数郊区土地都被划为高产农田保护区,从而限制城市进一步外向扩展;另一方面,为适应对外贸易的建设需求,将深水港口东移,增辟墩头东基和沥滘等对外港口,大型工业项目则大量设置在城市边缘区。

　　到了 1974 年,一方面,广州铁路新客运站的建设带动了城市西部边缘区的发展,流花地区陆续建成一批公园、宾馆和车站等基础设施,成为广州市对外交通枢纽和新型贸易旅游区,广花公路沿线也相继建设一批工业和仓库区;另一方面,黄埔港建设则带动城市沿广深公路向东轴向发展,交通轴线的发展使城市边缘区规模进一步扩大。因而城市边缘区空间结构呈现出轴向发展模式。

　　武汉三镇于 1949 年 5 月 16 日全面解放,武昌、汉口、汉阳三镇正式合为统一的武汉市,从行政上结束了几千年的分割局面,并且城市的建设规模、功能、性质发生了前所未有的巨大变化。国家在武汉开展了大规模的经济建设,城市得到了长足发展。"一五"期间,遵循"大分散、小集中"的原则,跳出原有旧城范围,主要是在城市郊区兴建了武汉钢铁公司、武汉锅炉厂、武

---

　　①　付磊.全球化和市场化进程中大都市的空间结构及其演化[D].上海:同济大学,2008:93.

汉重型机床厂、武汉肉类联合加工厂等一批重点工业项目,形成多个分散的
工业区和配套的居住区。借鉴苏联的规划方法和指导思想,先后在武昌新
开辟以武汉钢铁公司为主体的青山工业区、以武汉锅炉厂为主的石牌岭(钵
盂山)工业区、以武汉重型机床厂为主的中北路(答王庙)工业区、以制材厂
等建材工业为主的白沙洲工业区;在汉口开辟了以武汉肉类联合加工厂为
主的堤角工业区、以武汉制药厂为主的易家墩工业区;在汉阳则开辟了以市
水泵厂等地方机械工业为主的工业区。初步形成了较为完整的生产区、居
住区和城市商业供应网点,市政基础设施同时配套建设。在中心市区开拓
汉口解放大道,武昌和平大道、中北路、珞喻路,汉阳鹦鹉大道等一批主干
道,尤其是长江大桥和汉水公路桥的建成使武汉三镇从陆上连成一体,成为
名副其实完整统一的武汉城区,形成了城市中心向外放射的工业区布局和
城市主干道的基本构架。

20 世纪 50 年代中期,由于大规模的工业建设和相应基础设施的配套,
武汉市在国内先行形成了城市边缘区,重点集中在青山、武昌大东门以外、
汉阳沿江地带以及汉口京汉铁路外侧。这完全是国家统一计划调配所进行
的经济建设的结果,具有苏联、东欧社会主义国家的中心市区与郊区同步发
展的双极空间发展结构特征(图 2-10)①。

"二五"期间,武汉市提出了 196 项新建扩建项目的计划,促使工业用地
在武汉市城市边缘区进一步扩展:在武昌地区的边缘地带,武汉钢铁公司、
第一冶金公司周边继续进行大规模工业建设,城市蔓延较快;同时也陆续开
辟了一些新工业区,包括以机电工业为主的关山工业区,以纺织、机械工业
为主的余家头工业区,以地方轻工、机械工业为主的七里庙工业区、唐家墩
工业区,以建材、机械工业为主的鹦鹉洲工业区;武泰闸以南的沿江地段则
兴建造船工业。总体上,以武昌旧城和武汉钢铁公司为两个核心,武昌城区
渐进式向外扩展形成新的边缘区。在汉口地,老城区沿新建的解放大道
向西北方向缓慢扩展,城市边缘区发展的速度开始减缓。在硚口区,由于沿

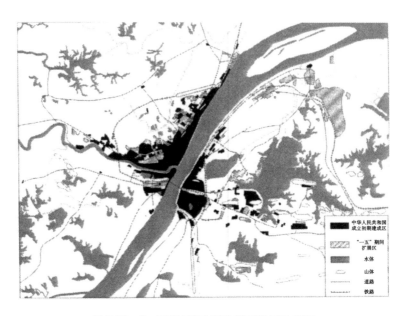

图 2-10　"一五"时期武汉边缘区拓展示意图

资料来源:周婕.大城市边缘区理论及对策研究——武汉市实证分析[D].上海:同济大学,2007.

汉江大量建设工业区,城市边缘区形成速度较快,发展空间较大。汉阳地区由于受到自然环境的约束,诸多湖泊和山丘限制了城市圈层式的蔓延,所以沿长江和墨水湖东北侧就成为城区发展的主要方向,城市边缘区在此方向上有所发展。1960 年,武汉市区人口达 258.46 万人,比中华人民共和国成立前增加 1.5 倍,是武汉历史上人口增长最快的时期;同时在"文化大革命"期间,建成武汉铁路枢纽武昌南编组站,兴建江汉二桥、武钢轧机工程,建成武昌焦化厂、葛店化工厂等。这一阶段城市边缘区在原有范围内略有扩展,但城市土地利用的碎化程度极高,边缘区的扩展存在任意性和盲目性。基本上是围绕几个工业区外向扩展为主,表现为填空补齐的方块拼贴发展方式,空间结构比较松散,呈现三镇一区的城市空间形态(图 2-11)[1]。中华人民共和国成立初期第一个五年计划时期,为城市边缘区形成和发展的时期;第二个五年计划时期,由于工业飞速发展,城市边缘区规模快速增长,各类

---

① 周婕.大城市边缘区理论及对策研究——武汉市实证分析[D].上海:同济大学,2007.

图 2-11　1966—1978 年武汉市边缘区发展态势

资料来源:周婕.大城市边缘区理论及对策研究——武汉市实证分析[D].上海:同济大学,2007.

城市要素扩张明显;"文化大革命"时期,城市发展则停滞不前,边缘区亦无任何扩展。通过相关数据统计,在 1949—1978 年三十年间的历史进程中,武汉市边缘区年平均增长速率达到历史最高点 143.55%后逐年下滑,呈现急速递减的趋势(图2-12)①。

（2）城市空间发展特征

综合分析这四个城市在中华人民共和国成立以后为快速推动国民经济的恢复建设所采取的城市发展模式,其均是依托原有区域内大城市的工业基础,来实现工业经济的快速发展,带动城市经济的全面繁荣。城市经济的发展必然带来城市空间的发展,因此这类受外力影响的城市初步形成城市边缘区的形态和基本要素具有以下几个方面的特征。

一是城市经济发展速度与城市边缘区用地扩展速度成正相关性。从总体上看,经济发展迅速,城市建设就处于快速发展状态,反之则速度缓慢。这一时期的城市扩张来源于国家的工业化投资和苏联援建的重大骨干工程,这些外部投资集中,带有很强的国家计划特点,所以其边缘区的空间扩展速度也具有明显的阶段性和突变性。

---

① 周婕.大城市边缘区理论及对策研究——武汉市实证分析[D].上海:同济大学,2007.

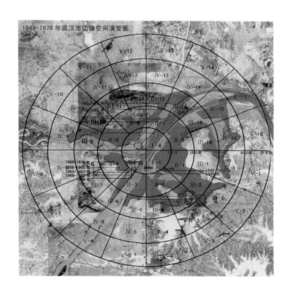

图 2-12　1949—1978 年武汉市边缘空间演变图

资料来源:周婕.大城市边缘区理论及对策研究——武汉市实证分析[D].上海:同济大学,2007.

　　二是在城市边缘区空间扩展过程中,其空间形态演变具有一定的周期性。其空间扩展方式一般经历了三个阶段,即飞地跳跃式、分散卫星组团式、轴向推进放射式(图 2-13)。各阶段空间特征反映了不同历史时期的社会政治背景和计划经济下国家主导的城市发展策略。

　　飞地跳跃式:因为"一五"计划期间,各类大中型重化工业布局脱离主城区,在城市郊区独立建设,并具有自身的相应配套服务区,形成规模巨大的外围城市组团,与城区之间保持着广阔的农林空地和生态空间,形成飞地状的城市边缘区空间结构特征。

　　分散卫星组团式:在苏联提出的卫星城镇规划理念指导下,依托郊区的工业区,为疏散旧城人口而有计划新建了卫星城镇,各卫星城镇与主城相距较远,城市边缘区仍保持着大量的农田和生态绿化用地,从而形成主次分明的分散型城市边缘区空间结构特征。

　　轴向推进放射式:由于受计划经济体制的客观环境影响,在前两个发展历程中对制造业建设加大投入,商贸金融功能相对萎缩,城市内部市场也承

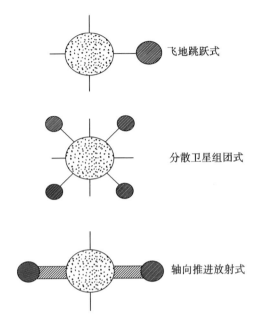

飞地跳跃式

分散卫星组团式

轴向推进放射式

图 2-13　边缘区扩展三个阶段示意图

资料来源:作者自绘

受着短缺经济所带来的种种负面影响,城市产业结构严重失衡,部分商业和居住功能以沿联系卫星城和主城的交通发展轴推进,城市边缘区空间又恢复到以自然增长为主,城市功能主要在道路两侧发展,中间留下大片空地,呈现"放射状"的总体空间形态特征。

三是城市工业活动具有对城市边缘区用地扩展的引导性。在扩展距离上,工业用地始终是用地开发的主导要素,向外延伸得最远,紧随其后的分别是居住用地和商业用地。中心城区对边缘区具有较大的吸引力,同时受交通工具制约的空间距离影响,居住用地布局具有明显的向心集中特征,在一定程度上限制了工业用地向外扩展的速度,公建用地和居住用地之间存在着相互制约作用,居住用地的集中紧凑分布使公建用地呈现明显的向心集中性。

四是城市新增用地构成上的不平衡性。工业用地长期占城市总用地的50%以上,离市中心越远,工业用地的比例越高。

五是城市边缘区新发展的用地在功能上具有一定的独立性，但城市布局的紧凑度较低。如武汉在 1957—1959 年，建成区面积由 78 平方千米增长到 110 平方千米。

3）1978 年后城市边缘区快速无序蔓延时期

1978 年后，中国的城市进入了城市化快速发展的时期，20 世纪 80 年代的改革开放、20 世纪 90 年代的全球化以及随后中国加入 WTO，都从根本上改变了中国城市发展的内外基本环境和动力基础，其空间扩展在多种因素的作用下，也发生着复杂而剧烈的转型。但经济变革是城市空间发生变化最基本、最直接的动因，特别是在世界经济全球化的影响下，原有的以制造业布局为主的一元空间发展模式转向多元经济要素的空间发展模式。特别是 20 世纪 90 年代后，中国进入了经济、社会和政治体制的全面转型时期，传统经济因素仍然在发挥作用，现代新经济因素伴随全球化而重塑着城市空间结构，其空间演变也导致了城市边缘区的发展愈发复杂与多元化，扩散与集聚并存，城市的快速无序蔓延和区域城市一体化进程同时进行，城市进入了一个高速超常规发展阶段，每天都在发生变化。

（1）城市空间扩展与布局的特点

从 20 世纪 80 年代中期以来，随着改革进程的深入与城市功能的重新定位，北京的城市建设由中心向边缘快速扩张。据统计，1984 年北京市核心区面积为 168.1 平方千米，年均扩展 3.4 平方千米；而城市边缘区扩展速度较快，其面积已达 482.1 平方千米，年均扩展 14.1 平方千米，是核心区扩展速度的 4 倍以上，边缘区呈跳跃发展模式。至 1996 年，核心区面积为 300 平方千米，占全市面积的 1.9%，年均扩展 11 平方千米，城市边缘区扩展面积则达到 1600 平方千米，年均扩展 93 平方千米，是核心区面积的 5.3 倍[①]，成为一个包围城市核心区的宽广地域。城市边缘区成为城市一个不可或缺的部分，城乡界限模糊。

1982 年，《北京城市建设总体规划方案》重申了坚持"分散集团式"布局原则，规划要求形成以旧城为核心的中心地区和相对独立的 10 个边缘组团

---

① 李世峰.大城市边缘区的形成演变机理及发展策略研究——以北京市为例[D].北京：中国农业大学，2005：34.

的空间总体布局结构,其间约有 2 千米宽的绿色空间地带相隔离。按照"旧城逐步改建,近郊调整配套,远郊积极发展"的方针,以黄村、昌平为近期建设重点,开展了远郊卫星城规划建设,并出台了促进卫星城建设的相关政策①。但是到了 20 世纪 90 年代中期,因经济的高速发展,北京的城市建设又步入新的无序蔓延阶段,北京城市建设区按年均 7.6% 的速度扩展,边缘区迅速向外扩展。《北京城市总体规划(1991 年至 2010 年)》延续了以旧城为中心并向外发展的城市布局模式,城市用地由城市中心地区和环绕周围的清河、南苑等 10 个边缘组团组成。规划明确提出了全市城市发展重点要逐步从市区向广大城市边缘区转移,市区建设要从外延扩展向调整改造转移;通过调整城市功能和布局,大力发展城市边缘区,开拓新的发展空间。2004 年北京市域用地规划如图2-14所示。

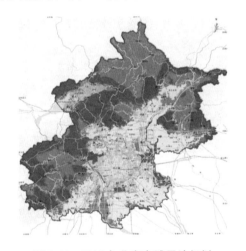

图 2-14　2004 年北京市域用地规划

资料来源:李世峰.大城市边缘区的形成演变机理及发展策略研究——以北京市为例[D].北京:中国农业大学,2005.

上海自 1978 年改革开放以后,伴随以市场为导向的资源配置方式的转变,城市建设投资主体日益多元化,基础设施和固定资产投资大幅增加,促进了城市建设的发展。但是经历了"文化大革命"之后,城市建设发展严重

---

①　资料来源:1982 年的《北京城市建设总体规划方案》。

滞后,此阶段,城市建设的重心主要放在内部中心区城市功能完善,在20世纪70年代末已基本形成的城市格局上,通过市郊大规模的居住区建设,逐步加快了城市边缘区空间的扩张步伐,扩张地域在延续黄浦江和苏州河轴向扩张的基础上,向杨浦、虹口、闸北、普陀、长宁以及徐汇区成片蔓延,具有明显的中心外推的圈层特征。

随着20世纪90年代初浦东的开发、开放,上海城市边缘区进入快速的跳跃式空间扩张阶段。在此期间,城市发展模式进入资本驱动阶段,城市空间形态急剧扩张,并出现了两个显著的转变趋势:其一,空间扩张的地域范围不再局限于浦西地区,转而向浦东和浦西地区共同扩张;其二,随着内外环线、高速公路网以及地铁等城市内外交通设施的建设,出现了以沪嘉、沪宁和沪杭高速为轴的轴向扩张趋势。在此背景下,城市建成空间的地域范围已接近整个外环以内区域,地域面积由1987年的约220平方千米迅速增长至2002年的约680平方千米,增长幅度超过200%。如果从整个城市层面来看,20世纪90年代以来上海城市土地开发则表现为由城市中心向外围扩散的态势,并依次出现了浦东新区、嘉定—青浦一线和松江区三大发展区(吴志强,姜楠,2000)。随着产业空间布局的调整和中心城区城市建设向"功能型"转变,城市空间外向扩张的重点区域正向外围边缘区新城和沿江沿海的发展空间延伸。中心城、新城以及三条发展轴和市域范围内布局的各级城镇,组成了"多核、多轴"的空间结构形态,而市域范围内高速公路和快速交通网络的建设,则进一步促进了城市边缘区空间网络化的演进趋势。

广州城市建设则是从1978年开始方进入新的阶段。广州1978年城区面积仅54平方千米,1985年扩大到163平方千米,1990年扩大到182平方千米,到1997年更是扩大到272平方千米[1]。随着城市空间范围的扩大,城乡关系发生巨大变化,大量城市边缘区的农业用地、工业用地被圈入城市发展用地范围;在20世纪80年代中后期,广州城市边缘区逐步形成,并在边缘

---

① 李黎.广州城市边缘区规划管理研究——以数字技术为手段[D].武汉:华中科技大学,2006:53.

区成立了天河、芳村、白云 3 个新区,并为第六届全国运动会兴建了体育中心、广州铁路第二客运站(东站)和开发建设面积达 102 公顷的花地湾居住区等,构成了沿珠江北岸向东至黄埔发展的带状组团式空间结构体系。随着城市西部天河体育中心、天河生活居住区的建设,东部广州经济技术开发区、广深公路沿线工业和居住区的建设,城市三大组团已经蔓延扩大并逐渐连接成片,基本形成广州带形城市空间结构的雏形,城市边缘区进入成熟发展阶段。在城市发展的带动与影响下,广州城市边缘区在经济、社会、城市空间等各方面发生了明显转变:经济上从农业转向工业及第三产业;社会关系上,人口结构、生活方式、社区组织等发生转变;城市空间上,随着农业用地逐渐被用于城市建设,城乡用地相互楔入、交错扩展,城乡空间关系趋于密切与复杂化,城乡空间界线趋于模糊,边缘区空间结构表现出明显的城乡混合特性。

据统计,广州北环高速公路以南建成区内就有约 120 个村落,总居住人口(包括村民、居民与租客)约 120 万人,占 2004 年广州市建成区人口(400万)的 30%,村建设用地约 12.57 平方千米。天河区、海珠区及白云区等城市边缘区均有大量村落,其中近年来城市用地扩展得最快的天河区数量最多,全区有大小自然村 64 个,大量村落已经发展成为城中村,如五山路以西(广州市的中央商务区)约 20 平方千米的新城区内,就有杨箕村、猎德村、石牌村、林和村等多个大型城中村。同时,城市边缘区作为城乡过渡区域,在空间格局上表现为一种典型的混合渐变特征,城市与乡村各种要素、景观及功能呈现出显著的变化梯度。在邻近广州市中心主城的边缘区内既包括了工业、商业,又分布着各种高新技术产业,最明显的特征是各种非农产业已占主导功能。在城市外边缘的从化区及增城区,除了一些相对独立的卫星城镇,仍然以农业为主导功能,人口密度较低,基本保持原有农村的自然景观,各种公共服务以及市政基础设施建设水平大大落后于城市内缘区的发展水平。

武汉作为中部地区一个重要的特大城市,城市建设在 1976 年方起步发展,整体发展较慢。1984 年,国家确定武汉市为经济体制综合改革试点城市后,实行全面计划单列,赋予其省级经济管理权限。武汉市以此为契机,以

"两通"（交通和流通）为突破口，实行城乡开通、城城开通，为城市建设注入了新的活力。1980—1990年，伴随汉口京汉大道铁路线的外移以及城市北部建设大道、发展大道、青年大道等主干道的修建，汉口城区得以大规模向北纵深发展，形成鄂城墩、北湖、花桥等规模巨大的居住组团，青山工业区修建了钢花居住组团，武昌的中北路工业区则修建了东亭居住组团，汉阳地区主要沿汉阳大道继续向西推进，串联式形成大规模的居住组团，边缘区空间形态整体上呈现轴向扩张、组团靠拢的趋势（图2-15）。边缘区的扩展主要依靠居住功能的外向延伸。到了"六五"计划时期（1981—1985年），在继续推行城市边缘区小区成片开发的基础上，在边缘区内兴建和开发了东湖磨山风景区、汉阳动物园，以及莲花湖公园、紫阳湖公园、南湖公园、白玉山公园

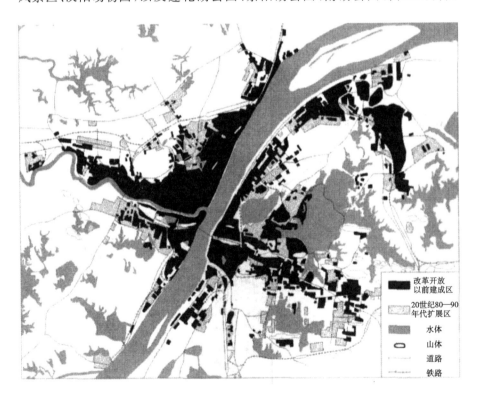

图2-15 20世纪80年代武汉城市边缘区空间形态图

资料来源：周婕.大城市边缘区理论及对策研究——武汉市实证分析[D].上海：同济大学,2007.

等公园；"七五"计划时期（1986—1990 年），在修订城市总体规划的基础上，确定了 26 个重点项目，其中"武汉双七百万吨"技术改造项目，以及沌口 30 万辆轿车总装厂、武汉天河国际机场、武汉阳逻电厂、长江公路桥、长飞光纤光缆厂、武汉客运港、汉口新火车站等大型项目，依次拉开了城市边缘区外向空间拓展骨架。1980—1990 年武汉市边缘空间演变图如图 2-16 所示。其中 1981—1990 年征用划拨了 26753.75 亩土地，城市不断向外扩展（表2-3、表2-4）。

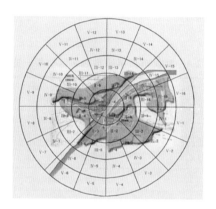

图 2-16　1980—1990 年武汉市边缘空间演变图

资料来源：周婕. 大城市边缘区理论及对策研究——武汉市实证分析[D]. 上海：同济大学，2007.

表 2-3　武汉市十年(1981—1990)划拨地地类统计表　　　　单位：亩

年份	地　　类					合　　计
	菜地	旱地	水田	湖塘	其他	
1981 年	1296.00	492.00	379.00	143.00	168.00	2478.00
1982 年	604.40	233.33	140.52	55.34	75.41	1109.00
1983 年	1741.68	682.94	309.68	129.11	209.04	3072.45
1984 年	1388.58	330.91	288.71	284.13	283.67	2576.00
1985 年	1490.69	125.02	403.63	576.98	556.10	3152.42
1986 年	1126.32	34.09	142.91	211.07	516.64	2031.03
1987 年	2099.16	1288.60	894.90	1065.11	256.09	5603.86
1988 年	1394.65	162.68	1534.99	并入	873.09	3965.41

续表

年份	地 类					合 计
	菜地	旱地	水田	湖塘	其他	
1989 年	557.07	7.98	342.26	其他	331.43	1238.74
1990 年	392.00	265.00	57.00	371.90	440.94	1526.84
合计	12090.55	3622.55	4493.60	2836.64	3710.41	26753.75

注:①水田含水生作物及稻田;

②其他含山林、苗圃、荒地等;

③1 亩≈0.067 公顷。

表 2-4　武汉市百年城市边缘区扩展一览表

时 间	增长面积/千米²	年平均增长速度/(千米²/年)	平均增长速率	年平均增长速率
1899—1912 年	4.22	0.30	13.62%	0.97%
1912—1922 年	3.21	0.29	9.08%	0.83%
1922—1930 年	3.06	0.34	9.84%	1.09%
1949—1957 年	7.15	0.79	143.55%	15.95%
1957—1965 年	6.06	0.67	49.95%	5.55%
1965—1978 年	1.61	0.12	8.83%	0.63%
1980—1990 年	11.51	1.05	18.74%	1.70%
1994—2003 年	28.57	2.86	138.73%	13.87%

资料来源:武汉市城市规划管理局.武汉城市规划志[M].武汉:武汉出版社,1999.

与此同时,武汉市于 1982 年完成《武汉市城市总体规划(1980—2000年)》(于 1988 年修订),并于 1990 年底完成 7 个城区的分区规划。在这些规划的指导下,武汉城市边缘区的发展开始摆脱人为的主观调控模式,逐渐遵循城市空间扩展的客观机制(如沿交通线延伸、引入居住导向、科学规划调控、历史文化及自然资源的保护等),使城市边缘区开始具有多样性的实体意义,并成为城市重要的组成部分和城市扩展的活跃地区。在武昌地区,受沙湖、东湖、南湖等自然湖泊的约束,城市边缘区明显向湖泊周边地带蔓延,青山区与武昌区开始接触;汉口沿京广铁路线的城市边缘区发展较快,唐家墩、堤角、汉口火车站、硚口经济区等都成为城市增长的发生点;汉阳地区则沿江汉二桥和汉阳大道迅速发展。

据统计,在 1980—1990 年,武汉市边缘区年平均增长速率相比于"文化大革命"时期得到了较大提高,增幅达到了 18.74%。

1990 年后,随着社会主义市场经济的建立,武汉城市边缘区空间也进入了"转型"发展时期,特别是武汉市作为国家综合改革试点城市后,经济进入了高速发展阶段。在 1988 年修订《武汉市城市总体规划(1980—2000 年)》时,武汉就提出了中心城、卫星城、县城关镇、县辖镇、集镇五个层次的城镇网络,为边缘区的发展制定了方向,城市边缘区各要素的扩张开始在宏观调控的政策下,遵循一定的市场机制而快速发展。1991 年国家批准武汉港对外籍船舶开放,同年武汉市被确定为沿江开放城市。武汉市先后建立了东湖新技术开发区和武汉经济技术开发区,实现了各个领域的全面开放,迅速成为国内外资本投资的热点地区,因受区位的影响,城市边缘区向主城区蔓延靠拢。

1996 年以后,市场经济的要素为城市发展注入了新的活力,在社会主义市场经济体制的指引下,城市建设也逐渐被纳入市场体系发展中,城市的投资、运营、开发、扩展都步入市场化轨道。在二十几年的城市发展过程中,长江二桥、阳逻电厂、青山外贸码头、白沙洲大桥、江汉三桥、江汉五桥、月湖桥、轻轨一号线等基础设施全面竣工;内环线全面贯通,外环线北、西、南三面业已贯通,东面即将完工,为城市圈层式发展奠定了基础;两个国家级经济技术开发区不但成为武汉市经济增长的龙头,而且使城市的格局发生重大变化,成为城市新的集聚点,并成为城市扩散的新核心;城市建设进入历史最快的发展阶段(图 2-17)。由于自然地理环境的特殊性,武汉市各个城区的扩展方式并不一致。武昌地区因东湖新技术开发区的建设而向东快速拓展,形成关山组团;北部以徐东路、和平大道、冶金街为轴线,分别由南、北方向向中间推进,开始填满青山组团与武昌旧城之间的边缘区空隙;因受东湖风景区及其他湖泊保护的限制,城市边缘区在各个湖泊之间呈条状发展。汉口地区以发展大道为轴线向两侧发展,向内、向外迅速填满了与建设大

图 2-17　20 世纪 90 年代城市边缘区空间形态图

资料来源:周婕.大城市边缘区理论及对策研究——武汉市实证分析[D].上海:同济大学,2007.

道、新京广铁路线之间的空隙,由常青路、姑嫂树路组成轴向发展走廊,向北逐渐连片发展到张公堤,但是由于张公堤的行政作用(堤内为武汉城区,堤外为东西湖区)和防洪作用(堤外在紧急时刻为行洪区),城市边缘区的扩展受到一定限制,呈圈层式缓慢扩展,仅仅在沿机场快速通道附近开发形成常青居住组团;汉阳地区受湖泊、山丘的地形限制,以汉阳大道为轴线继续向西发展,同时在汉阳的边缘区采用飞地方式独立地启动了武汉经济技术开发区的建设。

　　这个时期城市边缘区发展的主要特点是呈跳跃性发展和沿交通线外延拓展。随着武汉传统城区周边的郊区、卫星城镇日益发展,城市突破前一时期的团块集中发展形式,再次呈现沿轴快速发展的趋势(图 2-18、图 2-19)。

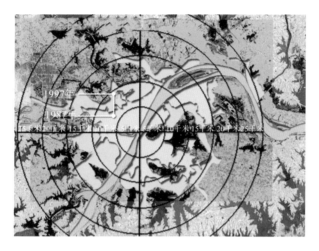

图 2-18　1987—1997 年武汉市边缘空间演变图

资料来源:作者自绘

图 2-19　1987—2003 年武汉市边缘空间演变图

资料来源:作者自绘

进入 21 世纪以后,武汉市为适应城市区域化发展的需求,开展了一系列
重大基础设施工程:过江隧道、武汉天河机场第二航站楼、武昌火车站、汉口
火车站改造,以及十条对外放射的城市快速路已基本建成;天兴洲大桥、阳

逻长江大桥、武汉新火车站及高速铁路、二环线快速干道系统业已完工；武汉市第三国际机场、鹦鹉洲长江大桥、二七长江大桥、轻轨一号延长线、地铁二号线、地铁四号线等影响城市基本格局的大型项目已投入使用；城际铁路、新城组群间的大运量公交快线、新增的其他 5 条轨道线等也为武汉贯通贡献了力量；2007 年国家批准武汉市城市圈为全国资源节约型和环境友好型社会建设综合配套改革试验区，正式拉开了武汉从单体城市向城市区域一体化发展的序幕，从更为广泛的城市群体区域内，重新构建"1＋8"共九个城市统筹发展的城市空间框架。参照国外区域连绵城市群的发展规律，城市边缘区的发展将会进入一个新的阶段（图 2-20）。武汉化工新城、武汉新港等集群产业则会在一个更大的地域范围内予以布局，城乡统筹、区域一体化发展将是城市边缘区扩展的主导方向。2009 年编制完成的《武汉城市总体规划（2009—2020 年）》中，突出对城镇地区发展的重视，进一步促进城市边缘区空间的轴向拓展，将城市建设的重点转移到都市发展区。依托区域性交通干道和轨道交通组成的复合型交通走廊，由主城向外沿阳逻、豹澥、纸坊、常福、汉水、盘龙城等方向构筑六条城市空间发展轴。整合新城及与之联动发展的新城组团，形成东部、东南、南部、西南、西部和北部等六大新

图 2-20 1987—2008 年武汉市边缘空间演变图

资料来源：作者自绘

城组群。利用江河湖泊的自然格局和生态绿楔的隔离作用,依托重要交通干线,在都市发展区构建轴向延展、组团布局的城镇空间,形成"以主城区为核、多轴多心"的有机生长、集约高效、协调有序的开放式城市空间发展结构(图 2-21)。

图 2-21　武汉市(2009—2020 年)城市空间规划结构图

资料来源:《武汉城市总体规划(2009—2020 年)》

（2）城市空间发展特征

改革开放后的城市空间发展,特别是边缘区的发展,呈现一种复杂多变的急速扩张模式。城市边缘区发展从以往单一的工业企业布局向高科技开发区、生态农业区、物流区、居住新城等多功能复合区域发展。由于制度转型的要求,世界经济全球一体化、现代市场经济要素化、行政体制分权化成为影响、支配城市空间结构演化的内在动力。

①现代城市边缘区扩展具有高度的多样复杂性特征。这种多样复杂性特征一方面来自聚集在大都市的人口数量的持续增长和质量的提高,按照复杂性科学的研究,城市是一个复杂巨系统,"城市系统的时空结构不是其组成因素的简单加和,也并非某个总体优化者或某种集体收益函数的结果,

63

而是由非线性相变引起的相继的平衡态不稳定性的结果"[1]，大城市人口的增加和质量的提高，对于系统复杂性的演化、升级无疑具有根本性影响；另一方面则来自现代城市的开放性，全球化与信息化的发展无疑将进一步促进城市与外部世界的交流，跨越国家边界的思想和观念的交流传播必将进一步强化大城市的复杂性。因此，简·雅各布认为"多样性是大城市的天性"(Diversity is nature to big cities)[2]。城市外来移民作为城市化与全球一体化进程的一个组成部分，正不断加快步伐。移民构成的多样化，无疑使得开放的城市人口构成更趋复杂多样，使得无论是从经济角度还是从社会角度来看，都需要大城市尽可能错综复杂并且具有相互支持的多样性功能，以满足人们的生活需要。

因而中国大城市边缘区几十年的发展历程也符合我国学者杨吾扬教授所提出的向心集中型、离心分散型、向心分散型的空间结构演变潜能模式，基本方程为：$\mathrm{iv} = \sum_{j=1}^{n} p^j / d_{ij}^b + p^i / d_{ij}^b$。式中 iv 为潜能，$p^i$ 和 p^j 代表 i 和 j 的人口或经济规模，d_{ij} 代表 i 和 j 的距离，b 代表距离的摩擦指数。第一阶段，p^i / d_{ij}^b 不断增长，$\sum_{j=1}^{n} p^j / d_{ij}^b$ 也相应增长，iv 曲线陡然增长，城市处于膨胀阶段，呈团块状，构成向心环带的地域结构；第二阶段，p^i / d_{ij}^b 增长减缓，$\sum_{j=1}^{n} p^j / d_{ij}^b$ 增长受限，iv 曲线缓慢增长，城市市区处于蔓生阶段，呈星状，城市亚中心大量出现，第一、第二代卫星城在市区边缘和近郊区建立；第三阶段，p^i / d_{ij}^b 增长停止，$\sum_{j=1}^{n} p^j / d_{ij}^b$ 无法增长，iv 曲线持平，出现包括母城和子城的向心城市体系，第三代卫星城在远郊区出现，形成反磁力中心；最后，特大城市之间，或大城市通过卫星城、中间城市、市区相互毗邻，出现连绵带或超大城市[3]。

---

① 迈因策尔.复杂性中的思维——物质、精神和人类的复杂动力学[M].曾国屏，译.北京：中央编译出版社，1999.

② JACOBS J. The Death and Life of Great American Cities[M]. New York：Random House，1961.

③ 杨吾扬，梁进社.高等经济地理学[M].北京：北京大学出版社，1997.

②随着城市空间地理范围的扩大,空间发展的主体日益多元化,经济活动的多中心逐渐形成,城市空间形态结构初步形成多中心格局特征。按照埃里克森的城市空间结构演化要素运动模式,中国近几十年的发展与西方 20 世纪 40—60 年代的发展具有极大的相似性,大致也可划为三个阶段。第一阶段,外溢-专业化(spillover-specialization)初级阶段,城市功能向周围边缘地区溢出,形成专业化结构特征,如在边缘区形成单一功能的工业开发区、成片住宅区等一些专门的功能区域。其扩散是以轴线向城市附近边缘区扩散为主,与市中心联系密切,对市中心的依赖性较强。第二阶段,分散-多样化(dispersal-diversification)中级阶段,城市边缘区的地域范围迅速膨胀。由于交通和各项基础设施的外延,城市边缘区在轴向扩展的同时向轴间内向填充蔓延的"趋圆性"发展。城市边缘区的功能结构日益多样化,以工业园或开发区等非农产业占主导地位。第三阶段,填充-多核化(infilling and multinucleation)高级阶段,城市的各项要素及功能扩散仍然迅猛,但反映在空间布局上则以内部填充为主,地域扩展进入静止稳定阶段。在伸展轴与环形通道之间存在的大片快速增长时期遗留的未开发农业用地,则成为该阶段开发的重点。在再开发的过程中,一些具有特殊优势的区位点会吸引更多的人口和产业活动,形成城市边缘区的次一级中心,使其空间结构出现多核化趋向(图2-22)。

③空间发展的集聚与扩散是同时进行的,中心城区的高度向心集聚程度仍然很高,城市边缘区的外向扩展仍是一种低效、粗放的扩展方式,边缘区与中心城区的空间肌理差异较大,具有明显的拼贴特征。对于边缘区内的非城市建设用地,要进行科学、合理、高效、有序的控制,不是简单地限制,而是要倡导和建立精准、高效的增长模式,防止和减少低效率、蔓延式增长,平衡协调好大城市中心区的自上而下的扩张压力与边缘区的农村(包括乡镇)自下而上的城市化外扩压力。在今后很长的一段时间内,城市边缘区空间发展将会在这两个方面的压力下处于胶着和混乱局面,城市的生态环境建设、耕地保护和土地集约利用面临的问题仍然较为严重。

4)总结

随着世界城市化和全球经济一体化的持续推进,世界范围内的相互联

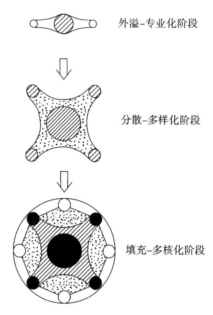

外溢–专业化阶段

分散–多样化阶段

填充–多核化阶段

图 2-22　中国城市边缘区发展阶段示意

资料来源：作者自绘

系日益紧密。结合上述国内外的边缘区发展回顾和特征描述，因体制的不同，城市发展的进程和特点各有不同，但城市化的趋势和内在规律是一致的。本书重点对中国转型期的边缘区发展进行研究，主要从我国城市发展的实际过程来考察城市边缘区空间扩展的历程，通过对有关城市的比较研究，揭示出中国大城市边缘区空间扩展中的普遍规律和内在因素。概括我国城市边缘区空间增长及变化的规律，可得出以下几点结论。

　①近、现代城市经济发展始终是城市发展的动力和核心，是城市空间增长及形态演变的决定因素。经济发展的速度及周期的变化是城市空间扩展过程具有阶段性的根本原因。经济处于快速发展期，城市建设投资增加，城市扩展能力和速度就提高；反之，城市空间扩展速度将下降。两者严格地遵循投资-扩展周期规律。同时，在经济全球化模式下，新经济环境的作用在不同阶段必然产生新的空间现象，传统的空间扩散（spatial diffusion）是指经济流在时间与空间中的扩散过程，遵循着距离递减规律，扩散强度随空间距离的增加而衰减，是一种均匀扩散的方式。跨国公司在全球范围内经济行为

的多元化和广泛性拓展,以及在此过程中现代交通、通信和信息技术的有力支撑,使得大城市边缘区地理要素的空间扩展越来越呈现出明显的非均衡扩散特征,即在一定大区域内经济环境仍然体现出集聚的特点,但相比传统的经济环境则要更加广泛和随机。特别是在中国近十年的发展中,外资的投入将对大城市边缘区的空间扩张产生深刻的影响。城市边缘区的扩张不再是单一的距离衰减,而是多个方向、多种扩散的复合。特别是后工业社会经济活动的特点,加上信息技术的融入而呈现出生产、消费活动的相互重合并逐渐分散的发展方向,但核心或主导的活动中心的数量趋于减少并在空间上进一步集中。借鉴西方城市边缘区空间演化的规律,中国在未来全球化经济活动方式的推动下,仍然会保持以大城市为主要核心的经济集聚和边缘区空间扩张后城市枢轴区域的加速成长,而在区域和中小城市的经济活动分布中则是逐渐扩散的。

②不同阶段城市经济发展背景的差异,将导致城市空间演化扩展方式的差异,不同作用力(尤其是自然环境)下的城市空间扩展过程也有其不同的差别。总结空间形态特点,城市外部空间形态演化可大致分为四种形式[①](图 2-23)。一是蔓延式生长,各类基础设施、建筑物在城市边缘区地域进行开发建设,因而导致城市中心区的外向圈层式扩张。造成城市外部蔓延式扩展的根本原因就是各种新建项目在既要谋求自身生存发展,又要保证与市区协作方便的条件下,为节约资金而靠近市区选址,因而形成"趋圆性"的外部演化特征。二是连片式生长,即在城市高速发展中面临巨大的增长压力时,有目的地选择边缘区内一个或若干个方向进行大片土地的集约开发,并且在空间上与建成区连成一片,如武汉近年来为促进汉阳的发展而在中环线附近汉阳四新农场集中成片开发的武汉新区,以及 20 世纪 80 年代以来许多城市纷纷设立的各种经济技术开发区、工业园区等。三是伸展轴生长,指沿着城市对外交通干线等基础设施轴线发展,形成工业走廊、居住走廊或综合走廊等城市发展轴。相比于连片式生长,伸展轴生长是指城市沿着一定方向扩展而形成比较窄的城市建设区域。四是飞地式生长,一些重大投

---

① 张京祥. 城镇群体空间组合[M]. 南京:东南大学出版社,2000:89.

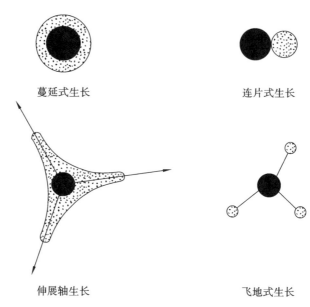

图 2-23　城市外部空间形态演化基本形式

资料来源:作者自绘

资项目由于特殊的要求,选择在离中心城区有一定距离的地方建设,如武汉早期的武汉经济技术开发区以及正在建设中的武汉化工新城等工业项目,或位于江夏区五里界街道的华侨巴登城、蔡甸区世贸旅游城等旅游项目,或物流园区、仓储保税区等。

　　③我国城市工业活动是城市发展的主导因素,它在宏观上决定了城市用地的扩展速度,在微观上决定了城市用地的结构形态。在扩展距离上,工业用地向外伸展最远,成为城市空间扩展的先导,并带动居住、仓库和交通设施向外扩展,而居住、商业用地分布则有明显的向心集中特征,并在一定程度上限制了工业用地的伸展速度。因此我国城市空间扩展过程与西方发达国家因居住外迁引发的"城市郊区化"空间扩展过程有显著的差别。同时城市伸展轴由内向外扩展时,在空间配置上也呈现出一定的自身发展规律:工业用地始终走在扩展轴的最前面,起着先导作用;居住用地沿轴扩展,滞后于工业用地;商业用地的空间位移又落后于居住用地。我国城市伸展轴用地转化过程显示出如下显著规律:近郊农业用地期→工业用地扩展期→

居住填充期→商业服务设施配套期。

　　④中国现代大城市边缘区外向空间扩展规律,符合科曾(M. R. G. Conzen)的周期性发展模式的特点,具有加速期、减速期、静止期。其形态变化大致经历了以下四个阶段(图 2-24)。第一阶段为早期城市外向蔓延形态形成阶段。城市最初因地理原因而集中在一个区域向心发展,外部形态为紧凑的团块状,其明确的伸展轴尚未形成。第二阶段为城市外向伸展轴或飞地形成阶段。城市的内、外部条件发生了变化,出现多条城市发展轴,或因地理条件、经济因素等特殊要求而在城市外部一定距离内孤立形成飞地,城市空间沿轴线向外扩展,伸展轴间含有大片未发展的轴间空地,但与飞地之间则成为主导发展轴线,城市边缘区处于一个外向加速扩张时期。第三阶段为城市边缘及带状伸展轴填充式发展阶段。当城市向外发展到一定的空间临界距离后,因空间距离加大而引起建设成本的增加与交通联系的种种不便,轴向发展的经济效益迅速下降。于是城市开始在内部调整和轴间空地填充,从以往水平扩张膨胀阶段向以更新、充实为主的内涵集约发展阶段转化。但实际过程中由于各种因素的影响,轴向扩展与内向填充两个过

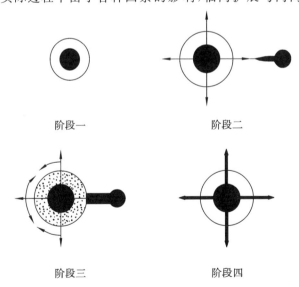

阶段一　　　　　　　　　　阶段二

阶段三　　　　　　　　　　阶段四

图 2-24　城市外部形态演化基本过程

资料来源:作者自绘

程是相伴而生的,总体来看,城市边缘区的扩张处于减速发展时期。第四阶段为城市再次进入以外向伸展为主的阶段。随着社会、经济及技术条件的变化,城市发展进入一个成熟阶段后,经济辐射力大为增强,旧伸展轴的扩展临界距离得到改变,也可能出现新的伸展轴。这种空间扩展过程具有周期性往复的特点。

⑤尽管我国城市由于各自经济基础、地理环境的差异而可能呈现出不同的空间扩展方式,但在城市空间扩展过程中,仍存在着一些共同的规律:如新扩展地域职能分异及演化规律;各城市普遍存在的由内向外渐进推移的空间扩展规律;一些城市所表现出的伸展轴形成—填充—蔓延—伸展轴形成这一循环往复的空间扩展规律等。但从整体上看,由于经济发展和交通发展水平的限制,以及我国人多耕地少的国情,现阶段我国城市的发展将继续呈现向心集中发展与外向郊区扩散相结合的形式,这应成为制定我国城市空间发展政策的基础。

2.2 大城市边缘区空间发展的主要问题

现阶段中国的城市化已进入一个快速发展时期,中国社会科学院发布的《城市蓝皮书》显示:截至 2008 年末,我国城镇化率达到 45.7%,拥有 6.07亿城镇人口,形成建制城市 655 座,百万人口以上特大城市 118 座,超大城市39 座。特别是进入区域城市化发展阶段后,由于城市转型期的经济、社会和政治体制的激烈变动,中国大城市的发展没有国外城市化长期发展的积累演变,诸如旧城改造建设与边缘区的无序蔓延、经济高速增长与生态环境保护等许多问题叠加时,其问题愈加复杂,特别是体制转型的变化对城市边缘区的发展将产生更加错综复杂的影响。

2.2.1 空间层面的问题

(1)城乡发展目标的差异化矛盾影响

由于中国社会历史发展的原因,城乡一直处于分离状态,各自发展,特别是工业化以后,人类的聚集经济活动主要在城市中展开,其发展目标是以城市为中心,对乡村的发展目标只是通过不断蔓延的城市化过程予以实现。这种区别对待的差异化目标矛盾,导致了一段时间内城乡之间的分离和发展机会的不平等。随着社会、经济的发展，我们必须重新审视现有的城乡发展之间的关系。

作为一个传统农业大国，农村始终是中国发展的基点和动力源。中国的城市化不可能像西方发达国家那样调用全球富足的资源来保证其城市化的进程，而只能充分挖掘广大农村地域资源。在中国 20 世纪以来的现代化进程和城市化发展中，农村地区作出了极大的贡献，但是这种单方面发展的模式也带来了巨大的问题，尤其是在目前中国经济、社会全面转型时期，中国未来的城市化发展道路面临着严峻的挑战，我们要特别注意避免城市化过程中的"拉美化"现象——城乡分化的过度城市化。现阶段拉丁美洲、非洲等国家的城市化水平与西方国家接近，但经济水平却普遍只有西方国家的 1/20～1/10，城市发展质量很低。造成这种局面的内在主要原因：一是其城市化进程与实际经济发展阶段脱节；二是忽视了城乡统筹协调发展，巨大的城乡差距导致了农村向城市的人口迁移激增；三是政府缺乏应对城市化的积极策略和引导，没有解决制约社会发展的根本性问题，尽管经历了城市化，却无法实现社会的持续、和谐发展[①]。中国的城市化发展也出现了这些问题的苗头，21 世纪后，我国将统筹城乡发展和新农村建设作为国家的重要发展战略方针，即是对城市"拉美化"背景的反思，确立了中国的经济社会发展将逐步实现从"农村支持城市"向"城市带动农村"转变。从近几年城乡统筹的政策制定历程中，可以清楚看到国家对解决城乡发展目标差异化所付出的努力，也为进一步明晰城乡统筹的内涵奠定了坚实的基础。

2002 年，江泽民同志在党的十六大报告中首次提出了要用城乡统筹的眼光解决中国的农业、农村和农民问题。其后，中共十六届三中全会通过的《中共中央关于完善社会主义市场经济体制若干问题的决定》中则全面系统提出了以"城乡统筹发展"为首的"五个统筹"战略思想。

2003 年 12 月 31 日下发的《中共中央、国务院关于促进农民增加收入若干政策的意见》（中发〔2004〕1 号）提出，通过"两减免、三补贴"的方法让农民直接减负增收，尽快扭转城乡居民收入差距不断扩大的趋势，开启了城市资

---

① 张京祥，罗震东，何建颐. 体制转型与中国城市空间重构［M］. 南京：东南大学出版社，2007：19.

源施惠农村的历史转变。

2004 年 12 月 31 日下发的《中共中央、国务院关于进一步加强农村工作提高农业综合生产能力若干政策的意见》(中发〔2005〕1 号)为改革开放以来中央第七个"一号文件",文件要求,在坚持城乡发展统筹的方略基础上,切实加强农业综合生产能力建设,打造农业的核心竞争力,促进农村经济社会全面发展。

特别是中国已经进入了工业化的中期阶段,从国外经验看,这一阶段是就业结构变革加速的时期,更是工业反哺农业、财政反哺农民,由城乡分割走向城乡协调发展的时期。在经历多年的农业支持工业后,客观上需要工业反哺农业、财政反哺农民。北京市政府投资城区与郊区的比例 2003 年为 80∶20,2004 年调整为 60∶40,2005 年则为 50∶50。中国的长远经济发展必须从在农业中提取积累转向工业反哺农业。

2005 年 12 月 31 日,中央第八个"一号文件",即《中共中央、国务院关于推进社会主义新农村建设的若干意见》(中发〔2006〕1 号)发布,该文件以"建设社会主义新农村"为主题,明确指出"十一五"时期(2006—2010 年)是社会主义新农村建设打下坚实基础的关键时期。针对我国总体上已进入以工促农、以城带乡的发展阶段,并初步具备了加大力度扶持"三农"的能力和条件(2004 年我国国内生产总值近 16 万亿元,第二、三产业占国内生产总值的 85% 以上,财政收入 2.6 万亿元),提出要加强基础设施建设,推进农村综合改革,促进农民持续增收,确保社会主义新农村建设有良好开局。

2006 年 12 月 31 日下发的《中共中央、国务院关于积极发展现代农业扎实推进社会主义新农村建设的若干意见》(中发〔2007〕1 号)提出,发展现代农业是社会主义新农村建设的首要任务,既体现了推进新农村建设的总体要求,又进一步明确了新农村建设的首要任务。

2007 年 12 月 31 日下发的《中共中央、国务院关于切实加强农业基础建设进一步促进农业发展农民增收的若干意见》(中发〔2008〕1 号)提出:按照统筹城乡发展要求切实加大"三农"投入力度,切实解决农村民生问题,改善农村生产生活条件、发展和加强农村社会事业与公共服务等;财政支农资金、国家对农村的基础设施建设投入和政府土地出让金用于农村的增量要显著提高,扎实地推进社会主义新农村建设;既要强调提升农业农村的自我发展能力,又要探索建立以工促农、以城带乡全面促进城乡一体化发展的体制机制。

2008 年 12 月 31 日,《中共中央、国务院关于 2009 年促进农业稳定发展农民持续增收的若干意见》(中发〔2009〕1 号)提出:城乡基础设施建设和新增公益性就业岗位要尽量多使用农民工;采取以工代赈等方式引导农民参与农业农村基础设施建设;大规模开展针对性、实用性强的农民工技能培训。特别强调要落实和保障农民的土地权益,重点做好对集体所有土地的所有权进一步界定工作,并且保障其权益;做好对承包地地块的确权、登记和颁证工作。

中央历年政策清楚指明了城乡统筹的一体化建设途径。但长期计划体制下形成并固化的城乡二元结构,至今仍在城乡经济和社会生活中存在深刻影响,城乡不协调矛盾和日益拉大的城乡收入差距仍未得到有效缓解。据国家统计局相关年份统计公报数据显示:从 2000 年到 2008 年,我国农村居民人均纯收入和城镇居民人均可支配收入的差距已由 1∶2.79 扩大到 1∶3.31,而且这个差距还有进一步扩大的趋势。在城乡收入、就业机会、基础设施和公共服务设施存在巨大差距的前提下,农村人口向城镇集聚,尤其是向大城市集聚的趋势将长期存在。

面对如此严峻的考验,只有在实际工作过程中真正改变观念,从区域宏观的视野出发,打破现有建立在城乡二元结构上的规划管理制度,真正解决好静态形态规划理念与动态多元化发展之间的深层次矛盾,按照城乡统筹的目标要求,从实践的角度确定具体的规划执行政策,方可真正进入城乡一体规划的新时代。

(2) 用地及产业结构不合理,公共设施等功能缺失

在城市快速扩张过程中,政府受企业化经营模式的影响,为完成近期政绩目标,过于关注城市自身的发展和资源的扩张。如因城市经济发展需求而开展的大型项目或建设的开发园区不断侵蚀乡村用地和生态用地,以及由于城市产业结构调整,主城区内实行退二进三,腾出大量土地资源用于高附加值产业发展,但退出的产业进入了开发区和产业园区,并不能给远城区

的经济结构调整带来大的促进作用。

随着非农业用地(包括城市建设用地及村集体建设用地)不断扩展,城市用地与农村用地、非农业用地与农业用地互相交错、界限模糊,并且边缘区的用地结构单一,立足于为城市中心区功能的疏散和补缺服务,自身的结构处于一个无序和粗放的状态。a.边缘区内不同功能用地混杂,生产、居住、商贸、绿化等用地功能紊乱无序,特别是村办集体的工厂及商贸、物流等用地与城市的居住新城交错布局,相互干扰,这是由城市自上而下的外向扩张与边缘区乡镇的自下而上发展要求不匹配造成的。b.城市功能区与传统农村居住区混杂,有些村庄镶嵌在工业区内,也有些居住区交错在自然村落中。产生这一现象的主要原因是边缘区快速扩张,原本处于城市边缘的大量自然村落未及演变,直接通过行政区划、土地征用或工业园区的扩展而逐渐被包围其中。农村的城市化是一夜之间颠覆式的演变过程,并且产生了中国城市化过程中独有的大量"城中村"地域空间现象。原本相对单一的乡村用地构成演变为复杂的混合型土地利用结构,比如自20世纪90年代以来广州城中村土地利用结构变化显著,村域以及农业用地面积均大幅减少,而村建设用地面积则不断增加,其中村集体自主经营用地、村集体出租物业用地以及村民自主经营用地(宅基地)均有不同程度的增加。据有关资料显示,目前广州市有138个城中村(占城市规划面积的22.67%),深圳全市共有1000多个城中村(其中特区内约200个),武汉市二环线内有147个城中村。

城市边缘区产业结构过于单一,导致了边缘区功能的畸形发展:产业结构不合理,农村种植产业仍未摆脱附加值低、生产技术含量低等诸多问题。边缘区产业承接中心区产业,结构相似,但对农业部分关注不够,特别是适应农村产业特点以及与农民密切相关的生态农业和高新农业园的建设大大落后,支撑农村社会发展的经济基础薄弱,农村经济总量小,工业基础薄弱。除北京、上海、广州因开发政策优势及经济活动而能带动周边乡村的发展,其他中西部大城市因自身内聚式单一经济规模尚未达到对外强大的辐射能力,因而对周边乡村的带动力不足,难以达到工业反哺农业,城市带动农村的发展需求。从武汉市地域分布来看,2008年中心城区规模以上工业总产值 2214.68 亿元,东湖新技术开发区和武汉经济技术开发区规模以上工业总产值共 1586.82 亿元(其中东湖新技术开发区 639.86 亿元,武汉经济技术开发区 946.96 亿元),远城区规模以上工业总产值仅 838.46 亿元;从行业来看,钢铁及深加工行业规模以上工业总产值为 818.94 亿元,装备制造行业规模以上工业总产值为 749.12 亿元,汽车及零部件行业规模以上工业总产值为 635.54 亿元,三者占据了绝对主导地位,对应的主要区域则是邻近城市边缘区的武汉钢铁公司所在的青山区和东风汽车集团有限公司所在的位于沌口的武汉经济技术开发区,其他行业产值不及其一半。因此,武汉的产业呈现出以重型工业为主导的单一化的局面,而对于城乡经济关系来说,这种单一化的经济结构,其经济活动仍然指向中心城区和大型交通枢纽,难以带动周边边缘区的同步发展。

土地利用和产业结构的不合理,必然带来空间发展演化的混乱无序,进一步加剧边缘区市政基础设施的滞后和社会公共服务设施的严重匮乏。农村地区基础设施的落后成为制约城乡统筹发展的瓶颈,特别是在水利建设、道路及电力电信等市政基础设施方面存在不小的差距。作为城市边缘区的乡村地域,其基础设施本就十分薄弱,然而由于当时人口和建筑密度较小且存在着广大的农田、山林地、水域等开敞空间,因而也能满足自身的发展需求。随着城市的快速推进、外来人口的涌入,乡村地域人口和建筑密度持续加大,开敞空间逐渐被蚕食,但基础设施尚未同步得到改善,而且给水、排水(雨、污)、环卫等市政公用设施仍"自成一体",未能及时与城市市政工程系统对接,不堪重负。同时公共服务设施极度缺乏,导致城乡社会事业发展不平衡,乡村地区在教育、医疗卫生、文化、通信、广播电视等社会事业建设方面与城市差距较大,甚至包括学校、基层医院等在内的满足基本生活需求的社会服务设施也十分匮乏,其他休闲游憩和体育娱乐设施基本为空白。这些问题导致了该地域的功能严重失调,产生了巨大的社会问题,进一步加剧了我国城乡经济社会发展的结构性矛盾。

(3) 土地利用效率较低,用地总量失控

20 世纪 90 年代是中国经济快速发展与城市化快速推进的时期,也是城市建设用地扩张最为迅速的时期。经济发展对于城市土地的需求在转型期

的政治经济背景下呈现出非常复杂和不可预见的特征。这种剧烈的、不可预见的城市快速扩展，对于城市规划编制和管理提出了严峻的挑战，使得城市总体规划以及依据总体规划进行的城市管理有时处于"被动"和"尴尬"的地位。比如武汉市新版的《武汉城市总体规划（2006—2020年）》中，在都市区外缘规划了六大新城组群，希望通过产业外拓，建立专业化分工区域，拉开城市空间格局，疏解城市中心的密度，但由于城市拓展动力不足，始终未能跳脱"圈层拓展"的传统模式，主城边缘地区和远城区土地开发利用粗放、不集约、投入产出率不高的问题日益凸显。

一方面，城市政府在财政不足而又急于发展物质空间或吸引更多投资时，将大量城郊土地低价出让给开发商或企业进行大规模的成片开发。另一方面，农村地区规划引导较为滞后，农民和村集体组织因自身生存发展的需求，过于注重短期利益，以更加粗放的方式对农业耕地、果园林地、生态湿地进行破坏与填占，村镇居民点占地指标过大，同时乡镇工业用地因与乡村集体组织的股份受益相联系，其无序蔓延问题突出，特别是随着城区外拓以及本地工业化的发展，大量外来移民及务工人员所带来的低廉的住房要求，进一步刺激了边缘区违章建房活动，违建乱占现象时有发生。据统计，截至2007年底，武汉六大新城组群范围内批租用地合计达164平方千米，约有48%的用地仅为意向出让用地。六个远城区当中，每平方千米土地平均GDP不足1亿元，仅为东湖新技术开发区的1/4、武汉经济技术开发区的1/6。从武汉市域各区2007年度的社会固定资产投资数据来看，发展需求较旺盛的区域仍然集中在主城边缘的江夏区、东西湖区等近郊地区，圈层拓展态势明显，但外围地区空间无序、低效蔓延，乱占乱建、占而不用的土地资源浪费现象较为突出。农村地区居民点布局分散，层次低，占地面积过大，都限制了土地利用率的提高。

城市的扩张意味着对郊外农田和未开垦土地的占用。据统计，武汉市从1978年到2001年，城市人口增加了210万人；而耕地面积却减少46230公顷，平均每年减少2010公顷。人口增长与耕地减少的这种反向变化，导致人均耕地面积不断下降，人均占有耕地已从1979年的0.048公顷/人减少到2001年的0.029公顷/人。在城市化最为剧烈的洪山区，1988年到1995年人口增加了 9 万人,耕地却减少了 899.2 公顷,人均耕地面积从 0.043 公顷/人下降到 0.035 公顷/人。由于工业、交通、乡镇企业以及城镇等各项建设事业占用耕地的进一步增加,今后人多地少的矛盾还将尖锐化。城市的发展不在于规模,而在于职能等级的提高和功能的完善。但目前,在一些地区的城市发展中,超越实际发展阶段去追求人口规模、用地规模的扩张,特别是对城市建设用地以外的用地总量不加以控制,整体上处于一个失控的状态,不利于城市长期健康可持续发展。

(4) 资源浪费严重,绿化和生态湿地严重缺失

改革开放以来,中国取得了持续、高速的经济增长,实现了大规模的城镇化,但正如美国学者 C. B. Cadsby 所说,中国的城市化发展正处于国际城市较长发展历程的"浓缩形态",在一定时期内不可避免会出现人口城市化率虚高,耕地、水等重要资源过度消耗,生态环境遭到不可逆破坏等一系列问题。尤其城市边缘区侵占绿地水面的现象时有发生,边缘区绿地网络系统不断被侵占、蚕食;生态林地、草地破坏严重,具有地方特色的生物物种不断减少,生物的多样性受到破坏;农用土地系统受工业、交通等城市污染和农药、化肥等农业污染源的影响,耕地土壤板结,肥力下降,土壤污染严重[1]。

周干峙院士认为,当前城镇化发展中存在"四个透支"的问题,即土地资源透支、水资源透支、环境资源透支和能源资源透支。在土地资源方面,我国偏重用地规模的外延扩展,土地低效、粗放利用现象依然存在。少数城市边缘区超越当地的经济发展水平,大量建设城市新区或各类工业开发区,建设中盲目追求"高标准""高起点",建筑密度和容积率偏低,造成土地的不集约利用。《全国城镇体系规划纲要(2005—2020 年)》的研究表明,全国最适宜居住的土地仅占全国土地的 19%,而这些地区本身又是我国优质耕地最密集的地区,用地紧张的压力将长期制约我国城市化的进程。在水资源方面,我国水资源高度紧张,人均水资源仅为世界平均水平的 1/4,有 300 多个城市属于缺水城市,其中 114 个为严重缺水城市,不少城市供水管网漏失率超过 20%。除此之外,我国水质污染严重,在全国 187 个主要城市中,地下

---

① 罗志军,吴文成.湖北省土地资源可持续利用研究[J].高等函授学报(自然科学版),2002,15(3):4.

水污染加重的达 52 个,污染减轻的只有 39 个。在环境资源方面,我国大气污染严重,在 113 个大气污染防治重点城市中,66.2% 的城市空气质量不适合人类居住,73.9% 的城市居民生活在不适合居住的大气环境质量条件下。在能源资源方面,环保节能标准化的滞后,使得许多城市能源资源消耗较高,单位建筑能耗是同等条件下发达国家的 3~4 倍。城市外向扩张中所存在的土地、水、能源等不合理的资源配置以及低效率的利用方式,这将严重制约城市的后续发展。

武汉 2007 年的城镇化水平为 63.8%,人均 GDP 为 35500 元,正处于城镇化快速推进的时期。但是回顾以往城市化发展历程,城市建设活动缺乏紧凑开发策略的引导,导致城市外围边缘区开发随意性较大,对城市生态空间造成侵蚀。一方面城市建设对山体破坏已造成一定影响。边缘区内山体破坏较为严重,部分山体被挖山取石、取土,山上开发、山脚建房的情况时有发生,例如武汉市蔡甸区和江夏区曾经在城市边缘区森林公园内盲目开山采石,毁林约 700 公顷,造成江夏区水土流失面积达 188 平方千米;洪山区也曾采石毁林 565 公顷,占林地总面积的 1/4,而且此种现象目前还没得到完全遏制[①]。虽然早在 1999 年武汉市就出台了《武汉市保护城市自然山体湖泊办法》,对中心城区及国家级开发区内的山体实施分级保护,但该办法不针对城市边缘众多山体,这种现象明显是忽略城市边缘区环境所造成的后果。农业生态区内山体有被村镇建设蚕食的危险,总体而言,北部新洲区、黄陂区山体保护较南部的江夏区、汉南区好,经济落后地区山体保护较发达地区好。同时房地产建设活动与农业圈湖现象频繁,湖泊和生态湿地保护形势严峻。如东湖、金银湖、汤逊湖等地区已大量出现的房地产开发热潮,致使出现不同程度的填湖、毁湖行为;湖塘种养面积的无序扩大以及渔业人工养殖对湖泊水体的污染,致使湖泊淤塞、水质不断恶化。根据 2008 年武汉市环境状况公报,全市监测的 70 个湖泊中,除梁子湖、斧头湖、道观河水库等,其他湖泊水质均为 Ⅳ 类或以下,占 41.5%。而且湖泊面积的减少导致调蓄能力大幅度下降,给城市防洪抗涝带来较大的影响。另一方面由于农业

---

① 罗志军. 城市边缘区土地利用研究——以武汉市为例[D]. 武汉:华中师范大学,2003.

协同性相对较差、单位产出比相对较低,农民若自发改变土地使用性质,将农用地或绿化用地改为住宅用地,作为廉价出租房获取经济效益,则会加剧近郊区农用地与建设用地的矛盾。此外,农田、生态绿化用地侵蚀现象依然存在,对农村长远发展和现代农业化极为不利。同时,生态保护意识宣传力度不够,风景旅游区的旅游价值有待提高;生态保护区的建设与休闲观光、特色文化等旅游性服务产业没有建立健全的发展体制和互动机制。景区、保护区缺乏创新项目,吸引力不足,旅游业收入较低,不能给周边村民带来经济实惠。村民可能会通过毁林开荒、圈湖养殖等粗放式农业生产来增加收入,对具有战略价值和旅游价值的生态保护区(如湿地自然保护区等)不断渗透,致使一些自然生态区环境遭到破坏。

2.2.2 政策层面的问题

(1) 严重滞后的二元结构土地市场政策,乡村土地利用机制不健全

土地是组成城市空间的重要结构因素,其经营状况直接关系到一个城市发展的潜力和空间发展方向。土地使用制度是对土地使用程序、条件和形式的规定,土地所有者决定着土地使用制度。不同的国家政策与社会体制背景决定了不同的土地使用制度,并形成了不同的土地资源配置模式。中国从 1950 年到 1984 年一直实行的是土地无偿使用制度,土地被排除在市场经济交易之外,任何形式的土地交易都是违法的,这是一种绝对性质的行政划拨政策。1982 年《中华人民共和国宪法》第十条规定:"城市的土地属于国家所有。农村和城市郊区的土地,除由法律规定属于国家所有的以外,属于集体所有;宅基地和自留地、自留山,也属于集体所有。国家为了公共利益的需要,可以依照法律规定对土地实行征用。任何组织或者个人不得侵占、买卖、出租或者以其他形式非法转让土地。"1982 年《中华人民共和国宪法》明确勾勒出中国土地构成的二元结构特征:所有权属于国家的城市国有土地和所有权属于集体的农村集体土地。但土地无偿使用制度造成了严重的土地低效利用、不公平的土地分配以及基础设施的严重短缺等诸多问题,并严重阻滞了中国城市的发展步伐。1986 年《中华人民共和国土地管理法》的通过,真正拉开了土地使用制度的改革序幕,将土地的使用权和所有权分离。1988 年《中华人民共和国宪法》修正案第十条第四款提出了土地的使用

权可以依照法律的规定转让,而同年底修正的《中华人民共和国土地管理法》则明确了国有土地和集体土地的使用权可以依法转让。国家依法实行国有土地有偿使用制度,在使用权上变过去的无偿、无限期的使用为有偿、有限期的使用,这标志着中国土地资源的配置纳入了市场经济发展的正常轨道。而1990年5月实施的《中华人民共和国城镇国有土地使用权出让和转让暂行条例》则从具体操作层面确定了城镇国有土地使用权出让、转让制度,"中华人民共和国境内外的公司、企业、其他组织和个人,除法律另有规定者外,均可依照本条例的规定取得土地使用权,进行土地开发、利用、经营""依照本条例的规定取得土地使用权的土地使用者,其使用权在使用年限内可以转让、出租、抵押或者用于其他经济活动,合法权益受国家法律保护"。至此,城市新增用地和转让土地走入了批租制的发展轨道,建立起城市土地自我约束的市场机制和城市土地市场。

土地价值的潜能释放直接推动了城市空间结构的演化,特别是城市边缘区的低地价既成为引发中国大城市居住郊区化的直接原因,也成为20世纪90年代后期中国城市新区开发、空间拓展和优化的初始动力之一。但随着中国市场经济体制的不断深入、完善,社会、政治体制的全面转型,土地利用制度渐进式变革之路中的深层次问题不断暴露,最突出的是土地市场价值和机制不完善导致的土地产权体系残缺不全,特别是现有的国有土地与集体土地并存的"二元土地市场结构"深刻影响着中国城市土地利用结构与空间结构有机协同的演变进程。在今天的城市,城里人可以拥有属于自由产权的房子,这些房子的产权是由土地的产权衍生出来的财富。城市的土地可以出让,可以成为商品进行交易、转让、继承、抵押。产权房成为城市人财富中非常重要的一部分。而农村的土地从性质上还属于集体所有,农村人只是持有十年、二十年的承包权,并且此权利不能像商品一样进行转让、抵押、担保,等等,这些土地不是属于农民自己的。给农村的土地和城市的土地一样公平的待遇,与给农村人和城市人一样的身份是同等重要的[①]。现阶段中国城市化的进程中,城市用地的增长主要通过边缘区集体土地向城

---

① 潘石屹.大牌和猛药用过之后[EB/OL].(2009-07-23)[2022-03-23].https://panshiyi.blog.caixin.com/archives/3435.

市建设用地的流转而实现。因而只有在城市边缘地区（城乡接合部或城市近郊地区）才会出现国有和集体两种所有制形式的土地在时空上相互混杂交错,这使得城市边缘区成为集体农用地转为建设用地的一个集中过渡地域和激烈转换地带,并且用地转变过程中所存在的巨大升值空间与租金收益的诱惑,滋生出了一系列土地权益"寻租"以及"灰色交易"。

　　城市边缘区内的土地利用往往趋向于经济利益最大化,土地用途处于复杂、频繁的土地权属变化中,甚至一度处于某种失控状态,并造就土地利用的效益低下、浪费严重、质量退化,造成边缘区内出现跳跃分散、紊乱不清的异质空间,以及城乡地域景观差异模糊、空间演化混杂等问题。究其深层原因,就是现行农村土地征用政策的滞后。现阶段农村集体土地转换为建设用地且进入流通环节的唯一正式渠道是经过国家征用程序,并有相关土地规划指导。而城乡土地产权制度的分设必将造成集体土地无法以其真实的市场价格使用,反而让借国家之名侵吞农民利益的不法之徒有机可乘,集体土地要素在市场上不能充分流通,造成用地混乱,包括土地过度利用和闲置并存、基础设施投入机制不明确、土地配置不当等。特别是因缺乏法定的土地收益渠道,在利益驱动下,集体组织可能会自行开展非法土地买卖和违法建设。由于其中违法收益与村集体和村民利益相联系,如果强制拆除可能会产生社会不稳定的问题,因此非法用地一旦转换形成,则往往难以拆除或恢复。大量违法用地按照既有事实,采取清查补办方式又能获得合法手续,从而导致边缘区用地的总量失控陷入恶性循环之中。

　　2004 年 10 月 21 日发布的《国务院关于深化改革严格土地管理的决定》(国发〔2004〕28 号)中强调:"在符合规划的前提下,村庄、集镇、建制镇中的农民集体所有建设用地使用权可以依法流转。"2006 年 3 月 27 日发布的《国土资源部关于坚持依法依规管理节约集约用地支持社会主义新农村建设的通知》(国土资发〔2006〕52 号)明确提出两个试点:一是稳步推进城镇建设用地增加和农村建设用地减少相挂钩试点;二是推进非农建设用地使用权流转试点。该文标志着对农村土地利用严格限制的政策已开始转变,农村建设用地已成为农村集体土地入市的主体内容。2008 年中共中央十七届三中全会也提出"在土地利用规划确定的城镇建设用地范围外,经批准占用农村集体土地建设非公益性项目,允许农民依法通过多种方式参与开发经营并保障农民合法权益",对农村土地的用途改变和流转给予了政策性支持。但是现行的土地流转未形成完善的市场化运作的流转机制,尤其缺乏有效的土地流转中介组织,流转信息极为不畅,特别是在集体土地流转的产权界定、价值评定体系以及市场平台构建、流转制度建设等方面还是一片空白,土地流转的对象和选择余地不大,往往是有转让意向的农户找不到合适的受让方,而需要土地的又找不到出让者。因为土地使用制度上的缺陷,城市边缘区产生的在农村集体所有的土地上建设并出售的小产权房屋,就是对现有滞后的土地使用制度的挑战。因此在实现全国所有土地同制、同权、同价目标的同时,如何确保进入转让过程的农民土地不被攫取和侵占,确保土地流转交易公开、公正的制度化建设道路仍较为漫长。

(2)僵化的户籍管理制度导致城乡住房、医疗及社会保障等巨大差距

中国现有的户籍制度把人口分为农业人口和非农业人口,农村和城镇分别是两类人口的聚居地。在城镇化过程中,大批农业人口从农村向城镇集中,但是只有很少一部分能够成为城镇非农业人口,其他大部分则成为流动在城镇和农村之间的第三类人——农民工。截至2003年,全国进城务工农民已达1.69亿,相当于城镇人口的30%。尽管其中许多人长年在城市工作和生活,但因城乡分割的户籍管理制度及与之相关联的社会保障制度的限制,无法融入当地的城市生活,成为真正的城市居民。

以前农村户口和城镇户口的差别只是职业上的划分,因从事工作的不同而有不同的户口。但演变到今天,二者的差别已成为社会地位、收入以及社会保障等各个方面的不平等。其实质就是在城乡二元结构下,许多政策是按市民与农民的身份区别对待的,城市与农村发展不在同一起跑线上,城市凭借经济政策优势和政治体制上的层级制的权威性,达到对乡镇和农村资源的挤占。在以往企业征地过程中,被征地农民可通过招工方式转为城市户口,但现在均采用货币补偿方式,农民只能自谋出路去应对未来和下一代的生存问题,这无疑是人为拉大了城乡差距,增加了社会的不稳定性。

长期以来,我国实行的是城乡二元户籍政策所产生的不同的社会保障体系,即对城市劳动者实行以社会保险(劳动保险)为核心的社会保障制度,

而对农村农业劳动者实行以家庭保障为主、社会（国家和集体等）救济为辅的保障制度。我国因建设征用土地的失地农民累计已达 4000 万人，今后还将继续增加。但是城乡居民在住房、就业、收入、医疗、养老等方面存在的巨大差距，使土地对农民具有更为深远和广泛的意义。土地不仅是农民生产经营的基础，而且在目前农村社会保障体系尚未建立、劳动力就业又存在诸多困难的情况下，具有更为重要的保障功能和归依功能。虽然国家已开展了农村低保和医疗合作保险保障工作，但除了部分经济发达乡镇，现有农村社会保障体系还不完善，其他相关的保障体系基本上也没有建立起来，大部分失去土地的农民无法凭此保障生存下去。因此对于被征地农民，不能简单采取货币补偿或安置"上楼"方式，而应以户籍管理改革为突破口，从土地使用权换取各种城市社会保障权着手，通过建立保障生存和发展的长效机制，确保城市边缘区城乡统筹一体化的健康发展。

（3）城乡之间劳动力转移和农民就业政策尚未建立

2009 年 4 月 14 日至 15 日在杭州召开的全国流动人口计划生育"一盘棋"工作部署会议上，国家人口计划和生育委员会副主任王培安说，我国正处于全面建设小康社会、加快推进社会主义现代化的历史阶段，随着工业化、城镇化的快速发展，我国已经进入了人口流动迁移最为活跃的时期。相关统计显示，我国流动人口从 1982 年的 657 万上升到 2005 年的 1.47 亿，在短短的 20 多年时间里约增长了 22 倍。据国家人口计划和生育委员会调查，2008 年全国流动人口已达 2.01 亿。未来 30 年，我国还将有 3 亿左右的农村劳动力需要转移到城镇，将形成 5 亿城镇人口、5 亿流动迁移人口、5 亿农村人口"三分天下"的格局。现有征地补偿只考虑短期的经济利益，没有提供自力更生的长期就业政策。要保证城乡地区的长治久安，只有一视同仁，取消城乡差别的歧视，实现同工同酬，方能建立劳动力就业市场一体化，其相关政策应将农民当作从事农业的产业工人。但是现行的征地补偿采取"一刀切"的土地与劳动分离的补偿方式，只对土地进行实体补偿，对后续的生产生活能力补偿安置考虑不足，再加上农村自身产业发展不足，不能吸纳更多劳动力就地转移；而城市对农村富余劳动力转移又缺乏相应的支持，导致城乡发展之间的隔离和外来务工人员的劳动就业片面化，只能从事大量

非技术性的简单体力劳动,无法作为发展的劳动力资源。导致这种现象的原因有两个:一是推进农民工医疗、养老、就业、教育、经济适用房、廉租房等社会保障工作的力度不大;二是进城农民的基本素质不能适应市民化的转变和城市现代化的要求。第五次全国人口普查的资料显示,在1.44亿的流动人口中,受教育程度在初中以下的占61.1%,其中小学文化程度占42.8%,即约三分之二的人没有完成基础教育,难以成为企业实现技术进步、产业结构升级的有生力量,因而大量的就业人员集中在收入和待遇偏低的劳动密集型生产和服务行业,难以在城镇实现持续稳定的安居和就业[①]。

2.2.3 管理层面的问题

（1）面向边缘区非城市建设用地规划及管理的缺失

按照现有城市规划编制与管理的基本范式,规划期内的建设用地的用途和范围都有明确的规定,城市建设用地也相对完善,而城市建设用地以外的区域是否可以用于城市建设,则少有相对清楚的表述和明确的控制要求[②]。由于以往编制的总体规划对城市建设用地以外的区域(非城市建设用地[③])往往一言以蔽,其规划内容过于简单,既忽略了乡村地区实际发展的现实情况,也忽视了其自身发展的愿景,常常采取单一、自上而下的过于理想或结构化的规划理念思维去看待乡村地区的建设,缺乏城乡统筹的发展理念。同时因城市规划行政主管部门往往无权管理边缘区非城市建设用地的土地利用,即使想要管理,也因复杂的土地所有权和管理权,以及比较广的涉及面而加大了管理难度,使得边缘区非城市建设用地经常处于发展失控和管理被动的局面。

从规划管理角度出发,采取控制城市建设用地的方法来抑制城市土地

---

① 王凯,陈明,李新阳.全国城镇化发展状况[C]//中国城市科学研究会,中国城市规划协会,中国城市规划学会,等.中国城市规划行业发展报告(2007—2008).北京:中国建筑工业出版社,2008:31.

② 张京祥,罗震东,何建颐.体制转型与中国城市空间重构[M].南京:东南大学出版社,2007:193.

③ 非城市建设用地基本是指在城市规划区范围内不用于集中城市建设的用地,在空间上是城市规划区内、城市建设用地范围外的"空白"区域,其构成包括城市用地中的绿地(G类)、其他用地(E类)及城镇外围的各类生态绿地和农田等。

开发的无序蔓延收效甚微,非城市建设用地已是当前城市外向扩张中开发空间用地系统的基本载体。随着城市经济和空间的快速扩张,非城市建设用地的规模和边界不断缩小,用地数量迅速下降,城市整体生态环境问题逐渐显现。与此同时,城市土地利用结构与约束性发生根本性变化,从以前的以乡村地域为主转变为以城市化地域为主,边缘区非城市建设用地的功能也随之发生变化,传统的农业种养和林业的生产性功能相对减弱,而生态效用和旅游休闲功能日益强化。但大部分边缘区非城市建设用地缺乏明确的规划内容和管理要求,使得一些结构性绿化敏感地带、生态湿地、水源保护地等影响城市可持续发展的重要区域常常需要进行"抢救性"的规划编制和管理监督工作,造成边缘区规划管理疲于奔命的被动局面。但如果把城市建设用地和非城市建设用地的关系比作"图"与"底"的关系,可以采用"逆向思维"的方法,通过控制非城市建设用地进而达到管理城市土地的目的,即通过对非城市建设用地的划分与"强制性控制",合理控制规划期内的土地开发总量与质量。

（2）一元主导管理模式与多元化实施对象缺乏协调

城市边缘区从土地所有权上看,有集体所有和国家所有之分;从相关利益主体上看,则可划分为国家、城市政府、区级政府、乡镇政府、村集体、相关组织和企业、农民和居民个体,这些多元化的利益主体在面对不同的土地利用政策时,会产生不同的利益诉求和行为模式。从行政管理体制角度来说,计划经济时期实施项目建设和管理采取的是政府一元主导的计划性强制分配模式下的资源层级配置方式,对城市边缘区的空间演化发挥着组织作用。随着我国经济的全面转型,市场经济环境下经济要素配置的相对自由与城市边缘区空间演化的自组织过程更为吻合,原有一元主导行政体制不能适应市场经济下多元化实施对象的管理需求。特别是现行的规划管理体制至少在城市边缘区已经极不适宜,具有以下几个突出问题。

①规划管理体制是自上而下的层级制管理体系,缺乏横向协调的机制。规划的编制及管理仍然因袭层级制的行政管理体系。下级政府对上级政府负责,上级政府可越权对下级政府的日常活动进行有力的干预,但是同级政府之间基本缺乏行政上的联系。从某种意义上讲,规划管理中也存在这种

高度分割的层级关系,给城市边缘区内各相邻远城区政府和乡镇政府之间的有效协作带来了巨大的困难。特别是改革开放初期各地设立的国家级或省级开发区,采取园区封闭管理的自成体系发展模式,再加上其行政级别比所在地区高半级,经济实力大大超出远城区经济水平,其对相关的区域密切协作积极性不高,缺乏相应的对话和协调机制,与边缘区既有空间是一种拼图式对接方式。比如前些年,武汉依托交通优势大力发展物流产业,但因缺乏统筹和有效协作,东西湖区依托已有的吴家山海峡两岸高科技产业开发园区建设物流保税区,黄陂区则依托空港建设家具等商品物流区,硚口区则依靠已有物流市场建设物流园区,三个地理位置邻近的区域纷纷上马相近的产业,既无法发挥产业集聚优势,又造成资源浪费和恶性竞争。

②缺乏具有区域协调性职能的组织,造成城乡管理脱节。20世纪80年代,我国普遍将原有的地区行署制改变成市带县的管理形式,20世纪90年代又实行县改区,试图通过中心城区带动远城区的经济发展,但实际效果并不理想。这是因为我国不同级别的政府是属地化管理模式,其职能只是随着行政地域范围不同而缩小或放大,中心城区政府无法承担作为区级政府的区域性职能。比如武汉市江汉区作为汉口经济发达的中心城区,其经济发展所要求的空间不足,经协商,其区级经济园区跨过行政范围在东西湖区设立,但招商引资时因区级税收等原因却固化在其行政范围内建设,不利于产业链的衍生和拓展;同样地,在乡镇地区,中心城镇强调自身的壮大而牺牲周边乡村的利益,而在经济发达地区,中心城镇又无力协调组织周边经济实力较强的乡村的发展。区域协调发展的矛盾比较突出,进而造成了城乡管理的脱节。

③条块职能不清,多元实施主体部门协调难度较大。从我国行政体制条块纵横体系分头管理实际情况来看,城市边缘区建设中,除属地管理以外,还有来自不同职能部门的行业管理要求,一方面是不同部门对同一空间提出了不同的要求,因相互协调不够,职责不明,有些是重复建设,有些是相左的发展思路;另一方面则是区级政府出于自身的利益需求,将各种不同职能部门的管理行为予以肢解(有利于地方利益的会被强化,不利于地方利益的则会被消极对待),打上了严重的地方本位主义的烙印。

（3）城乡规划权威性法制保障机制不健全

当前我国正处于城市化高速发展时期，在城市边缘区城乡规划和建设中出现了一系列突出矛盾和问题。一些区（县）政府依法行政意识薄弱，在建设决策上不顾现有经济社会发展实际情况和资源承受能力，热衷于"政绩工程"和"形象工程"。同时，现有的城乡规划体制和工作机制还不能适应转型期市场经济体制的需求，尤其缺乏严格、有效的监督制约机制，没有明确的行政责任追究制度，导致对领导干部和有关管理人员难以严格监督和约束。违法用地，超强度开发，损害区域的整体和长远利益，自然生态、景观资源和历史文化遗产遭到严重破坏的事件时有发生；同时，城乡规划违章建设处罚较轻，且大多为事后监督，可操作性较低，一些建设单位抱着"木已成舟""生米煮成熟饭"的心态，顶风作案，造成了严重的损失。2002 年 10 月前，武汉市的查违职责归属武汉市自然资源和规划局，10 月以后，武汉市自然资源和规划局及武汉市城市管理局按照"以批为界"的原则对违章建设予以管理，即批前违章属于武汉市城市管理局的职责，批后违章属于武汉市自然资源和规划局的职责。从 1992 年至 2002 年的数据来看，违章建设的数量呈总体递增态势，1992 年仅为 982 起、12.15 万平方米，到了 2002 年达到31110 起、282.16 万平方米。究其原因，在于以往重处置、轻拆除，且违章处罚过轻，其市场利润大于违章所付出的成本。比如武汉市 1987 年的违章建设普查中，全市发生违章建筑计 200.21 万平方米，其中作拆除处理的仅为1.13 万平方米，作违章处置的为 173.47 万平方米；1990 年时违章建筑为161.4 万平方米，作拆除处理的也仅为 8.5 万平方米。

尽管在 2007 年 10 月 28 日发布的《中华人民共和国城乡规划法》第六十四条规定："未取得建设工程规划许可证或者未按照建设工程规划许可证的规定进行建设的，由县级以上地方人民政府城乡规划主管部门责令停止建设；尚可采取改正措施消除对规划实施的影响的，限期改正，处建设工程造价百分之五以上百分之十以下的罚款；无法采取改正措施消除影响的，限期拆除，不能拆除的，没收实物或者违法收入，可以并处建设工程造价百分之十以下的罚款。"这里对违反规划的建筑的处理列举了责令停止建设、限期改正、罚款、限期拆除、没收实物、没收违法收入并处罚款六种形式，对及时消除违章建筑起到了积极的作用,但在实际执行中常常难以准确地把握,何为"尚可采取改正措施消除对规划实施的影响的"和"不能拆除"的执行标准? 反而经常会因法制保障机制的不健全造成更大的损失。比如2009年10月27日位于武汉市江汉北路湖北省供销仓储运输总公司申报建设的12层经济适用房,违章建设到20层被强拆,拆除直接损失预计已达500万元,后续损失不可估量(图2-25)。该事件虽然维护了规划的权威,但是其背后暴露的深层次问题值得反思。

图 2-25　武汉市违章建设 20 层大楼拆除现场

2.2.4　社会层面的问题

（1）农民转型后难以适应城市生活,文化多样性保护缺乏

虽然城市边缘区内农民的身份已转换、产权已转制并且位于城市的地理空间之中,但是并没有彻底改变其基本的生存状态与社会地位,整体上仍处于被社会排斥与边缘化的困难境地。转型后的农民受教育程度所限,在心理、身份、价值观和就业方式上受到传统文化及长期以来的生活习惯的影响较深,短时期内难以适应新的市民社会生活方式;并且因以往农村地区社会公共事业投入不足,特别是教育的投入严重不足(2002年我国全社会教育投入5800多亿元,而占总人口60%以上的农村地区只获得其中的23%,义务教育普及率与城市差距较大),农民的文化素质不高,难以较快接受各种先进的城市文明,因而难以融入城市社会生活。特别是在就业上,面临城市竞争激烈的劳动力市场,转型后的农民由于缺乏基本技能、对新的就业方式心理准备不充分,往往不能开始新的自力更生的生产与生活。更为重要的

是,边缘区失地农民的权益并不能完全得到保障,在这种情况下,很多农民对城市化产生了抵触情绪。因此,如果农民的利益、社会保障、就业等问题得不到有效解决,将会引发严重的社会问题。对边缘区内的农民而言,特殊的人际关系网络和相对聚集的地理空间具有浓厚的机制性保护色彩,而集体财富的使用、分配与增值也不断强化着农民对村落共同体的利益性依赖,因而在强大的城市化浪潮面前,这种社会结构网络关系成为其拓展自我生存空间的唯一的、最重要的方式。但是这种强烈的自我封闭和排外意识导致农民不能真正融入城市,处于与城市社会关系脱轨的游离状态,长此以往必将带来更大的社会问题,产生新的社会空间极化矛盾,增加各种社会动荡不安的因素,不利于城市的整体持续健康发展。

与此同时,在城市化推进过程中,对边缘区文化多样性保护的忽视,既造成城市特色的同质化、城市景观的千篇一律,又导致广大农民群体文化价值观的无所适从,激化“泛文化”所引起的社会矛盾。所以在普及城市文明过程中,我们应该注意保护和延续边缘区的文化多样性,将文化的特色与边缘区产业发展予以有机结合,避免城市化外向扩展方式下一切推倒重来的建设模式。中国未来的本土化空间形态特色的主要创造点在于保护和继承边缘区的“根文化”特征,只有这样才能维护和发扬传统意义上的村镇文化的本土性和民族性。但现阶段我国在快速城市化过程中缺乏城乡文化的政策主张和战略模式研究,包括城市化扩张中应该注意对历史名村、名镇的历史文化特色的保护,以及对民俗风情等非物质遗产的尊重、保护与延续。

(2)公众参与的内涵、途径和制度保障有待完善

随着改革开放的逐步深入,社会、经济的全面转型,我国对传统的城乡规划制度也提出了相应的调整要求。过去我国一直采用的是苏联计划体制下的城市规划体系,其一元主导的规划模式决定了城市规划工作从立项到执行管理、监督的全过程均由城市规划行政主管部门一手操作,导致公众参与热情不高或根本缺乏参与意识。但随着我国经济、社会的全面转型,各种利益冲突使公众参与的民主意愿日益凸显,特别是我国民主法治建设的日益完善,各级政府也逐渐认识到公众参与城市规划是现代城市管理的重要内容。城乡规划要兼顾各方利益,仅凭政府官员和规划专家的能力和智慧

是不足的,还必须呼吁利益各方共同参与规划的编制、决策和实施,通过多方协商实现利益均衡。

2000 年以后,随着城市规划编制和实施过程中新问题的不断涌现,以及公众参与实践力度的不断加大,我国城市规划取得了一系列实践成果。一方面在规划编制过程中加入了公众参与,一般是在初步方案完成后,进行社区公示、召开相关座谈会或专家研讨会等,听取相关群体的意见,以修改完善规划成果。另一方面则是在规划完成后的成果公示和展示方面征求广大群众和社会团体的反馈意见,现阶段主要是通过政府规划网站设置的专门的公众参与板块和城市规划展览(展示)馆等固定场所两个主要渠道允许公众参与。据不完全统计,截至 2007 年底,全国上网的规划部门(设市城市)共计 226 家,与 2000 年的 27 家相比增长了约 7 倍,其中设立了专门公众参与(或规划项目公示)栏目的规划部门达 181 家,已建立或在建的城市规划展览(展示)馆 25 余座。

同时相关城市还开展了一系列公众参与探索实践工作。北京市最近几年开展了许多公众参与和城市规划相结合的研究,其中包括公众参与机制在条例中的定位及实现机制研究、北京市大型基础设施项目规划政务公开体统基础理论研究等若干内容,同时也在这些研究指导下开展了例如北京市酒仙桥地区危险改造工程规划公众参与实践工作。

上海市公众参与城市规划实践主要是在城市社区层面,通过不同公众参与技术路径的尝试,培养了社区成员共同参与社区事务的意愿,并最大限度地为培育社区自治团体或组织提供规划技术支持与政策引导。在这些街道社区发展规划和控制规划编制实践中,将规划全过程切分为目标确定、规划准备、基础条件解析、参与推进、方法应用、主体阶段和信息收集七个阶段,每个阶段的公众参与内容和重点均有所区别,通过这种阶段性划分,实现了公众参与规划的实质性运作,实现了"精英主导"模式向"居民主导"模式转变的有益探索,为实现由政府主导型公众参与模式向社区自治组织主导型公众参与模式转变提供了新的路径。

深圳市城市规划工作中,公众参与主要分为政务公开和公众咨询两个部分:政务公开是通过信息化渠道,举办网络论坛,同时强化不同层次规划成果信息公示的透明度和可识别性,完善相应规划数据库,建设电子政务基础平台;公众咨询则是分别针对《深圳 2030 城市发展策略》《深圳市城市总体规划(2006—2020)》《深圳市近期建设规划（2006—2010）》等内容通过民意调查、座谈会咨询讨论、公众展示、网络论坛等方式进行咨询。同时,从制度层面探索建立"顾问规划师制度",健全公共参与回应机制,逐步强化城市规划各个阶段的公共参与引入机制等。

这些实践探索虽取得了一些成绩,但离真正实现公众参与融入城乡规划体系尚有一定距离。特别是这些实践工作仅局限于城市居民,对边缘区内占主体的广大农民群体来说,基本是一片空白,这主要体现在以下几个方面。

①现阶段边缘区公众参与的内涵不完整,目前参与内容主要包括政务公开和公众咨询两个部分,离理想的"公民权利"式参与还有较大差距,尚处于初级阶段,主要以"象征性参与"为主,并且边缘区内乡村居民只能在规划已实施时,面对政府提供的规划信息表达自己的意愿和建议,但是最终的决定权和采纳权却在政府和行政主管部门手中。目前参与的重点还局限于政策实施而非政策制定,也缺乏对规划实施的监督权,只有并不完整的知情权和检举权。但是边缘区规划的实施对农民自身利益影响较大,因公众参与的缺失,农民的意愿事先未得到充分反映,而且对规划长期的效益也知之甚少。

②现有边缘区公众参与的主要途径较为单调,缺乏农民群体认可的参与方式。目前宣传技术手段过于专业化且主要是采取城市公众知晓的方式,如听证会、通气会,以及在展示中心和报纸、广播、电视、网络等媒介开展的规划成果公示。这些参与方式对农民而言,一方面仍是一种事后的、被动的参与,对自己切身相关事务的发言权还相当有限,另一方面因规划成果的专业性较强,如果不采取多种喜闻乐见的形式和手段,普通城市大众都会因文化素质有限,不能很好地理解展示出来的规划成果,而降低参与的积极性。如 2001 年 10 月下旬,北京市规划展览馆正式对外展出,展出当天竟有200 人退票,普通百姓说"看不懂"。过于宏观和专业的规划成果如不能做到通俗易懂,则不利于规划的普及和宣传,也不利于规划的实施和法制化建设。

③目前边缘区公众参与意识不强，积极性不高。特别是广大的农民群体在公众参与方面的积极性更是极度匮乏。因为长期以来的政府一元主导式自上而下的规划机制，导致规划主管部门或其他部门很少向社会公布规划信息。在这种状态下，因心理的惯性作用，广大群众认为规划是国家和政府的事情，与老百姓无关，这种心态在农村地区尤为突出。加之相关部门出于各种原因而长期忽略了对公众参与意识的培养，以及普及宣传的力度不够、渠道不畅等原因，造成了我国公众参与城乡规划的意识和热情极度缺乏。

④已有城乡规划公众参与的制度保障还不完善。乡村地区对公共事务的参与因受传统文化影响，还局限于以往血缘和宗族关系下的人治管理方式，缺乏法律的制度保障。虽然《中华人民共和国城乡规划法》在第二十六条、第四十六条、第四十八条以及第五十条中涉及了公众参与的内容，但是总体而言，我国现有的城乡规划相关法规以及各地方的规划管理条例和办法中，均没有明确公众参与的主体、具体权利以及相关的法律程序，缺乏相应的实施管理政策、规章制度。对边缘区农民群体如何参与更是未曾涉及，因而公众的知情权、参与权得不到法律保障，同时也造成城乡规划执法、司法过程中缺乏必要的民主监督，无法满足规划决策的科学化和民主化发展需求。

本章针对转型期大都市空间发展的现状，归纳总结现有空间发展的阶段特征，以及出现的城市蔓延失控、政策滞后、管理漏洞和农民失地、失去生活保障而带来的诸多社会问题，按照还原问题本源的研究思路，立足于历史发展角度，从世界大城市边缘区空间拓展的现状出发，探寻其问题的本质。首先通过归纳发达国家的大城市边缘区空间阶段特征和发展趋势，提出了转型期中国大城市边缘区发展所遵循的内在规律；其次通过总结北京、上海、武汉、广州等城市空间形态不同历史阶段的演变特征，对中国现阶段大城市边缘区空间扩展的内在动力予以解析，重点对武汉市城市边缘区空间形态演化特征和规律予以剖析，并与同阶段的国外大城市边缘区发展予以对比分析，寻找出中国转型期大城市边缘区空间外向拓展中存在的主要问题。

①空间发展方面。以往城乡二元结构的分离,造成二者发展目标的差异,特别是过于重视城市的发展,忽视了乡村的建设,进一步拉大了城乡差距,给中国的城市化健康发展蒙上了一层阴影,由此带来的用地及产业结构异化、公共设施的匮乏、土地的粗放利用和严重的资源浪费等问题加剧了城乡生态环境的恶化,并制约着中国城乡一体化的发展进程。

②有关政策方面。中国 1978 年后的经济体制改革促进了各类市场经济要素合理流动与优化配置,但是在严重滞后的城乡二元结构体制下,国有土地与集体土地不同的土地政策和制度规定,导致了对集体土地产权实际市场经济价值界定的缺失,特别是集体土地流转机制的缺乏,束缚了乡村的进一步发展,并产生了一系列问题。加之中华人民共和国成立后缺乏对农村经济的合理发展规划、经济投入与扶持,造成农民长远保障机制的严重缺位;僵化的城镇和农村的户籍管理制度,使农民无法享有与城市居民平等的教育和劳动技能资源以及医疗和社会基本保障,城乡之间劳动力转移和农民就业政策尚未全面建立,保证进城务工农民"留得下,住得稳"等长效机制还较为缺乏,再加上城市化过程中,现有的征地补偿价格偏低,造成了农民新的贫困和对下一代的贫困束缚。

③管理实施建设方面。全面深入的经济和社会体制的转型加快了政治体制渐进式改革的步伐,但是长期计划体制模式下所衍生的一元主导规划管理机制仍然具有德国社会学家马克斯·韦伯(Max Weber)所述的官僚制组织形式的层级制特点,在面对新时期城市边缘区的多元化利益主体时,对不同的利益诉求和建设模式无法做到协调统筹,从而造成城乡管理脱节。加之城乡规划权威性法制保障机制不够健全,造成规划执行不力,各类违法用地、违章建设问题突出,深刻影响了城市边缘区空间结构和功能的布局,给城市的健康可持续发展带来了隐患,造成了巨大的损失。

④社会层面。在城市化快速扩张过程中,城市边缘区原有的农村社会结构体系无法与城市社会结构体系有效对接,因特殊的经济和政策障碍而形成的边缘区城中村的特殊现象反映了转型后的农村居民无法适应城市文明的要求,处于与城市社会格格不入的游离状态,这无疑加剧了社会空间的极化,长此以往必将带来更多的社会不稳定因素,不利于和谐社会的构建。

　　所以,在普及城市社会文明的过程中,应注意对边缘区文化多样性的继承和保护,创造属于中国自身特色的边缘区空间文化形态特征。

　　同时,为调整传统的城乡规划管理体制,本章还针对边缘区规划管理中公众参与规划决策的实际情况,总结分析了现阶段城乡规划公众参与存在的内涵不完整、参与途径单调、参与意识不强以及法制保障不健全等诸多问题。

　　综上所述,在转型期内大城市快速扩展背景下,城市边缘区作为大城市外向拓展的唯一空间载体,其发展演变存在方方面面的问题,但寻根求源,只有找到引起这些问题的内在运行机制,才能从本质上真正解决规划失效的问题,但仅仅依靠规划技术方法的改进无法突破现有束缚,必须转换思想,另辟蹊径。

第3章 大城市边缘区规划失效的制度分析

春秋战国时的思想家荀子曾说过："强本而节用,则天不能贫;养备而动时,则天不能病;修道而不贰,则天不能祸。"因此,只要我们坚持从人类社会治理制度内在结构出发,即"道"的努力就能为长远的发展强"本"、养"备"。城市规划是社会、经济要素在空间资源上发挥调控作用的直接反映,作为一项公共政策,必须依赖制度去执行和实施,并在城市发展与管理中发挥作用。因此城市规划机制变革的实质就是规划和管理制度的变迁和创新过程。

3.1 规划机制的制度化分析

3.1.1 新制度经济学对规划机制分析的指导意义[①]

"新制度经济学"(new institutional economics)的概念最早是由威廉姆森提出的,就是用新古典经济学的方法来研究制度,其产生于制度比较完善的西方,奈特(Knight)、科斯(Coase)、哈耶克(Hayek)、迪莱克特(Director)在这个领域很早就做了重要的工作。然而这些开创性的贡献并没有突破原有正统经济理论的窠臼。直到1960年,科斯出版了《社会成本问题》,紧接着斯蒂格勒发表了名为《信息经济学》的论文,阿罗(Arrow)发表了《可占用收益》的论文。至此,这些在新古典经济理论和方法的基础上,以研究人、制度与经济活动以及它们之间相互关系的新兴经济学,才在经济理论领域占有

---

① 新制度经济学是由"四大支柱"组成的一个有机体系,具体为:a. 制度的构成与制度的起源;b. 制度变迁与创新,包括制度需求与制度供给;c. 制度、产权与国家理论;d. 制度与经济发展的相互关系。其主要可概括为两个方面的内容:一是组织;二是组织的治理。新制度经济学深刻揭示了制度变迁对国家(政府)和经济社会发展的重要影响,对本研究的边缘区规划机制的课题具有重大指导意义。引自卢现祥.西方新制度经济学(修订版)[M].北京:中国发展出版社,2003:30.

一席之地,并发挥了积极深刻的作用,被称为"新制度经济学"。新制度经济学是"应用现代微观经济学去研究制度和制度变迁的产物"。[①] 其核心任务是"利用正统经济理论去分析制度的构成和运行,并去发现这些制度在经济体系运行中的地位和作用"。[②]

正如其代表人物诺思所说:"制度经济学的目标是研究制度演进背景下人们如何在现实世界中作出决定和这些决定又如何改变。"[③]这一论点深刻揭示了现实中人、制度与外部客观世界三者之间的紧密联系,为人们分析经济社会问题提供了一个全新的视角。天赋要素、技术和偏好是传统经济理论的三大柱石,而制度被新制度经济学家们当作经济理论的第四大柱石,地位至关重要。因为土地、劳动和资本这些要素只有在制度之下才能发挥功能,城市规划是对空间属性要素的分配与管制,是直接对土地空间资源的分配以及其上建设规模所代表的资本要素和空间活动主体行为等各类社会要素资源的合理配置。尤其在中国正从大规模要素粗放利用向高质量经济发展转型时期,新制度经济学将会发挥更积极有效的作用,其关于制度变迁方面的理论分析,正符合中国转型期的改革实际需求,对我国的大城市空间的可持续发展和制度建设具有重大的指导意义。

诺贝尔经济学奖获得者斯蒂格利茨说:"21世纪将是新制度经济学繁荣发达的时代。"科斯和诺思则认为:"新制度经济学能够统一社会科学。"目前许多学者普遍认为,新制度经济学起码可以在政治学、经济学、历史学、人类学、认知科学,以及社会心理学等学科内一统天下。但作为与社会科学联系紧密的城市规划学科领域,对新制度经济学应用的深入研究尚较为缺乏。特别是在中国从粗放低效经济增长模式向高效高质量经济增长模式转型的时期,在具有不同利益主体的城市边缘区空间研究范畴内,如何借鉴其理论和研究方法、探索建立面向中国实际的规划及管理制度安排显得尤为重要。

3.1.2　规划机制制度分析的内涵和途径

从历史学角度分析,"制度"其实是一个历史悠久的经济、社会现象,因

---

①　卢现祥.西方新制度经济学(修订版)[M].北京:中国发展出版社,2003:3.

②　卢现祥.西方新制度经济学(修订版)[M].北京:中国发展出版社,2003:3.

③　诺思.经济史中的结构与变迁[M].上海:上海三联书店,1991:2.

为人类自古以来就在习俗、命令等中处理人与人之间的关系。尽管新制度经济学来源于西方国家"历史与现实"的经济、社会发展,反映了西方的价值观和文化(甚至意识形态),却深刻揭示了市场经济制度运行和演变的内在规律。按照制度的定义,制度作为一种约束人们行为的规范,是一种"游戏规则",同时也是一种稀缺要素。尽管东西方国家的体制不同,其在社会中的重要性和作用是一致的,它的稀缺或供给滞后同样会制约社会的健康可持续发展。

中国从 1978 年开始的由计划经济向市场经济转变的趋势是不可逆转的,经济体制的转型必将带来社会、政治的全面转型。所以中国作为当今世界最大、最重要的转型国家,有必要用新制度经济学的理论和方法分析转型期国内的经济、社会问题。"转型"从制度学角度来说实际上就是一个制度的更替、转换和交易的过程,其制度分析方法则是对"人的行为分析、利益矛盾分析、人与人关系(生产关系)分析的总称"①。其实质仍然是马克思历史唯物主义理论中用于分析资本主义经济的基本方法之一,其分析方法适用于所有国家,特别是对中国的具体问题和过渡过程问题的解释具有很强的实用性,其揭示的制度规律实际上也就是市场经济制度产生、发展、完善的历史。其总体分析框架可从两个角度展开。

①从理论方法角度展开。在新制度经济学理论的宏观框架中,交易费用理论和产权理论构成了它的两大基本理论基石。美国芝加哥大学法学院教授罗纳德·哈里·科斯在其 1937 年的著名论文《企业的性质》中提出了"交易费用"的概念,成为新制度经济学重要的理论基石之一。西方学者对交易费用的定义并无质的差别,只是侧重点或范围不同。科斯认为,交易费用是获得准确的市场信息所需要付出的费用,以及谈判和经常性契约的费用。迈克尔·迪屈奇则把交易费用分为三个方面:调查和信息成本、谈判和决策成本以及制定和实施政策的成本。随后科斯率先进行了典范性应用,其他经济学家则将交易费用概念广泛用于许多领域,促进了其概念内涵的一般化,将其扩展为经济制度的运行费用。诺思曾统计,美国 1970 年交易费

---

① 卢现祥.西方新制度经济学(修订版)[M].北京:中国发展出版社,2003:32.

用占全美 GNP(国民生产总值)的 45％,也有相关资料显示中国香港 GNP 的 80％是各类交易费用。

交易费用概念可应用于广泛的社会科学领域,因此对于城市规划领域来说,交易费用所反映的现象也处处存在,如编制城市规划时所需要的调研和信息收集成本、规划编制的成本、决策和协商成本,以及规划管理实施阶段的监督、控制和反馈修改成本。特别是在边缘区的城市空间发展中,多元利益主体较多。一方面,不同的政府机构,如规划、土地、发展和改革委员会、农业、旅游、林业、商业、文化等部门,均从自身角度编制不同类别的产业发展及部门规划,条块分割严重,重复或重叠规划较多,既造成基层单位的无所适从,又浪费宝贵的规划资源,增加制度成本。另一方面,随着不同部门之间的意见分歧、规划决策的沟通协商,以及规划实施的反馈修改、规划监督的跟踪查处、处治等情况不断增多,各类社会资金交易成本增加,无形中也促进了规划管理制度的交易成本上升。

诺思认为,交易费用和产权的经济学方法是研究各个层次社会的通用工具。产权不是指人与物之间的关系,而是指由物的存在及关于它们的使用所引起的人们之间相互认可的行为关系。产权制度是制度集合中最基本、最重要的制度。该制度确定了每个人相对于物时的行为规范,每个人都必须遵守自己与其他人之间的关系,或承担不遵守这种关系的代价。可概括描述为,它是一系列用来确定每个人相对于稀缺资源使用时的地位的经济和社会关系①。

产权会影响激励和行为,产权的界定、转让以及不同产权结构的差异对资源配置、产出的构成和收入分配等各个方面将产生深刻影响。正如阿尔钦所说,一个社会中的稀缺资源的配置就是对使用资源权利的安排,其实质是产权应如何界定与交换以及应采取怎样的形式的问题②。有效的产权制度可以降低交易费用,提高整体社会效率。因此,产权制度与交易费用和效

---

① 科斯,阿尔钦,诺斯,等.财产权利与制度变迁——产权学派与新制度学派译文集[M].上海:上海三联书店,上海人民出版社,1994:204-205.

② 科斯,阿尔钦,诺斯,等.财产权利与制度变迁——产权学派与新制度学派译文集[M].上海:上海三联书店,上海人民出版社,1994:204-205.

率等概念是密切联系的。

对于城乡规划领域来说,产权理论有助于解决以往许多外部性社会问题,特别是公共服务设施配套与市场经济之间的矛盾问题。规划所研究的土地产权、开发权、历史文化价值权等产权的合理安排必将提高规划的资源配置、社会效率,从而进一步增强城乡规划对经济发展的宏观调控作用。

②必须在上述理论方法基础上,从制度的构成要素角度进一步展开。西方新制度经济学者们对制度的定义较多,各有侧重。但其中 T. W. 舒尔茨对制度的定义最为大家所接受,他认为制度是一种涉及社会、政治和经济的行为规则。这一系列规则界定了人们之间相互行为的选择空间及竞争与合作的关系,从而减少环境的不确定性,降低交易费用,促进总体效益的提升。其构成的基本要素由三部分组成,分别是国家规定的正式约束、社会认可的非正式约束以及实施机制。

正式约束(formal constraints)也叫正式规则,是指人们有意识制定的一系列政策法则,包括政治规则、经济规则和契约,以及由此构成的等级结构。非正式约束(informal constraints)也称为非正式规则,是人类社会在长期的历史发展中,无意识形成的交往准则,并构成代代相传的文化传统的一部分,主要包括对正式约束的细化、完善和限制,社会约定俗成的行为规则,以及内部实施的行为准则,具体表现为价值信念、伦理规范、道德观念、风俗习性、意识形态等诸多方面。实施机制则是为保证正式规则和非正式规则等契约有效实施而采取的强制性措施。只有强有力的实施机制才能使任何违约行为的违约成本大于违约收益,从而从根本上解决“有法不依”的问题。因此实施机制的健全程度决定了制度执行的有效程度,反过来也会对制度的安排产生深刻影响。制度变迁的过程实质上就是对制度构成结构的重构与完善。

综上所述,按照制度的定义和内涵要求,规划机制是指由城市规划与管理的各类组织和一系列相关规划与管理的行为及相互关系行为准则。但是在新制度经济学家 T. W. 舒尔茨的经典性分析中,制度的类型包括用于确立公共品和公共服务的生产与分配的框架。而城市规划无论是编制,还是日常管理行为,都是由政府生产和分配的一种公共服务或公共品,因而可以从

广义角度上抽象为一种制度。另外从制度安排是管束特定行为模型和关系的一套行为规则来看,规划机制可理解为所有规划与管理的制度集合后的具体化策略,主要应包括规划及管理组织机构和规划与管理实施行为两个方面的内容,具体可表现为三个方面:一是管理组织机构本身的改革;二是规划与管理行为实施方式的改善;三是规划机制与其他相关机制或制度相互关系的调整。

因此,从制度变迁或创新的角度来考察规划机制的内在运行规律,是一个解决转型期中国大城市边缘区空间发展规划机制实际问题的有效途径。

3.2　大城市边缘区多元化主体利益及空间效应分析

1978 年,中国进入了由计划经济向市场经济全面转型时期。经济体制的转型,带来了政治体制的变革。循着制度变迁的演化轨迹,城市边缘区的空间形态和发展策略同步发生了巨大的变化。一方面,市场环境中,城市发展的各类利益主体的分化日趋明显,特别是边缘区中的乡镇利益主体因政策体制不同而呈现多元化分散趋势;另一方面,城乡之间发展的巨大差距,导致对城市边缘区规划中实现社会公平与效率的呼声不断高涨,对实现城乡统筹、城乡一体化发展目标的要求也越来越紧迫,城市边缘区的空间发展也随之呈现动态化和多元化的特征。

3.2.1　制度变迁下的边缘区空间的不同主体

制度变迁是新制度经济学体系中的核心部分,是一种比原有制度更有效益的制度演进产生的过程。它是通过复杂规则、标准和实施的边际调整,从而实现"权利和利益转移的再分配,即权利的重新界定"。①

在中国的市场经济进程中,原先在指令性投资计划运行模式下,以国家和集体为代表的单一城市建设主体,逐渐转变为市场经济运行模式下国家、集体、个人、公司、社团等具不同利益诉求的多元化城市建设主体。其中在大城市边缘区,因土地性质的差异,就存在两大不同土地产权形式,特别是乡村集体组织对其拥有的集体土地产权意识愈来愈强,日渐成为一个不可

---

①　卢现祥.西方新制度经济学(修订版)[M].北京:中国发展出版社,2003:101.

忽视的利益群体;再加上中央推行的分权化政治体制改革,虽然许多大城市边缘区的市辖县整体改为城区政府,但因为特殊的情况,仍存在部分自主独立权益,从而构成了政府组织层面不同的利益主体。政府内部则由于部门利益的关系,各相关部门之间也出现了立场上的分歧。规划、发展和改革委员会、农业、旅游、文化、交通等不同部门对边缘区空间发展的意见不一致,且各自为政,大多从"条"的管理体系方面编制各自的规划,缺乏部门间的统筹协调,一方面增加了工作成本,另一方面也凸显原有计划经济时期作为单一主体的政府部门,在市场经济转型期也出现了部门利益与整体利益的分歧。

由此,城市边缘区的空间发展中将会出现不同级别的市、区、乡镇政府,村集体组织,各类商业、农业投资者,旅游开发商,房地产开发商,当地居民以及农民等在内的多元利益格局。而各种利益主体"为了争取或维护某种利益或目标而一起行动"①,形成了各自的利益集团。

随着各利益集团的发展壮大,具有不同利益诉求的有效组织开始形成,而有效组织是制度变迁的关键主体。按照人类发展历史的所有制度形成主体划分,制度安排可以划分为"个人、自愿联合团体和政府三个层次"②。按照变迁过程中主体所发挥的作用不同,制度安排又可划分为初级行动团体和次级行动团体两个层次。初级行动团体是一个决策单位,可能是个人或由个人组织的团体,如各类经济实体或团体组织、农民及居民个体,他们在制度的变迁中发挥的是创新者、策划者、推动者的作用,是制度创新的原发动力,是一个国家或社会创新的基本力量。而次级行动团体是制度变迁的实施者,主要是指国家或政府,以及拥有法律赋予的离散性权力的职能部门或机构组织,保障制度变迁或创新的顺利进行,在制度的实施中发挥重大作用。初级行动团体通过制度变迁创造收入,而次级行动团体不创造收入,但却参与收入的再分配过程③。

制度变迁是一个错综复杂、边际调整的过程,只有深刻理解制度变迁中

---

① 赵成根.民主与公共决策研究[M].哈尔滨:黑龙江人民出版社,2000:199.

② 卢现祥.西方新制度经济学(修订版)[M].北京:中国发展出版社,2003:99.

③ 卢现祥.西方新制度经济学(修订版)[M].北京:中国发展出版社,2003:93-94.

不同主体的作用以及相互关系,才能在制度变迁中针对不同主体确定不同的改进策略。国家或政府等次级行动团体处于强势地位,可凭借其政府命令、规章制度和法制的引入而推行强制性制度变迁,实现收入的再分配。初级行动团体是在自发倡导组织意愿达成一致的基础上去推行诱致性制度变迁以获得外部利润,但该过程涉及大量组织成本和谈判成本,还要避免外部效应和"搭便车"的问题,同时又受限于次级行动团体的喜好和意愿,使得初级行动团体处于弱势地位。

中国的改革开放既是一个制度创新的过程,也是一个利益关系调整的过程,如何通过制度自然演化变迁实现不同主体利益的均衡化,是创新的核心。因为中国的改革是一个渐进式改革,与之相伴的是经济、社会形态的裂变与衍化,以社会阶层为标志的框架正在取代传统"单位制"的社会框架[①]。2003 年中国综合调查的数据显示,我国的城市社会阶层结构是较典型的"金字塔"形结构,社会上层大约占 0.6%,中层大约占 30.3%,下层则高达69.1%[②]。而且社会阶层的形成与对社会资源的不同占有程度呈现扩大的趋势,强势利益集团和弱势利益集团的分离乃至对立开始出现,其中矛盾最为突出的是城乡贫富差距较大,城市发展与乡村发展之间的不均衡发展较为严重。在经济分配方面的公平与公正正成为各阶层,特别是弱势群体或组织孜孜以求的政治意愿。曾经是整体的传统社会,在市场经济浪潮的席卷下出现了社会结构"断裂"的迹象。[③]

3.2.2　多元利益格局分化与重组下空间效应的博弈

随着城市的不断扩张,对市场经济模式下的利润最大化的要求,导致城市边缘区快速扩张、土地浪费严重、耕地急速下降、城市生态和环境质量岌岌可危,人与环境关系紧张。从全国各地如火如荼的工业园区建设到房地产开发,以及乡镇企业扩大化生产、各类农业园的投资建设等以制造业为先

---

①　孙立平.断裂——20 世纪 90 年代以来的中国社会[M].北京:社会科学文献出版社,2003:1-19.

②　刘欣.中国城市的阶层结构与中层阶层的定位[J].社会学研究,2007(6).

③　孙立平.转型与断裂——改革以来中国社会结构的变迁[M].北京:清华大学出版社,2004:109-134.

导所引起的城市边缘区空间扩展的内在需求,导致了城市向外缘的快速扩张,城市边缘区与城区处于一种犬牙交错、混沌的空间形态。问题核心则是市、区(县)政府的经济发展愿景与房地产或旅游开发等市场不同主体的逐利冲动,均缺乏相应的规则约束,从而导致整体利益失控,尤其是生态环境受到冲击,造成城市边缘区空间形态的无序化,大大增加了社会外部性问题。因此处于多元利益动态角逐中的城市边缘区,急需制度创新,特别是通过对社会公共权力的制度安排及有效组织的运行,协调引导市场经济条件下各种利益主体的诉求和决策,降低社会整体成本,抑制错位失调的发展方式,改善总体空间形态质量,提高社会总体利益的利用效率,改变市场自发作用下的社会失衡现象,实现社会整体的公平与公正。

按照新制度经济学关于制度起源的解释,制度是一系列正式约束和非正式约束组成的规则网络。它约束着人们的行为,减少了专业化和分工发展带来的交易费用的增加,通过创造有效组织运行的条件,有效解决社会发展中所面临的合作问题。因此,制度的功能是"为实现合作创造条件,保证合作的顺利进行"①。合作方式是解决争端所达成的效率最大化的方式。詹姆斯·布坎南指出,评价效率的唯一指标是同意的一致性。而合作与同意的一致性有着密切的内在联系。在考虑"同意一致性"时,新制度经济学在理论模型中引入制度变量后,以纳什(Nash)、泽尔腾(Selten)、海萨尼(Harsanyi)为核心的学者提出了博弈论(game theory,又称"对策论"),该理论是"研究决策主体的行为发生直接相互作用时的决策以及这种决策的均衡问题"②,实质上就是研究不同利益主体之间的合作、竞争的行为关系处理问题。

博弈分为合作博弈(cooperative game)和非合作博弈(non-cooperative game)。两者的区别主要在于人们的行为相互作用时,当事人能否达成一个具有约束力的协议。如果有,就是合作博弈;如果没有,就是非合作博弈。合作博弈强调的是团队理性(collative rationality),以及效率(efficiency)、公正(fairness)、公平(equality)。非合作博弈强调的是个人理性、个人优先决

---

① 卢现祥.西方新制度经济学(修订版)[M].北京:中国发展出版社,2003:50.

② 卢现祥.西方新制度经济学(修订版)[M].北京:中国发展出版社,2003:51.

策,其结果可能是有效率的,也可能是无效率的①。而规划制度或机制则是不同决策主体多次博弈后的均衡解。

雷翔(2003)认为,随着市场经济进程的加快,城市规划决策主体多元化趋势愈来愈明显。各种决策主体包括传统上执行直接决策权力的行政组织和参与决策的各类经济组织、党派组织、社团组织、媒体组织、非正式组织与"利益性意见表达集体"等。与之相伴的是规划决策中的博弈现象在各个层面上反映出来,既发生在政府与开发商、政府与公众、政府与专家之间,更发生在政府与政府之间(包括上下级政府和同级的城市政府之间)②。可见,在城市规划的各个层面均可见到博弈的身影。城市边缘区还涉及村集体组织及农民个体这一特殊群体,其博弈的行为关系更加复杂。因此解决规划决策的问题,必须从博弈论的角度予以剖析。

首先,按照新制度经济学关于制度内涵的解释,制度作为一种行为规则,并不是针对某一个人的公共规则,因此制度是一种"公共品"。根据萨缪尔森的定义,公共品就是个人消费不会有损于其他任何人消费的物品或服务,但制度是一个无形的、具有排他性的公共选择,是依据少数力量服从多数力量的原则形成的,因此,城市规划政策作为一种公共制度,在多元利益群体纷争、强弱性群体分化明显的转型时期,必然会受到强势利益集团的影响,在政策制定、规划供给方面具有倾向性。

其次,新制度经济学也认为制度是一种稀缺性资源。受制度成本和"搭便车"等外部性问题的影响,制度供给具有有限性的特征,在供给方面不能随心所欲地增加制度的数量。由于以往城市规划编制内容及范围的限制,对城市建设区外的非建设用地和乡村用地关注不够,城市边缘区基本是一个粗线条的控制,反映到规划图上只是一笔带过。随着《中华人民共和国城乡规划法》的颁布和实施,我国对城乡统筹发展的要求日益紧迫,但城乡一体化规划无论是在内涵还是在编制方法、编制标准等方面,尚处于起步阶段;而针对规划管理方面的政策法规还在摸索阶段,有待逐步建立。加之由

---

① 卢现祥.西方新制度经济学(修订版)[M].北京:中国发展出版社,2003:52.

② 雷翔.走向制度化的城市规划决策[M].北京:中国建筑工业出版社,2003:22-30.

于现有各地城市规划设计院等规划编制机构体制的单向性以及城市行政体制分权化改革，当前涉及城市边缘区的规划编制较少，相关规划成果的提供往往少于实际的社会需求，因而不能全面满足不同决策主体的愿望。尤其是当政府作为规划编制供给的单一主体，自上而下地为如此众多的城市边缘区空间发展逐一编制规划时，更是明显地暴露出规划供给与需求之间的较大差距。

博弈论进入主流经济学，反映出经济学越来越重视不同利益主体之间行为的相互影响和作用，以及个人理性和集体理性之间竞争冲突与合作协商的关系研究。与传统经济学显著不同的是，现代经济学认为解决矛盾与冲突不是通过政府干预来避免市场失败所导致的无序状态，而是通过机制设计或相应的制度安排，在满足个人理性的前提下达到集体理性，从而化解利益冲突。

因此，在多元利益主体起冲突的时候，单纯采取政府干预并非有效的解决之道。只有从制度分析入手，不仅是规划技术手段、理念和方法的创新，而是要从规划制度的外生变量（制度环境）以及内生变量（制度结构安排和实施措施）等方面，构建一个运行良好、高效的规划机制，为不同的权利主张提供一个公平、公正表达意愿的平台，才能协调不同利益主体的博弈过程，达到合作博弈的制度均衡效果。

3.3　大城市边缘区规划机制运行的内在轨迹分析

制度变迁（创新）可理解为一种效益更高的制度（即所谓"目标模式"）对另一种制度（即所谓"起点模式"）的替代过程，是"在主导型利益集团的推动下，制度从僵滞阶段经由创新阶段而到均衡阶段的发展，是由制度僵滞、制度创新和制度均衡所构成的周期循环过程"[①]。在不同的阶段内，制度变迁是在制度结构外部利润内在化过程中，依照成本-收益的制约因素以求达到帕累托最优状态的不同利益主体的博弈过程（本书讨论的是中华人民共和

---

①　卢现祥.新制度经济学[M].武汉:武汉大学出版社,2004:160.

国成立后制度变迁历史过程）。借助新制度经济学当中制度变迁是由制度非均衡向均衡转化过程的有关理论，我们可以较好地从机制形成中初始均衡—中期僵滞—末期创新—新始均衡的内在演化轨迹角度，分析城市边缘区空间发展的过去、现在以及未来发展态势。

3.3.1 制度的初始均衡

中华人民共和国成立后，我国处于一个"一穷二白"的时期，加上受到美国等西方国家的经济封锁，为快速恢复经济生产，借鉴苏联的建设经验采取了计划经济模式。此时由国家集全国之力开展重化工业及重大基础设施的建设。因此，新的社会制度下，大多数个人利益与社会全体利益目标是趋同的。个人的一切（包括住房等大型福利保障）均实行国家分配制度。城市边缘区的扩张是按照国家计委确定的经济发展计划，通过征地划拨方式，有目的地外向快速扩张，并适应了当时经济发展的实际需求。这一时期，武汉市的城市扩张主要是以一些大中型企业、事业单位的工业为主导、生活设施为辅的单位建设，中华人民共和国成立后至 1990 年共划拨城市各项用地17113.63 公顷（256704.52 亩）（表 3-1），主要是由苏联援建的武汉钢铁公司、青山热电站以及武昌大东门以外武汉重型机床厂、汉阳沿江地带以及汉口京汉铁路外侧等一批重点工程项目。新建的大型工业区和配套的居住区占边缘区土地空间扩张的 95%，为奠定武汉的工业基础埋下了伏笔，但也初步构建了武汉相对分散的城市空间格局。

表 3-1　中华人民共和国成立后各时期建设用地统计表　　　　单位：亩

时　　　期	征　地　面　积
恢复时期	16966.00
一五	79633.00
二五	67599.00
调整时期	7278.00
三五	9760.00
四五	13178.00
五五	35586.82

续表

时　　期	征 地 面 积
六五	12337.82
七五	14365.88
合计	256704.52

此时的规划管理机制均是按照国家投资计划和已确定的规划方案做好相应的居住区配套设施的规划编制及管理工作,厂区内的项目由建设单位自行管理。因为国家计划投资中征用农民的土地均采取支付相应土地补偿费和农民招工转为国家正式职工的方式解决,武汉市于 1979 年以武革【1979】105 号印发《武汉市基本建设征用土地补偿费暂行规定》,对土地、各类青苗、地上附着物、树木竹林、房屋拆迁等补偿费用予以规定,其中土地补偿费用为被征用前三年平均年产值的三至六倍,每一个农业人口的安置补偿费为二至三倍,一亩地的安置费总数不得超过十倍,且土地补偿费和安置补偿的总和不得超过二十倍。同时也印发了《武汉市基本建设征用土地安置劳动力暂行规定》,对农业人口的安置提出了具体解决办法。

尽管按照农业产值计算的补偿标准在现在看来较低,但通过补偿和征地招工的方式比农民自身从土地耕作上获得收益大,且转为城市户口后相应享受的城市福利待遇产生的利差大于从土地收益的成本。因此,征用土地不会导致社会矛盾。土地征用主要用于工业生产,大都是单位自建自用的划拨供地方式。这一时期城市边缘区发展的制度安排是通过国家作为主导,依靠制度和政策的约束,来保证各种利益主体处于均衡状态。随着社会、经济的发展,特别是 1978 年后改革开放所带动的市场经济转型,对资源价值的界定和重新认识,促使了城市的快速发展。但这一时期武汉市的城市边缘区处于一个停滞发展时期,1981 年至 1991 年土地征用规模仅占前三十年土地征用规模的 11.6%,市场经济由城市内部开始演化。

3.3.2　制度的中期僵滞

自 1991 年起土地使用市场化机制初步建立,城市边缘区的快速扩张就是这一阶段的典型例证。城市边缘区的建设方式由以往全部由国家投资建设转变为各地方自主投资建设。招商引资、筑巢引凤等各类工业园区雨后春笋般出现,以及大量官方或非官方房地产开发企业参与的"圈地型"开发建设活动,就鲜明地体现出独占型利益集团与国家力量的结合和对边缘区空间发展过程的垄断。

这一时期的市场经济发展中,一些依靠"双轨制"而发展起来的独占型利益集团成为制度结构中最大的既得利益集团。武汉市边缘区的增长速度从1980—1990年的1.05千米^2/年快速增加到1994—2003年的2.86千米^2/年,其中国有企业占据了80%以上的土地。为了实现对资源的绝对垄断,既得利益集团会极力向政府寻求尽可能大的管制范围,以实现其垄断利润。这时就会出现诺思提出的路径依赖现象。因为在制度变迁中,"制度向量的相互联系网络会产生大量的递增报酬,而递增的报酬又使特定的制度轨迹保持下去,从而决定经济长期运行的轨迹";[1]并且会在以后的发展中得到自我强化。正如诺思所说:"人们过去做出的选择决定了他们现在可能的选择。"他提出了两种路径依赖情形[2]。

诺思路径依赖 I:一旦一种独特的发展轨迹建立以后,一系列的外在性、组织学习过程、主观模型都会加强这一轨迹。一种具有适应性的有效制度演进轨迹将允许组织在环境的不确定性下选择最大化的目标,允许组织进行各种实验,允许组织建立有效的反馈机制去识别和消除相对无效的选择,并保护组织的产权,从而引致长期经济增长。

诺思路径依赖 II:一旦在起始阶段带来报酬递增的制度,在市场不完全、组织无效的情况下,阻碍了生产活动的发展,并会产生一些与现有制度共存共荣的组织和利益集团,那么这些组织和利益集团就不会进一步进行投资,而只会加强现有制度,由此产生维持现有制度的政治组织,从而使这种无效的制度变迁的轨迹持续下去。这种制度只能鼓励进行简单的财富再分配,却给生产活动带来较少的报酬,也不鼓励增加和扩散有关生产活动的特殊知识,结果不仅会出现不佳的增长实绩,而且会使其保持下去。

路径依赖类似于物理学中的"惯性"。一旦进入某一路径(无论是"好"

---

[1] 卢现祥.西方新制度经济学(修订版)[M].北京:中国发展出版社,2003:90.

[2] 卢现祥.西方新制度经济学(修订版)[M].北京:中国发展出版社,2003:90-91.

的还是"坏"的)就可能对这种路径产生依赖。特别是中国处于新旧体制转型时期,目前的市场经济体制尚不完全,更容易进入路径依赖Ⅱ的"坏"路径依赖。一方面,现存体制中既得利益集团对现有路径的强烈要求会促使其巩固现有制度,阻碍进一步的改革,哪怕新的制度较现存体制更有效率。另一方面,政府会沿着已形成的"双轨制"计划经济主导模式前进,会比另辟蹊径进行制度变革创新更容易,且政府自身的组织成本会小一些。特别是政府在没有找到能与之竞争的其他利益集团之前,认为改革成本会很高且收益不确定,因此不会产生改革的动力,反而会乐于与独占型利益集团合作。这时,收益分配在各种社会利益群体中呈现严重不均的状况,中国广大群众未能充分享受改革带来的成果和财富增长。特别是广大的农民群体为经济改革作出了巨大贡献却不能同步增加收入,城乡差距进一步拉大。

正是这一时期,以各种外资或房地产商为主体的某些强势利益集团推动了城市边缘区的快速扩张,对边缘区内以农民为主体的弱势群体利益构成了很大的损害。但是由于独占型利益集团与政府合作,政府可获得税收、就业岗位、经济增长或借助强势集团的资金来完成城市建设投资或一些"政绩工程",因此,该阶段市场与政府合作的方式会在相当长的时期内处于稳定状态。纵观中国大城市自 1990 年后开始的边缘区大规模扩张过程,这种内在扩张动力至今仍发挥着重要作用,只是从最初低级粗放的加工制造业向技术更先进的制造产业演化,特别是因为以往制度、政策的差异化导致的不均衡发展结果。经济的高速发展,实际上是以破坏资源生态环境为代价,污染的空间从东部向中西部蔓延,但中西部因为资金、技术的匮乏,污染所造成的危害远远大于东部,而且产业转移是在中西部广阔的空间腹地内遍地开花,不利于治理和整治,特别是在一些生态敏感区或大江、大河的源头地域,污染的危害不仅仅只是一个区域的问题,而是一个流域甚至是全国层面的问题,许多危害是无法用金钱计算的,且是不可逆转的。这样简单的产业转移必将阻碍整个社会的健康可持续发展进程,甚至在局部领域是倒退。资源配置实质上处于一种扭曲和不合理的状态。

这时制度的边际成本与边际收益之间已经无法平衡,不同资源要素相对价格的变化使得其他利益集团从中看到了潜在的外部利润。生态农业园

的建设收益比乡镇小砖窑的建设收益更大。生态旅游资源的价值比通过炸山、伐林建设低附加值的化工或造纸产业的价值更大。新的市场要素已经出现,新的制度安排已迫在眉睫。规划机制中只考虑工业用地的开发建设,忽视生态、社会等效益的制度已不适用;适应多元主体需求的,立足经济、社会、环境效益三位一体的城乡规划宏观调控引导作用亟待加强,被动地依据政府意图静态编制和管理的方式急需扭转。这时期制度变迁的前提已基本具备,来自社会各方面的动力将推动其进入下一个阶段。

3.3.3 制度的末期创新

这一阶段中既得利益减少,将加速独占型利益集团的分化,政府收益的减少也减轻了政府对独占型利益集团的依赖。随着不同利益集团的博弈,以农民、环境保护团体、乡镇经济发展组织、政府部门内的有识之士以及各类关注边缘区发展空间状况的专家等为代表的创新集团在崛起,而独占型利益集团的作用开始逐渐衰退。

按照德姆塞茨 1967 年发表的《关于产权的理论》中原始产权理论的论点,"当内在化的收益大于成本时产权就会产生",随着制度环境的不断改善,一方面,新的产权形式不断被明确约束,比如:生态补偿权、土地开发权等产权的界定为推动制度的创新奠定基础。另一方面,现有产权的内涵及价值得以重新界定或评估。如对集体土地产权流转,集体建设用地同价同权政策的推行,促进了对集体土地价值的重新认识,产权的流动意味着产权的可让渡性得到保障;产权的可转让性促使资源从低生产力所有者向高生产力所有者转移,转移过程中收益及利润就会同步产生。因此,伴随产权制度的发展与完善,其个人收益与社会收益趋于一致。原有制度中不受约束的外部问题被有效地内在化,从而形成一个充满效率的社会行为规范环境。

此时,城市边缘区中旧有不受任何约束的发展模式将受到来自社会各层面的抵制。生态环境的破坏,土地的粗放低效利用,城乡社会差距加大,社会阶层分异明显、"不和谐发展现象"等负面效应,被以法律或政策的形式予以制止或改善。社会群体的力量日渐壮大,新的适应于城市边缘区持续健康发展的制度正在推行或酝酿当中,如集体土地的产权流转、对经济高质量发展评价目标,以及对生态环境保护法规条例的制定等一系列规划外部的制度环境改善。特别是从 2000 年跨入新世纪后,党中央提出的城乡统筹一体化发展目标以及新时期实现"以工补农、以城带乡"的发展新思路,可被视为城市边缘区制度创新阶段前期吹响的改革号角。

随着创新集团的强大,利益重新分配,各类资源的配置将趋向合理与均衡。从制度结构来看,从非均衡结构体系向均衡结构体系转化,势必对现有的制度提出改革创新的主张。对制度创新所带来的外部利润将累积增多,并要实行其制度的内在化过程,特别是我国的新制度安排已从改革初期的帕累托改进发展到现阶段的改革攻坚时期的卡尔多-希克斯改进,制度的创新安排需要更多地从利益深层次矛盾入手[1]。这时政府从创新集团所提出的建议中取得的收益将大于在僵滞阶段的收益,政府开始重视并保护创新集团的权益,并从国家层面进一步降低创新所带来的制度成本,从而促进社会整体交易成本的下降,进而为创新制度的拟定和实施扫清障碍,并进入一个快速高效发展的新制度环境时代。在维持较长一段时间后,制度变迁则开始出现并进入下一阶段。

3.3.4　制度的新阶段均衡

新制度经济学认为,创新集团仅靠自身的力量是难以完成制度变迁的,必须拿出收益的一部分与社会其他集团分享,此时便形成了新的主导利益集团——分享型利益集团。这说明城市边缘区的空间发展必须将原先由单一集团独享的收益惠及社会大众,以广泛的公众参与取代过去封闭的信息不对称的决策方式,以此巩固制度变迁的社会基础。为了使收益能够长期化,必须使新制度以法律、法规形式固定下来。当这些基础性的规则通过各种法律手段,以城市规划与设计法定成果等形式确定下来的时候,就标志着新旧制度完成替换,从而形成制度均衡的局面。

制度均衡阶段是各利益集团博弈后取得的均衡结果,这时制度带来的

---

[1]　一项新制度安排的评价标准分为帕累托改进和卡尔多-希克斯改进两类。帕累托改进标准是指制度安排为其覆盖下的人们提供利益时,没有一个人因此会受到损失;卡尔多-希克斯改进标准是指,尽管新制度安排损害了其覆盖下的一部分人的利益,但另一部分人因此而获得的收益大于受损人的损失,总体上还是合算的。引自卢现祥.西方新制度经济学(修订版)[M].北京:中国发展出版社,2003:93.

收益对各方来说处于帕累托最优状态,即人们对既定制度安排和制度结构处于一种满足状态,因而无意也无力改变现行制度。因此在新制度中出现新的外部利润之前,它将保持稳定状态,直至制度供给与需求再次不一致时,才会出现新的制度变迁的需求。总之,正是由于交易成本的不确定性和既得利益集团的阻挠,制度变迁的过程将开始新一轮的周期循环。社会也就在这个历程中不断地向前发展。

从以上的四个阶段演化过程来分析,我们可以看到,自 20 世纪 90 年代开始的城市边缘区空间发展已经历了制度变迁周期中漫长的僵滞阶段,正处于进入制度创新阶段的关键时期。能否引导制度发展步入一个良性循环的轨道,政府作为制度供给的最大提供者,其影响至关重要,特别是党中央已相继提出了新的经济方式发展需求以及城乡统筹的边缘区发展新思路,为制度创新提供了良好的外部环境,各级地方政府如何贯彻落实中央的有关要求尤为重要。规划机制对于协调城市边缘区中的多元利益主体的博弈过程,降低社会交易成本,真正实现边缘区空间城乡统筹发展目标将起到关键性作用。

综上所述,"真正影响城市规划的是深刻的政治和经济变革"(芒福德,2005),因而针对中国当前特定时期大城市边缘区空间发展演化的研究,也必须置于体制转型的背景下去认识,而体制转型中制度建设是影响经济、社会的决定因素。本章主要从以下三个方面对城市规划的干预失效成因进行了总结。

①处于转型期的中国经济的变革必然对现有城乡规划产生深刻的影响,作为分析经济内在规律的新制度经济学,也同样适用于社会学科范畴的规划机制的内在分析。按照新制度经济学理论关于制度的定义和内涵要求,现有规划失效的根源是规划机制的缺陷。规划机制指的是由城市规划与管理的各类组织和一系列相关规划与管理的行为及相互关系行为准则,是所有规划与管理制度集合后的具体化策略,主要应包括管理组织机构的改革、规划与管理行为实施方式的改善、规划机制或制度相互关系的调整。因此,从制度变迁或创新的角度,借助交易费用和产权理论的经济学方法来考察规划机制的内在运行规律,是一个解决转型期中国大城市边缘区空间

发展规划机制实际问题的有效途径。

②因经济、社会的转型，现阶段的中国大城市边缘区空间发展主体从以往单一的国家、集体转变为国家、集体、个人、公司、社团等具不同利益诉求的多元化发展主体。原有一元化主导的规划机制无法适应现实的要求，只有进行相应的制度变迁（创新）才能解决规划失效的各种问题。因为制度变迁（创新）是一个错综复杂、边际调整的过程，只有深刻理解不同主体的作用以及相互关系，才能在制度变迁（创新）中针对不同主体确定不同的改进策略。在多元利益主体格局分化与重组下，分析总结现有规划决策过程中不同的空间效应所产生的博弈行为，明确了只有从制度分析入手，从规划制度的外生变量（制度环境）以及内生变量（制度结构安排和实施措施）等方面，构建一个运行良好、高效的规划机制，为不同的权利主张提供一个公平、公正表达意愿的平台，才能协调不同利益主体的规划博弈过程，达到合作博弈的制度均衡效果。

③在大城市边缘区规划机制不同的运行阶段内，其内在发展轨迹是依照制度变迁理论所阐述的因为不同的成本-收益制约因素，以求达到帕累托最优状态的不同利益主体的博弈过程。本书借助新制度经济学当中制度变迁是由制度非均衡向均衡转化过程的有关理论，提出了规划机制形成过程中具备初始均衡—中期僵滞—末期创新—新始均衡四个循环螺旋上升的内在演化阶段，分析了城市边缘区空间发展的过去、现在以及可待的未来发展态势，并总结分析了现阶段规划机制的变革对于协调城市边缘区中的多元利益主体的博弈行为、降低社会总体交易成本、真正实现边缘区空间城乡统筹发展目标起到了关键作用。

第4章 转型期多中心理论对传统 一元主导机制的挑战

4.1 对传统一元主导规划机制的反思

单中心理论下的一元主导模式是规划干预失效的主要根源。所谓"一元主导的规划机制",是指沿袭计划经济体制下,由政府全面主导控制的规划编制、管理制度的制定及制度实施机制的行为安排。按照新制度经济学的观点,制度变迁是一种新的制度安排,按形成主体可分为三个层次:个人、自愿联合团体和政府。在规划机制的制度安排中,从制度结构的角度出发,可以将其形成主体分为政府、市场与社会公众。规划机制呈现出一种不对称、非均衡的状态。本章将针对此现象展开进一步的分析。

4.1.1 "单中心理论"所强化的一元主导规划理念

自亚当·斯密创造著名的市场理论之后,市场契约成为西方市场经济国家一切经济、社会活动的核心。然而,尽管市场能够有效地解决大量资源的配置问题,在公共产品的供给上却几乎一筹莫展。按照传统福利经济学代表人物庇古的观点,市场机制下的外部效应无法取得最优结果时,其内在缺陷会诱发负外部性、公共产品供给无效率等"市场失灵"现象,应当通过强化政府的干预来克服,以约束和减少这种行为的数量,从而达到社会成本与私人成本的一致。但在西方的制度结构中,市场力量是最强大的,其私有制的体制决定了对市场无法充分提供公共产品和服务。借助新制度经济学的国家理论,通过国家制定规则干预的方式或将制度的外部效应内在化,并明晰其私有产权制度,就能解决外部性问题及公共产品等引起的市场失灵问题。

但我国的经济体制是由高度集中的计划经济体制向市场经济体制渐进转型而来的。在一些私益物品及商品资源领域,我国实行了市场化的改革,如在城市空间发展领域,通过土地的有偿利用发挥土地价值的资源配置作用;通过住房市场改革为广大人民群众提供了各种类型的商品住宅,实现了良好的城市功能、优美的城市空间环境、高质量的生活品质。在一切可直接化的物质空间(商品经济因素)方面,实现了城市的公共发展目标,但在一些制度、政策及管理等公共服务领域,却仍然保持着计划经济时期的计划特征,如"规划决策、编制和供给"等间接的非物质空间(市场因素)方面的管理权限,仍牢牢把握在政府管理部门手中。因此,市场配置资源与政府干预的领域无法协同。这些矛盾的产生根源来自对人类社会生活所依靠的组织体系(制度体系)中不同秩序的选择。

秩序是自人类开始社会生活就存在于组织体系中的永久和一致性的东西,各种各样的要素通过它相互作用而形成极为密切的有序关系,这种有序关系使"我们可以从我们对整体中的某个空间部分或某个时间部分所作的了解,学会对其余部分做出正确的预期,或者至少是学会做出颇有希望被证明为正确的预期"①。人类社会受到两种秩序的规范:一种是直接凭借外部权威,为实现一个共同目标,靠指示、命令来计划和建立的行动秩序,这种人造的秩序即是"组织",或曰计划秩序,它是计划经济体制的主要管理方式;另一种是间接的,因行为主体都自发自愿地服从共同承认的规则而形成的行动秩序,哈耶克称之为"自生自发秩序"(spontaneous order),它是市场经济体制的主要管理方式。

迈科尔·波兰尼称前一种秩序为一元的"单中心"的秩序,而称后一种秩序为自发的"多中心"的秩序②。不同秩序的选择方法就是公共选择理论的核心,公共选择理论又称为新的政治经济学,是公共管理学的重要理论基础之一,是对"非市场决策的经济学分析"。它强调的是如何协调不同主体之间的利益冲突,而制度安排及制度变迁过程实质上是由不同利益冲突和对冲突的解决过程及方式决定的。单中心理论是公共选择理论的源泉,最早可追溯到 17 世纪托马斯·霍布斯在《利维坦》中的观点:(市场机制)的自

---

① 哈耶克.法律、立法与自由(第一卷)[M].邓正来,译.北京:中国大百科全书出版社,2000.
② 张京祥,罗震东,何建颐.体制转型与中国城市空间重构[M].南京:东南大学出版社,2007:166.

主组织与竞争导致战争状态,因而有必要建立一个单一权力中心来支配所有的社会关系,并把和平与秩序强加给其他人;并且秩序源于决策由一个人作出,而不是由许多自主组织和独立的决策者作出①。其与新制度经济学的国家理论具有一定的渊源。该理论认为市场能够解决资源配置的问题,但对于公共产品和服务上却是无效率的。人们困惑的是"市场组织的逻辑在多大程度上能够适用于从事非纯粹私益物品生产活动的组织"②。因此,保尔·萨缪尔森、H.斯考特·戈登等学者研究后指出,市场在处理集体物品时难以取得最优结果,因而有必要运用中央集权的权威来实现集体物品更多的福利潜力。但"市场并没发挥作用,霍布斯的可怕的主权者也没有干预以使其处于正常"③,实践证明"市场失灵"现象并不能通过政府干预而得到圆满解决,城市的发展目标——物质环境改善和社会整体发展均没有很好地实现,继"市场失灵"之后又暴露出"政府失灵"的尖锐矛盾。

特别是在城市规划管理等公共服务的管理中,如果直接采取凭借外部权威来实现一个共同目标的单中心秩序模式,面对不同利益主体时,无法实现不同产权之间有序秩序的建立与完善。这种政府占绝对主导地位的管理模式就是单中心的层级制管理,反映在规划管理体制中就是一元主导的静态而僵化的分级计划管理模式。

4.1.2　传统体制下的一元主导规划模式具体表征

德国社会学家马克思·韦伯(Max Weber)提出的官僚制公共组织理论中的权威系统与官僚制理论模型的内在关系具体描绘了单中心理论在实践中的表现④。"能够用最有效率的方式来控制众人为追求特定的目标而共同进行工作"。我国现行规划管理体系沿袭自计划经济体制时期的规划管理体系,呈现为显著的一元主导层级制特点,主要表现为静态的"被动管理"模式(图4-1)。

---

① ② 奥斯特罗姆,帕克斯,惠特克.公共服务的制度建构[M].上海:上海三联书店,2000:中文版序言 P2.

③ 奥斯特罗姆,帕克斯,惠特克.公共服务的制度建构[M].上海:上海三联书店,2000:中文版译序 P5.

④ 登哈特.公共组织理论[M].北京:中国人民大学出版社,2003:31-35.

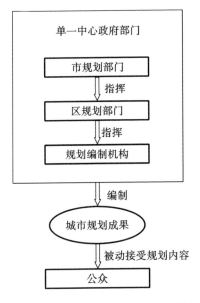

图 4-1　一元主导体制中规划供给模式

（1）城市规划管理组织结构的层级制

在长期的计划经济体制的影响下,我国城市规划管理已形成了自上而下,等级、分工明确的层级行政管理体系。在纵向结构上,大致可分为五级,即国家级、省级、市级、县级、乡镇级。一般在直辖市、设区市、地级市成立专门的城市规划管理局,其他地区则是结合建设委员会或建设局行使规划管理行为。在横向上则由各级地方党政、专业管理部门辅助决策过程。

就城市中市、区两级这个层次而言,符合韦伯理论所明确的"最有效的组织形式",具备了一元主导体制的层级制特征。以武汉市为例,武汉市城市规划管理局于 1979 年 5 月 16 日成立,全面负责城区的用地规划管理,各郊县(区)由政府下设的城市规划管理部门负责所在县(区)的用地规划管理,是一种按地域的分权管理方式。1980 年起,建筑规划管理全部由武汉市城市规划管理局负责。1988 年 8 月 13 日,在武编【1988】074 号文中决定武汉市城市规划管理局、武汉市土地管理局合署办公,作为市政府的职能部门,负责统一管理城市规划、土地、征地、勘测和设计等工作。而从 1990 年 4 月《中华人民共和国城市规划法》施行后,湖北省人大常委会 1991 年 5 月批

准的《武汉市城市规划管理办法》中,明确规定全市的规划管理工作,包括建设用地规划管理、建筑管理、市政工程规划管理、违法建设查处等均由市规划管理局管理,并在主城区内分设江岸、江汉、硚口、汉阳、武昌、洪山、青山、东湖风景区8个直属分局。从1994年开始,蔡甸、江夏、新洲、黄陂4个郊县改为城区后,与原有的东西湖区、汉南区统称为远城区,远城区采用行政隶属各区政府、技术管理隶属市局的双重管理方式。同时参照此模式,分别于2001年、2002年在东湖新技术开发区、武汉经济技术开发区设立规划管理分局,作为市规划管理局的派出机构,委托各开发区管理委员会管理。2001年9月19日,将武汉市矿产资源管理并入土地管理局,成立国土资源管理局,仍与市规划管理局合署办公①。2007年,武汉市规划管理局与国土资源管理局分离,单独成立了武汉市城市规划管理局,负责全市城乡规划工作。但是组织架构未变,基本上仍维持原有的一元主导下的半分权管理模式。从武汉市规划管理机构发展脉络来看,无论是市中心还是远城区的规划管理,仍然采用的是各级政府层面下的一元层级制管理模式。

（2）规划权限中的分级集中审批制度

我国城市规划的编制审批权限是依据不同等级政府的权力管理范围予以划分的。《中华人民共和国城乡规划法》中第十二条、十三条、十四条、十五条分别规定,国务院城乡规划主管部门会同国务院有关部门组织编制全国城镇体系规划,用于指导省域城镇体系规划、城市总体规划的编制。省、自治区人民政府负责组织编制省域城镇体系规划,报国务院审批。城市人民政府组织编制城市总体规划,直辖市的城市总体规划由直辖市人民政府报国务院审批。省、自治区人民政府所在地的城市以及国务院确定的城市的总体规划,由省、自治区人民政府审查同意后,报国务院审批。其他城市的总体规划,由城市人民政府报省、自治区人民政府审批。县人民政府组织编制县人民政府所在地镇的总体规划,报上一级人民政府审批。其他镇的总体规划由镇人民政府组织编制,报上一级人民政府审批。同时也明确了分级审批基本原则和主要内容,特别是明确了规划管理中建设项目开发条

---

① 主要参考武汉市城市规划管理局.武汉城市规划志(1998—2000)(送审稿).

件的唯一依据为控制性详细规划,均由城市人民政府或县人民政府审批(批准镇一级的控制性详细规划)。

对中国大城市来说,县改区的行政区划调整后,规划管理权限主要集中在市级规划行政主管部门。行政行为可以划分为羁束行政行为和自由裁量行为[①]。羁束行政行为的范围、方式和程序等均由法律、法规等予以具体、明确地规定,规划行政主体必须严格按规定要求实施具体行为,如:总体规划、控制性详细规划的内容及其编制和审批程序。而自由裁量行政行为是指由于法定规划深度不够,或应对实际管理要求,但又未能纳入法定规划的相关规划内容编制及程序,或者是各类规划中因法规、规范不完善仅作了原则性规定,以及因城市规划管理涉及一部分美学范畴管理与控制,而在实际管理中无法量化、明确的要求,从而在具体实施管理中有一定选择余地,在不违反规定的前提下,可以酌情审定的管理行为。

根据自由裁量权限的大小,规划许可管制有通则式和判例式两种[②]:通则式是根据法律规范和法定规划审理,核发规划许可;判例式是根据实际具体情况的个案许可方式。当前我国的规划许可制度是建立在通则式管理方式基础上的。

但从实际运作情况看,这种通则式管理的权限过度集中于管理体系的上端,使得规划的总体计划、编制、管理都容易产生与实际基层情况不同步的问题。城市边缘区是一个空间变化激烈、发展速度日新月异的区域,现有模式下的规划编制或调整的周期漫长,难以适应区域经济快速发展的需要,并且屡屡突破规划的限制要求,大大降低了规划的权威性。再加上我国原有城市规划体系对乡域规划的忽视,特别是缺乏城乡统筹规划,用于规划实际管理的控制性详细规划也就无法全面覆盖,造成城市边缘区内有些区域是"多头管理""重复规划",而有的区域却是"空白",没有任何规划,与现实规划管理的需求差距较大。武汉市自 1996 年至 2008 年编制了 227 项控制

① 耿毓修,黄均德.城市规划行政与法制[M].上海:上海市科学技术文献出版社,2002:36.

② 耿毓修,黄均德.城市规划行政与法制[M].上海:上海市科学技术文献出版社,2002:181-182.

性详细规划(含法定图则),覆盖范围 356 平方千米。其中,主城区覆盖面积291 平方千米,占主城区建成区面积的 68%,占主城区规划建设用地面积的65%;主城区外围的都市发展区覆盖面积 65 平方千米,占都市发展区建成区面积的 31%,占都市发展区规划建设用地面积的 14%。城市边缘区大部分位于都市发展区内,且该面积仅以城市规划用地为口径,如加上大量乡村用地,则覆盖比例远远低于 14%。同时,由于部分内容滞后,不符合基层实际情况,因此基层规划管理部门只能运用判例式方法或个案处理方式予以判断解决。这就使部分地区管理的随意性加大,违法占地、违章建设屡禁不止,生态环境遭遇不可逆转的破坏。

(3) 按计划模式划分的规划编制体系

现行的城市规划编制体系按照 2006 年 4 月 1 日施行的《城市规划编制办法》第七条的要求,"城市规划分为总体规划和详细规划两个阶段。大、中城市根据需要,可以依法在总体规划的基础上组织编制分区规划。城市详细规划分为控制性详细规划和修建性详细规划"。这种两个阶段四层次的划分方式与现行规划管理层级体系相对应,最大优点是便于规划自上而下地提供与管理,是一种计划模式下的编制体系。武汉市从 1996 年完成城市总体规划编制以来,全市完成各类涉及城市建设用地的城乡规划项目达1748 项,其中城镇总体规划 116 项,分区规划(含用地规划)130 项,控制性详细规划(含法定图则)227 项,修建性详细规划 489 项,上述 4 个方面规划合计为 962 项,占总编制数量的 54.9%。专项规划、规划研究、概念规划等其他类规划为 786 项(见表 4-1)。总体规划、分区规划、控制性详细规划基本为政府指令性规划。

表 4-1　武汉市城乡规划编制情况表(截至 2007 年底)

序号	规划类型	编制数量	备　注
1	战略规划(含概念规划)	19	
2	城镇总体规划	116	
3	分区规划(含用地规划)	130	其中用地规划 97 项
4	控制性详细规划(含法定图则)	227	其中法定图则 17 项

续表

序号	规　划　类　型	编 制 数 量	备　　注
5	修建性详细规划	489	
6	专项规划	259	
7	环境景观规划	108	
8	城市设计	15	
9	选址规划	115	
10	规划研究	73	
11	城中村改造规划	36	
12	规划调整	39	
13	旧城改造	27	
14	规划咨询	27	
15	其他	68	
	合　计	1748	

　　首先从表 4-1 分析,尽管《城市规划编制办法》中确定的两个阶段规划已占规划任务的一半,但另一半非法定的规划工作反映了来自规划管理实际和建设的需要,无法在已编制的常规法定规划中得到有效的支撑。一方面是法定规划未能覆盖这些区域,特别是边缘区和乡村区域。武汉市主城区外围的都市发展区控制性详细规划覆盖面积 65 平方千米,仅占都市发展区规划建设用地面积(465 平方千米)的 14%。另一方面则是部分编制的规划与管理脱节,为适应一些个体项目建设需要而编制了各类专项规划和规划咨询,但这些应急规划缺乏系统性的研究,因时间问题对单个项目以外建设要求的规划控制过于粗放和随意,从而造成同一区域内规划的重复和矛盾,并且各类规划之间的关联度和协同性不强,反而造成了规划管理的混乱。随着经济的进一步发展,多元主体利益的不断崛起,城市发展显现出多样化与复杂性。特别是在经济、社会快速发展的时期,简单秉承自上而下的规划编制提供方式,并以此确定规划编制的内容和深度,根本无法适应未来城市发展变化的需求。

其次,城市边缘区大都处于城市都市区规划范围内,其协同发展大都需要从宏观角度以跨区域发展为主来实施规划意图。以行政区域来界定规划范围的做法,比较适应计划体制下以政府为主进行城市建设的方式。但是现代大城市区域化发展趋势不可阻挡,城乡一体化、城乡统筹发展的目标要求我们必须从大的尺度视角将乡镇的发展纳入规划的统筹考虑之中。必须从规划的经济属性、功能区片的角度来看待城市边缘区的空间发展要求,面对城市边缘区中日益复杂、建设需求变动迅速的区域,传统以单元地块、硬性指标控制实现规划管理的控制性详细规划为主体的规划编制体系必须做出相应调整,以满足时代和经济发展的需求。

（4）现有静态单向规划管理审批程序

目前按新的城乡规划法的要求,城乡规划的实施和管理实行"一书二证一监督"制度,即建设项目选址意见书、建设用地规划许可证、建设工程规划许可证以及竣工验收监督。以此为核心,现行规划的实施和管理确定了三个方面的管理内容:建设用地管理、建设工程规划管理和城市规划实施监督检查。武汉市在一书两证基础上,为加大执法监督,制定了建设工程规划验收合格证的制度许可。针对乡村规划管理,《中华人民共和国城乡规划法》第四十一条提到了乡村建设规划许可证这一项制度许可。在城乡统筹发展目标下,针对实际需求的各类乡村规划管理尚待实践中予以积极探索和完善。

2008 年,为了贯彻落实《中共武汉市委、武汉市人民政府关于围绕"两型社会"建设完善城市管理体制的若干意见》,武汉市城市规划管理局提出了市区管理、分级管理、统一规划的原则,在适应不同社会发展需求方面迈出了关键的一步,但受行政体制等外部环境的约束,其核心仍是分级的一元主导模式,因为尽管对各开发区和远城区赋予了相对独立的区域内总体规划、控制性详细规划及重要地段城市设计的编制权,但审批权仍归属于市政府。只有都市发展区外非区政府所在镇（街）的总体规划、控制性详细规划和重要地段城市设计,才由所在区政府审批,并报市规划局备案。而城市边缘区均在都市发展区范围内,因此尽管城市规划范围内的管理已有了相对明确的任务和阶段划分,但其层级制的政府一元主导模式仍然没有改变。

另外,现行规划许可制度是一种静态、单向、被动的行政行为,它是"一种依申请行政的行为,不报不受理"[①]。因此,它对于活跃的外界市场经济需求以及不同利益主体和基层社会需求的反应较为滞后。仅仅依靠规划许可这种静态的管理方式显然无法满足市场条件下城市规划实施的实际需求,何况规划许可本身还存在着一些不足,例如行政许可调节的范围和力度过大,会阻碍市场机制的作用;行政许可使用不当则会造成社会资源的浪费等[②]。现代规划行政许可应是一个动态、积极的管理方式,除了日常的规划审批管理,规划成果的动态评估、规划政策的研究、规划实施的反馈机制等都是重要的发展方向。而城市边缘区的规划管理在实现城乡一体化协调管理,以及相应管理程序、规划内容、城乡统筹的规划实施保障措施等诸多方面基本上还是一片空白。面对严峻的现实状况,我们既要确保各种问题的高效、妥善解决,同时也不能大量增加上级规划部门管理的制度成本,核心应是从制度建设、内在机制方面出发,重点强化对各种行为主体的规范引导的研究。

4.1.3　目前规划机制运作历史局限性及弊端

从市场化进程的角度来看,我国与西方国家具有不同的发展特点,西方国家是从自然经济向商品(市场)经济直接过渡,而我国是从计划经济向市场经济转变,而且市场化进展还需考虑市场经济与公有制结合的问题。因此我国的市场化发展具有自身的复杂性和艰巨性。近些年我国开展了渐进式市场化改革,对资源的配置从计划加行政命令转变为市场加行政干预的模式,但行政干预由于缺乏产权约束而不能有效发挥作用,特别是在产权改革难以推进(或者说产权制度转换成本较高)的领域,政府干预效率较低或进展缓慢。比如大城市边缘区空间发展领域,由于以往法律、法规等制度建设的缺乏,制度安排成本较高。因此在这些市场经济与政府干预的集合领域内,传统规划机制具有自身历史发展的局限性和诸多弊端。

---

① 耿毓修,黄均德.城市规划行政与法制[M].上海:上海市科学技术文献出版社,2002:291.

② 耿毓修,黄均德.城市规划行政与法制[M].上海:上海市科学技术文献出版社,2002:183.

1）传统规划机制内外存在高额的制度成本耗费

伴随着市场经济的转型,特别是在全球一体化的趋势下,传统规划机制的局限性愈加明显。其一是单中心秩序下内部的不透明运作对公平、公正的民主开放价值观构成了挑战。其二是过于程序化的标准管理模式缺乏对外界环境的应变能力。其三是从制度成本来看,大量的等级及子等级设置使管理效率大大降低,且制度内耗费成本大于其收益,并且遏制了组织的创造性。同时部分人员在执行规则时会掺杂主观成分,将大量的时间和精力用于在组织内寻求个人发展的机会,而不是用于有效提供公共服务,从而导致整体组织效率的低下和僵化。

按照新制度经济学的制度优劣或有效性的评判标准,可用其制度成本及交易费用多少来衡量规划机制的优劣性。因为城市规划在发挥作用时,也会面临许多交易行为和交易费用。特别是当计划经济体制下众多垂直的管理交易转变为市场经济体制中平行的买卖交易时,必然会产生许多费用。但是在传统规划机制中,无论是编制单位还是规划管理部门,都遵循原有的计划经济体制中单一管理交易行为人的思维模式,即自上而下的规划编制体系和以我为主的建设项目审批行政程序。因此"当我们带着浓重的传统指令色彩而不是平等协商的市场经济精神干预市场的时候,我们其实是试图用内部的管理交易费用支付外部的市场交易成本"①。这种本末倒置的理念,决定了当前城市政府在边缘区空间规划管理中存在高昂的成本费用,突出表现为以下两个方面。

（1）规划管理体制内纵横的层级结构所衍生的高昂成本费用

城市规划是一个社会、经济宏观因素浓缩的空间资源配置。城市边缘区规划管理机制从横向上分析,政府组织架构是按照不同行业类别划分相应的职能部门,不同的职能部门从其归口的行业角度对边缘区的空间发展提出立足行业自身角度的产业发展规划和管理政策措施,但是条块分割较为严重,缺乏一个信息交流沟通与行动实施上协调一致的有效机制,例如边缘区生态林地纯商业模式的旅游休闲开发建设被纳入旅游或林业部门的管

---

① 李盛.制度变迁与城市规划的组织变革[J].城市发展研究,2004(2):20.

理范畴,规划部门却往往无所作为,导致一些以旅游开发规划为名的部门利益凌驾于区域整体生态环境保护的长远利益之上,产生了政府内部在规划管理上的"越位"和"错位"现象。

从纵向上考虑,某些市、区政府之间缺乏合理的规划决策权益分配机制,在一些宏观层面的问题上出现制度衍生的成本费用。因为现有的规划制度安排是一种强制性的制度变迁,实际制度供给经常会与意愿制度供给不一致,经常会出现以"上有政策、下有对策"的方式去修正上级政策,其深层次原因就是市政府作为政策制定者的利益(或偏好)与政策接受者区级政府的利益(或偏好)并不一致。这时,如果需要建立好的制度必然需要重复博弈和政策的多轮调整,制度制定成本必然会大幅增加。如果不修订,那么下级就会对新制度规则做出符合其自身利益的理解,以机会主义的态度实施新规则,从而对整体目标的实现带来巨大的沟通协调和监督实施的成本。特别是在中央财税分权改革的影响下,许多大城市也开始实行财政包干制的市区分工管理体制改革。"市级和区级政府在一定程度上成为具有不同权力和利益要求的平等的经济主体。因而其行为目标和行为方式就表现出矛盾和差异"。在城市规划领域,主要核心规划审批权力集中在市级政府手中,而在实践中,区级政府却承担大量城市建设的发展及规划实施保障的日常工作。基层政府虽然通晓当地的社会发展需求,了解规划编制及实施的重点和难点,但管理权限的有限性与地方发展经济的愿景还有较大差距,也就影响了基层政府的工作积极性。

在纵、横两个方向的权力架构下,规划管理部门面临着不同层级的上级部门的约束和限制。以武汉市边缘区范围内的规划机构为例,主要包括主城区的洪山、汉阳、硚口、江岸等分局,直属市规划局,落实市政府、市规划局的各项管理要求;但大部分区域管理属于位于远城区的东西湖、新洲、蔡甸、汉南、江夏规划分局以及东湖新技术开发区、武汉经济技术开发区等两个开发区下设区局,这 7 个分局均向其同级政府负责,仅接受市规划局的业务指导。因而远城区规划分局(开发区分局)在面对区政府(开发区管委会)经济发展需求和总体规划目标实施之间的矛盾时,会增加市、区级之间的无谓协商和监督成本。

（2）制度外与不同利益主体协商产生的巨大交易费用

现行规划从编制、审批到实施管理，基本上是在体制内单向循环。体制内部与外部，即政府与市场、政府与社会之间缺乏相互的沟通和互动，信息传达基本是单向性的，政府是发号施令者，市场、社会是被动的接受者。一方面，这些规划编制均由政府主导，其规划的目标及政策均围绕政府的工作目标而制定，与社会发展和市场需求之间是相对割裂的。另一方面，其编制技术理念也是静态地对终极目标的预判，对市场经济环境下多元主体利益的丰富诉求、错综复杂的分化博弈态势以及瞬息变化的动态发展过程估计不足或根本就没有去考虑与研究分析。因此，一元主导的规划机制是与建立民主化、透明化和高效率的社会主体目标相背离的，从而造成规划实施中的失效和乏力。

第一，在面对当前复杂多变的社会环境时，如坚持以往计划经济主导模式下的层级制有序化单纯管理思维方式，来"要求被协调的追随者理解信号并愿意服从这些信号。如果被协调的共同体是复杂的、大型的，那么这种信号就常常会被扭曲和漏失"[1]，则会造成规划管理对来自市场的社会众多信号的严重先天性缺失。边缘区中规划管理的对象既有城市扩展而渗透进来的各类开发区、大学城以及房地产等建设主体，同时也有各远城区自身经济发展所建立的工业园区以及各种乡镇企业发展主体，特别是还存在广阔腹地的乡村发展主体和众多的农民个体。不同主体具有自身的发展诉求，而且在边缘区空间资源的配置过程中，因为不同的联系和作用还会产生大量错综复杂的相互关系，给规划管理带来更大的难度，以往单中心的管理方式必然无法适应实际管理的要求。

第二，沿袭传统计划安排的管理方式，管理中的内在成本费用基本忽略为零，从而忽视管理对象从单一的国家或单位转变为不同利益群体的客观事实。而随着市场经济的深入发展，多元化社会力量的"经济活动越来越多地与国家政府的政策联系在一起，影响政府决策的力量不断增强"[2]。但目前在城市边缘区发展过程中，民主制度建设和社会组织发育等均不完善。

① 柯武刚，史漫飞.制度经济学[M].韩朝华，译.上海：商务印书馆，2000：174-177.
② 赵成根.民主与公共决策研究[M].哈尔滨：黑龙江人民出版社，2000：213.

在某些城市边缘区,管理者尚未为多元化的利益群体构建一个公开、透明、表达畅通的公众参与规划的平台以及相应的决策制度,公众对于规划的编制和管理的过程缺乏知情、申述和监督权利;同时也缺乏畅通的、予以制度化明确的利益表达渠道和方式。尽管《中华人民共和国城乡规划法》分别在第九条、第二十二条、第二十六条、第四十六条中对规划的公众参与提出了要求,在民主化建设方面发出了积极的信号。但是除第二十二条明确要求村庄规划必须由村民会议或村民代表会议讨论同意后方可报送审批,其余几条仅提出了征求公众意见的规定,而没有相应的措施和程序保障。在现有层级制度下,因缺乏相应的反馈监督机制,最终使公众参与流于形式。

各种利益集团并没有均衡发育成为相对独立的社会组织。以雄厚资金资本为核心的各种商业强势利益集团,可凭借其行业协会和商业精英们谋取的多重政治身份参与规划的决策。普通民众处于分散、无组织状态,缺乏规范、合法、能代表自身利益的组织或机构。

第三,规划编制和规划许可严格按计划指令模式予以统筹安排。这实质上仍然是一种限制式的单向管理方式,无法满足经济发展中多变的需求。以"一书两证"为主体的规划许可方式基本满足了规划建设监管的要求,但是从总体上来看规划管理还处于被动单纯的"营造管理"状态,在市场条件下需要实现向主动积极的"策划管理"方式转变[1]。比如城市规划中对边缘区内大量存在的非建设用地的规划仍处于空白,对农业用地的观念仍停留在计划经济时期,未将其视为城市产业结构中重要的一元,其产业结构研究、产业发展新趋势、产业用地布局合理规划方面均没有纳入城市规划范畴,也就无从发挥规划积极引导的作用。相反地,部分乡镇企业因自身发展需要须办理相应的规划许可手续时,因手续烦琐,导致其无法获得相关许可,只能采取违法违章行为自行处理。

因此,在市场经济复杂的社会环境中,企图沿用完全包揽的方式覆盖所有的规划编制和管理具有很多体制上的瑕疵。特别是面对不同诉求、影响力量彼此不平衡的利益群体,要达到满足帕累托最优状态的"合作正和博

---

① 耿毓修,黄均德.城市规划行政与法制[M].上海:上海市科学技术文献出版社,2002:291.

弈",必须要求政府和规划部门去协调各方利益。但这个协调过程必将产生大量的交易成本,从而导致带有理想色彩的终极目标或规划蓝图无法实现,而相应的反馈监督机制无法畅通,使得规划的实施和管理与现实情况具有强烈的反差。

2)转型时期政府企业化特征下城乡规划主导地位权威性失效

按照公共选择理论中理性经济人假设,政府也具有理性经济人的特质。而在新制度经济学国家理论中,政府被视为一种组织和制度安排,也是一个具有福利或效用最大化行为的"经纪人",其主要作用是提供市场中各不同利益主体博弈的基本规则。但其"经纪人"的角色使其在"界定形成产权结构的竞争与合作的基本规则(即在要素和产品市场上界定所有权结构)时,达到自身的租金最大化。同时它又要降低交易费用以便全社会总产出最大化,从而增加税收"①。然而这两个方面的目标是相互冲突的,按照诺思的"国家悖论"(又称"诺思悖论"),政府的权力一方面是保护不同主体利益和权利的有效工具,另一方面权力的扩张性必然导致其对个人利益的侵蚀与限制。因为"有效率的产权制度的确立与统治者的利益最大化之间存在着冲突。建立有效率的产权可能并不有利于统治者利益(租金)的最大化"②(图4-2)。

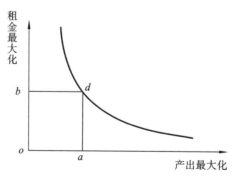

图4-2　租金与产出曲线关系

资料来源:作者自绘

---

① 卢现祥.西方新制度经济学(修订版)[M].北京:中国发展出版社,2003:193-194.

② 卢现祥.西方新制度经济学(修订版)[M].北京:中国发展出版社,2003:194.

因此,为维持、获取最大租金,统治者在提供制度供给和安排时,首先会为了自身利益最大化而维持某些低效的产权制度,如现行的土地征用和储备制度。这是因为该制度能在短期内增长政府的财政收入。在城市规模快速增长和财政各类支出大幅增加的刚性约束下,政府需要花费大量金钱去解决基础设施建设等资金短缺矛盾。另外,一些不称职的管理者只会充分利用现有制度去完成个人有限理性的"政绩工程"。

其次,在"政绩"目标的指引下,某些决策者可以通过制定一些政策和规则来实现其对某些产权形式的偏好,同样也可以通过法规政策及规则之类的方式实现对不利于其"政绩"目标的产权形式的歧视。如对集体土地使用权上所衍生的开发增值权的不认可,以及集体土地权益不能流转,只能由国家征用的政策就是一种典型的歧视。

受制于内外经济环境的交互影响,某些地方政府实际上成了"超级企业":既拥有一般企业无法获得的公共资源(土地、环境、公共设施等),又拥有企业所不具备的行政权力、制定竞争规则的权力(如税收政策、城市规划)以及规避风险的特权(如银行贷款、融资等)。在应对激烈的外部竞争环境时,强大的行政力量往往可以迅速产生激发效应,因而地方政府单一推动下的城市空间发展对于快速积聚优势资源,促进城市总体结构性调整、战略性空间的成长、城市景观面貌的改善并进而提升城市竞争力等,都具有明显的积极作用(张京祥,罗震东,何建颐,2007)。特别是城市规划作为公共政策的一个重要方面,地方政府为推行其政绩目标,促进地方经济的发展,通过城市规划的调控手段实现空间资源的扩张,但是在此单一政府主导机制下,政府意图与市场规律经常是不和谐的,从而导致城市空间的极大浪费。如各类大学城、产业开发区的土地不集约化利用,甚至荒废;各类飞地发展带来的城市用地结构的不合理,均是政府在企业化理念下与市场和公众之间产生了利益的错位。若不称职的管理者滋生出了自身的利益诉求,其所代表的就不再是完全意义上的"公众利益",于是不可避免地出现了"与民争利""与市场争利"的寻租行为。所以此单一主导模式所带来的城市空间发展的各种优势和"积极效益"实质上是以牺牲整体制度的完善、社会的公平、城市的可持续发展为代价的。

　　最后,在分权化、市场化和全球化等的共同影响下,在中国的经济转型时期,中央和地方的分权化改革极大促进了城市的自主能力,强化了地方政府的权力,产生了"地方政府利用自己对行政、公共资源等的垄断性权力转变为经纪人,追逐特定利益集团的经济与政治利益[1]"的奇异现象。即企业化模式的城市政府主体和城市经济载体中发挥主导作用的各类企业或经济集团,在促进城市经济发展、保障税收来源和就业岗位的前提下,二者结成联盟,形成了"城市增长机器"(urban growth machine)。因经济利益的驱动,企业大力推动了城市的空间扩张,一方面凭借征地获取大量低廉的土地资源,另一方面又通过城市政府的资源平台,由政府出资无偿配套各类基础设施。全球化背景下,为吸引外资,各地政府开出了各类优惠条件和政策,甚至零地价、免税收和无偿按要求高标准配套各类市政基础设施。某些地方政府吸引外资的成本是极其高昂的(包括潜在的巨大风险、对土地的大量占用和对生态环境的破坏、对民族工业和自主创新的抑制、非常有限的财政和就业岗位贡献等),从长远的收益来衡量或许还是一个"赔本的买卖",某些跨国公司利用资本做诱饵,全面干预国家和城市的发展过程[2],特别是对城市边缘区的空间形态演变产生了深刻的影响。

　　同时因城市政府的企业化,其对短期可预计的利益予以重点关注,对长期利益的短视则会造成对近期无利益化地区管理的真空和失控,特别是对城市边缘区,因缺乏宏观城乡统筹规划和具体政策及技术指导,各类乡村组织为了自身的发展,自行引进各类城市发达地区无法生存的高污染、高能耗企业,或简单利用其资源优势,进行了大量产出效能低下的砖窑建设、矿山的粗放开采以及其他违法违规产业建设,造成生态资源的极大破坏、土地资源的低效使用和浪费。

　　政府具有企业化特征的同时又拥有强大的行政资源,为了自身目标的有效推进,必然会要求强化现有的政府单中心主导的干预和管制方式,这种

---

　　①　张京祥,罗震东,何建颐.体制转型与中国城市空间重构[M].南京:东南大学出版社,2007:143.

　　②　张京祥,罗震东,何建颐.体制转型与中国城市空间重构[M].南京:东南大学出版社,2007:214.

方式有利于上级命令的传达和目标实现,但却容易造成大量所有制的残缺,其中"排他性"和"可交换性"权利的缺失是某些地方政府主导干预的最大弊端。

产权排他性是指决定谁在一个特定的方式下使用一种稀缺资源的权利,即除"所有者"外其他任何人都没有阻止他人使用资源的权利[①]。政府对一些公共产权(如公共资源、绿地、生态湿地)的非排他性产权界定似乎人人都能享有此公共资源,结果却导致公共资源被过度使用,人人都不能很好地享用此资源。如规划中划定的生态湖泊用地,没有对湖泊利用的权利予以认定和约束,农民在湖泊中围湖养殖,旅游部门在其上开发各类活动,附近的工厂或社区则向其中排放污水,再加上填湖造田,从而导致湖泊资源被急剧破坏等悲剧。"太湖"藻华现象就是一个典型案例。

另外"可交换性"权利是新制度经济学中产权权利束的基本权利之一。产权"可交换性"是指所有者有权按照双方共同决定的条件将其财产或资源转让给他人。所有权的可转让性促使资源从低生产力所有者向高生产力所有者转移[②]。现状国有土地的"招、拍、挂"促进了土地资源的有效转移和配置,大大提高了土地的价值和效率。但乡村集体土地流转等有关权利的缺失必将导致资源配置的低效,同时也会增加集体产权运作的社会成本。如:对农民的住房产权及宅基地可交换的限制,加剧了农村宅院的不断建设和废弃,一户多宅现象较为普遍,并且导致了"空心村"的不断蔓延,不利于引导宅基地资源的优化配置及新农村的健康发展。北京师范大学对全国23个省107个村的调查样本数据显示,存在一户两宅和一户多宅的有69个村,占65%;而存在宅基地闲置的村有43个,占40%,反映出农村宅基地闲置问题十分严重。特别是进城务工农民在城市就业和举家迁城后,因担忧未来养老缺乏保障,仍然占有此资源,造成农村宅基地及房产资源长期闲置浪费,再利用效率较低,集体组织没有收回或无法收回这些闲置的宅基地,从而造成大量乡村建设用地的分散与无序扩张。这既不利于土地的集约利用,也

①　德姆塞茨.一个研究所有制的框架[M]//科斯,阿尔钦,诺斯,等.财产权利与制度变迁——产权学派与新制度学派译文集.上海:上海三联书店,上海人民出版社,1994:192.
②　卢现祥.西方新制度经济学(修订版)[M].北京:中国发展出版社,2003:170.

不利于新农村居民点的基础设施及公共服务设施的建设与高效使用。

以上分析表明,某些地方政府在产权重构实现收入再分配过程拥有绝对话语权。政府如果在制定规则时,将"产权当作一种政策变量而非制度变量,必将产生大量无效产权"。任何寻租活动的最终结果都是社会资源的浪费而不是社会剩余的增加(布坎南)。因此城市规划的编制和管理就会沦为一种需要程序合法通过的工具,地方政府可以依据阶段不同的近期经济发展目标而对关注长远利益目标的城市规划不断修改调整,从而为近期各类协调问题让路,成为需要时的"尚方宝剑",不需要时的"拦路虎",其权威性必将大打折扣。因此如何破解"诺思悖论",在规划机制的建设中更好地发挥政府制度建设中的积极作用,限制其消极作用是当前城乡统筹规划机制创新的关键。

3)制度残存价值所导致的公众力量缺失

按照制度经济学的分析,一个制度的创新与安排会经历三个阶段。当制度进入僵滞阶段后,制度变迁(创新)就会产生。但从制度的形成来看,如果国家没有主动采取强制性变迁,依靠社会自身演化只会产生诱致性变迁,其变迁周期较长。但是无论采取何种变迁,其制度的创新和变迁因利益摩擦和阻滞因素都会存在一定程度的时间滞后,此时现存制度安排就会有残存价值,特别是在体制转型时期,原有制度产生的价值越大,抛弃它建立新制度的成本就会越高。如同一台尚未报废的机器设备,残存价值越高,设备更新也就越慢。

如果在转型中采取"休克"疗法,可使制度残存价值不复存在,但会产生巨大的社会动荡和阵痛,比如苏联和东欧社会主义国家的激进式改革是对原有制度体系的完全颠覆,以求建立标准的自由经济市场模式。但是改革结果并没有带来预期的企业治理结构的改善和原国有资产的有效重组,反而引起了产出大幅降低、失业率升高、高通货膨胀率等一系列问题,造成了大幅度的经济衰退。20世纪90年代中期以后,以科尔纳、麦金农、默雷尔等为代表的制度演进主义的影响日渐扩大,他们提出了改革的过程应该缓慢到足以避免社会生产组织崩溃的程度,采用渐进式改革可以为改革的成果提供有用的信息,并且当出现不利结果而需要逆转改革时,代价也将小得多。渐进式改革鼓励、刺激私有部门中体制的自我形成,可保留双重经济体制的运行方式和旧制度的残存价值。因受我国国情影响,中国的改革是一种渐进式制度变迁(创新)方式。特别是长期受传统计划经济体制的影响,双重体制摩擦导致的制度变迁的替代成本要高于建立成本。因此加快创新步伐、优化制度环境是转型期制度变迁的关键。但在创新中必须看到技术进步并不能完全代替制度变迁促进经济、社会发展的作用,相反地,制度的内在创新"在没有发生技术变化情况下亦能提高生产率和实现经济增长"。因为新制度的建立可以减少交易成本,减少个人收益与社会整体效率之间的差距,激励组织和个人积极从事相应的生产,从而促进经济增长。

一方面,在如今的城市规划领域,单中心层级制的规划管理模式的变革是制度创新的核心。规划技术手段、方法以及理念的进步并不能改变现有的制度环境存在的单一僵化方式,以及由此所作出的规划行为的被动与滞后。单中心层级制规划管理机制的自上而下的方式来源于单中心理论中公众对城市规划的需求没有差异的判断。同时我们自身也认为城市规划是由政府单一做出的公共政策,与社会民众关系不大。但事实恰恰相反,城市边缘区不同的群体对城市规划的需求不尽相同。如果以一种单一静态的思维来思考城乡问题,按城市的发展模式来简单处理利益主体更复杂的城乡统筹问题,可能导致规划成果供给上的共性要求过多而忽略个性,注重集中式生产和批量供给而忽略城市乡镇、农村不同社区中居民的文化传统、精神需求以及对公共事务参与方式的不同追求,使城市边缘区空间发展成为城市生活的简单复制与蔓延,而忽视了城市复杂性特征的塑造。

另一方面,按照制度经济学路径依赖的相关分析,因为既得利益集团在渐进式改革中具有充分放大制度残存价值的强烈意愿,以确保其继续在现有制度安排中获得利润,进而阻碍规划决策中基层社会群体深入参与规划协作的可行性,仅仅只是把公众有限度参与作为维持现有制度结构的辅助手段,所以现行一元主导模式规划机制不仅缺乏对规划知识的普及及宣传学习,而且沉醉于创造新的、深奥的名词与概念,没有设置一种城市规划走向普通民众的大众科学知识传播途径,从而在专业技术知识普及层面上无

形中设置了门槛,进一步阻碍了社会民众的参与热情,延缓了城市边缘区空间规划机制创新的进程。

4.2 一元主导的规划机制制度缺陷

新制度经济学将微观经济学中的"需求-供给"分析拓展到了制度领域,从制度的内在运行规律中分析外生变量如宪法秩序和规范性行为准则与制度安排等内生变量之间的联系,提出了制度的"成本-收益"分析理论。该理论认为:制度的创新和建设是一种复杂的社会活动,其活动的内容和方式具有很高的不确定性。因此,如果人们对既定制度安排和制度结构比较满意时,就会认同制度达到了"帕累托最优",即现有制度所安排资源配置已能保证所有人的使用效率最高,此时可以认为该制度状态为制度均衡;反之,则为"制度非均衡"。而制度变迁或创新就是制度非均衡向制度均衡演进的过程,其发展轨迹就是制度变迁的轨迹。因为在经济发展过程中,制度均衡只是一种理想状态,而制度非均衡才是一种常态,其类型主要有制度供给不足和制度供给过剩两种。在一元主导体制下,规划缺失和滞后与规划过度干预则是一元主导下规划机制的具体表征。

4.2.1 规划缺失和滞后导致制度供给不足

在制度经济学的诸多制度供给不足类型中,体制性制度供给不足在规划管理领域尤为明显。因为在一元主导的层级制体制中政府处于垄断地位,对于制度需求者来说只能接受政府供给的某种制度,而不能在众多制度中择优选用。政府主导的意愿供给不是建立在一致性同意基础之上,因而与实际需求供给不一致,导致供给不足。远离市场前沿的规划管理模式造成了规划部门与市场日渐疏离,对实际的管理需求缺乏了解和供给的动力。

在我国某些城市边缘区空间发展的规划供给方面,这种供给上的缺失尤为突出。对于边缘区城市扩张中涉及的乡村、城镇的大量变动区域,存在生态保护环境容量承载力与城市人口剧增的冲突,城乡统筹一体化发展需解决的新农村建设滞后,远郊区工业园建设无序与低效等诸多问题。现有由政府按照计划指令模式安排的规划编制与供给,无论是从内容上还是覆盖区域,以及时间周期上都无法及时满足边缘区空间城乡一体化的发展需要,因而也时常滞后于区域经济发展的需求。再加上规划编制层级制管理模式下的编制周期和审批时间较长,导致规划编制完成之日就是修编开始之日,规划编制和管理总是处于一种被动和疲于奔命的状态,也就更加无法发挥其积极主动的控制引导作用。

同时,新制度经济学也认为在以权力为主导的集权体制下的制度供给中,权力中心会压制公众通过非制度行为所提供的萌芽性质方式创新的动机与行为,制度创新往往成为一些所谓精英人物的"专利品",同时制度创新所需要的费用约束往往使一些潜在的制度供给难以转变为现实的制度供给。正式规划决策中的"精英"模式导致了由少数人所提供的有限规划供给与社会大量需求之间的脱节。特别是规划管理的层级制审批制度,决定了最终规划实施行为由少数人拍板决策,而规划编制则由部分技术精英们按照权力中心设立的目标,去发挥有限理性解决无限的现实问题。以往的规划编制体系忽略了城乡一体化,特别是对边缘区非城市建设区域的规划及管理基本为一片空白,城市总体规划总是站在城市的立场,缺乏城乡统筹的概念,对城市建设区外的边缘区缺乏深入的研究,导致了边缘区空间发展的无序与混乱。与此同时,面对边缘区发展中的生态农业、观光农业等新形态,规划从内容标准甚至用地分类上都未做好准备,相应的规划编制及管理应对措施也就无从谈起。在市场经济因素的推动下,边缘区的发展也良莠不齐,一些无序发展反而对生态环境及耕地保护带来了深层次危害。如全国各地蓬勃发展农家乐所带来的环境污染,因基础设施和污水处理设施的落后,对一些优质农田造成了危害。

4.2.2　规划过度干预导致的制度供给"过剩"

制度供给"过剩",是指相对于社会对制度的需求而言,有些制度是多余的,或者一些过时的制度以及一些无效的制度仍在发挥作用[①]。尤其在一元主导的规划供给制度变迁中,制度供给过剩所导致的过度干预问题特别突出。造成这种现象的原因有两种。

一是从制度供给角度分析,在政府主导型制度变迁中,由于政府主体相

---

① 卢现祥.西方新制度经济学(修订版)[M].北京:中国发展出版社,2003:147.

对非政府主体无论是在政治力量还是资源配置权力上均处于优势地位,其博弈结果是政府自上而下按其意愿提供强制性供给。但由于目标函数与约束条件的差异,二者对某一新的制度安排的成本与收益的预期值不一致,就难以避免会产生政府强制性供给不符合非政府主体的制度需求,从而造成制度供给过剩。

如某些城市边缘区土地征用补偿政策中,补偿标准与农民满足自身的生产生活补偿要求产生巨大反差,以及对集体建设用地上的"小产权房"政策是站在城市利益和城市房地产发展角度,对"小产权房"的流通采取禁止的规定,而不是从乡村发展以及城乡统筹角度,通过对其产权的合理界定以及规范管理机制方面予以制度安排。滞后并且不完善的制度会造成乡村实际发展中的无序、混乱与大量违法建设,给耕地的积极有效保护带来更严重的后果。例如在武汉市城市边缘区重点生态地区规划中,市、区级政府反复编制多项内容相似的保护或发展规划。以东西湖区的金银湖地区来分析,该地区陆续编制了金山大道城市设计、泛金银湖地区规划、金银湖分区规划、东方马城地区专项规划、环金银湖商贸区城市设计等许多规划成果,因规划背景和规划理念不同,一些区域的规划控制要求也就不同,导致规划管理部门不知道该遵循哪个规划。为解决规划过多的问题,该地区又开展了综合各类成果的控制性详细规划的编制工作。同时存在不同行政部门编制同一地段不同类型规划的问题,如黄陂盘龙城地区,既有规划部门编制的分区规划、历史地段规划,也有旅游部门编制的专项旅游规划、文化部门编制的历史文化保护规划。这些规划因不同行政主管部门自主编制,涉及的规划范畴以及规划目标不一致,对空间管理的要求也不尽相同,缺乏相应的协调统筹,对基层的具体实施管理和建设造成了更多的阻碍,而不是有效促进和提高效率。

此外,政府干预政策的延续性也易导致制度供给过剩。因为过度扭曲的政策会形成较大的租金,对于该政策的受惠者来说,就会成为努力维护该政策的既得利益集团。在现存的制度安排中形成一种既得利益格局,这些既得利益集团就会拼命为维护现有格局而不惜付出更大的寻租成本,以求形成一种"路径依赖",并充分利用政府的公权力对市场予以过度干预。如在武汉市开发强度管理相关文件中,对政府打包的资金平衡项目,在规划确定的强度标准基础上平均上浮 30%～40%。这些过多地照顾特殊集团的管理措施,会造成其他通过市场创利的经济主体处于不公平、不平等的市场准则环境之中。

二是从制度需求角度分析,制度供给过剩与管制需求密切相关。按照斯蒂格勒的分析与管制的公共利益理论,与之形成鲜明对照的是某些地区政府管制并不是完全出于克服"市场失灵"的目的,而是出于利益集团的需要。因为在管制下,其他企业被限制进入,市场竞争失去了作用,一些相关利益集团通过种种手段以求获得特殊的垄断地位和保护政策。城市规划编制中对总体规划、分区规划甚至控制性详细规划的编制机构的管制以及土地征用中评估机构的资质认定管制均是制度过剩的反映。规划机构的管制,实际是对规划决策的垄断,是无形中将相关利益主体排斥在外的多余制度。这些诸多的制度供给过剩也制约了城市边缘区的深层次改革发展以及城乡一体化健康发展的进程。

总而言之,制度的非均衡主要体现在供给不足和供给过剩两个方面。制度非均衡的内在缺陷就是在于一元主导的制度结构模式。供给不足与供给过剩均表明潜在利润存在,制度创新能弥补不足,取消过时制度能完善制度结构,增加整体效益,促进制度的帕累托改进。因此要解决资源重新配置,必须从改变现行国家层面一元主导制度安排模式入手。

4.3　理论引入——多中心理论的概念和内涵

我国在改革开放初期,为了减少经济震荡,选择了渐进式改革,主要的特征就是双重规则、双重体制、先试点后推广、政府主导。渐进式改革的变迁模式是以强制性变迁为主导的,从而构成了政府一元主导的运行模式。但随着我国对外开放的深入,特别是加入 WTO 以后,市场经济规则所约束的国民待遇原则、公开透明原则等将对政府一元主导的改革模式产生巨大冲击。必须调整改革思路,特别是面对市场经济下多元利益主体的不断涌现,应思考选择何种的制度变迁方式以确保改革的预期收益大于改革的成本,体现改革的综合效率。

4.3.1　多中心理论背景

随着科学技术的发展和人类社会的进步,现代大都市无论在复杂性还是重要性上都远远超过历史上的任一时期。刘易斯·芒福德对大城市发展的六个阶段的分析,提出了基于对基本价值的追求,使聚集于城市的人类在遵循各种"有助益的"规则基础上形成了自生自发的社会秩序以及空间秩序。随着城市人口数量的不断增长与质量的不断提高,这种自生自发的秩序也随之扩展,从而要求城市的治理模式与之相适应。因为,如果不将人的发展作为社会发展的首要目的,继续"推行官僚主义的权利统治和中央集权,牺牲人类的自由交往联系和独立自治的发展"[1],那么大城市将走向死亡的边缘。城市自生自发的扩展将远远超出单中心秩序的能力范围,如果不改变单中心计划秩序的支配地位,甚至进一步强化这种专制集权模式,则会扼杀自生自发的秩序,最终导致城市的死亡;同样地,如果不转型,只是采取分权的城市治理手段,只能延缓城市发展与治理之间的矛盾,无法彻底解决,二者之间的矛盾迟早会被激化,处理的成本会更高。所以,只有坚持整体转型,将城市治理模式从全能管理彻底转变为有限管理,与社会自生自发的发展模式相适应,才能全面促进社会的健康可持续发展。因而自生自发秩序应是大都市发展主导秩序,特别是伴随全球化、信息化的迅猛发展,大城市人口数量不断增长、人口构成日益复杂,城市区域网络化的发展将逐渐成为人类活动组织动态、自我扩张的主要形式,自生自发的社会秩序必然而且已经成为现代大都市的定义性特征,作为大都市空间扩展的唯一地理资源载体——城市边缘区,则是该主导秩序的主要演化区域。

面对大都市空间扩展中边缘区内更多的、复杂的活动主体,其所产生的多中心空间发展需求必须从多中心城市治理角度予以研究。这一认识的发展无疑对城市规划理论提出了新的要求,即如何适应自生自发秩序的多元化需求。德国学者 G.阿尔伯斯认为,"城市规划可以大致定义为:在城市或者镇、区的层次上,致力于组织与人的需要相一致的、和睦共处的空间秩

---

① 刘易斯·芒福德.城市发展史:起源、演变和前景[M].宋俊岭,倪文彦,译.北京:建筑工业出版社,2005.

序"①。从这个角度看,城市边缘区的相关规划理论将成为一种社会理论,从关注如何进行空间布局和发展趋势的研究转变为关注社会与空间发展的内在规则和管理制度的研究,某种意义上这正是从"实然"(What is)向"非实然"的转化。

现代大都市的定义性特征决定了大城市边缘区治理模式必须从单中心向多中心转变,将维护和促进自生自发秩序的扩展作为边缘区空间发展的主要目标。治理的多中心是构建空间发展多中心的基础,缺乏治理的多中心制度结构,空间发展的多中心可能只是一个躯壳或表象,无法真正形成一种高效的体系。

20 世纪八九十年代以来,世界上兴起了"治理"(governance)的热潮。治理的兴起源于社会科学各界对原有范式的不满。社会科学中原来流行的过分简单化的非国家即市场的两分法,越来越难以厘清日益繁杂的社会生活,于是治理便被视为缺失了的第三项被提了出来,它对非此即彼的两分法既是批判又是补充②。与统治不同,治理指的是一种由共同的目标支持的活动,这些管理活动的主体未必是政府,也无须依靠国家的强制力量来实现③。从统治向治理的变革,实际上是一个国家权力向社会回归的过程,是一个还权于民的过程。其实质就是要在政府之外,在不同层面建立起多个权力中心,将原先由国家独立承担的职责移交给社会,使私营部门或公民自愿团体在特定的领域里与政府合作,分担管理社会公共事务的职责,共同实现对社会公共事务的有效管理④。转型期的大城市边缘区空间发展的多中心模式正是以多中心治理观念替代传统计划体制下单中心思维逻辑作为基本支撑的。

针对单中心管理秩序所引发的矛盾,文森特·奥斯特罗姆、查尔斯·蒂伯特和罗伯特·瓦特等学者于 1961 年针对大城市地区复杂组织的绩效,提出了大城市地区地方管理多样化的多中心政治体制,简称"多中心"理论。

① 阿尔伯斯.城市规划理论与实践概论[M].吴唯佳,译.北京:科学出版社,2000.
② 宁骚,胡启生."治理"理论及其运用[C]//上海市社会科学规划办公室,上海社会科学院信息研究所.国外社会科学前沿(2000).上海:上海社会科学院出版社,2001:96-97.
③ 罗西瑙.没有政府的治理[M].张胜军,刘小林,等,译.南昌:江西人民出版社,2001.
④ 潘小娟.中国基层社会重构——社区治理研究[M].北京:中国法制出版社,2004:204.

"'多中心'意味着许多在形式上相互独立的决策中心……他们在竞争性关系中相互重视对方的存在,相互签订各种各样的合约,并从事合作性的活动或者利用核心机制来解决冲突,在这一意义上大城市地区各种各样的政治管辖单位可以以连续的、可预见的互动行为模式前后一致地运作。也在这一意义上,可以说他们是作为一个体制运作的"[①]。

多中心理论的提出对如何开展高效的公共品和服务供给提供了新的思路。以往对城市规划等公共服务的研究都是一般化的研究,在传统的公共事务的治理模式中,一般认为公共事务应该由政府垄断,由政府进行生产、提供和配置。而在后来,认为市场应该介入公共事务治理,建立起以市场为核心的纯粹的"私有化"思路也甚嚣尘上,所采取的方案是"运用亚当·斯密的秩序概念来处理所有的私益物品,而用霍布斯的主权国家概念来处理所有的集体物品"[②]。可以说,不论是政府垄断还是纯粹的市场提供,都没有跳出"政府-市场"这种非此即彼的治理模式,从本质上讲,都属于单中心的治理思路,因而各有缺陷。政府垄断公共事务会造成公共物品供应的单一,无法满足多种偏好,而且会导致政府权力扩大、效率的丧失以及寻租腐败等一系列问题。由于市场是以"成本-效益"为核心的处理思路,因此,"私有化"策略在公共事务的处理方面会导致"公共性"的缺失和公共利益的不足,造成公共事务的"公地悲剧"。殊不知,面对复杂的公共服务管理,不仅仅只有市场和政府两种秩序管理。

多中心理论则跳出了传统的思维局限,主张政府和市场既是公共事务处理的主体,又是公共物品配置的两种不同的手段和机制;主张在公共事务的处理中,既充分保证政府公共性、集中性的优势,又利用市场的回应性强、效率高的特点,综合两个主体、两种手段的优势,从而提供一种合作共治的公共事务治理新范式。即在地方的公共经济中,通过大、中、小不同规模的政府和非政府组织既相互竞争,又相互合作的关系,完全可以实现秩序和比

---

① 奥斯特罗姆,帕克斯,惠特克.公共服务的制度建构[M].上海:上海三联书店,2000:中文版序言 P11-12.

② 奥斯特罗姆,帕克斯,惠特克.公共服务的制度建构[M].上海:上海三联书店,2000:中文版序言 P3.

较高水平的管理绩效。

4.3.2　多中心理论的内涵

奥斯特罗姆夫妇(Vincent Ostrom & Einor Ostrom)将源自波兰尼的"多中心"秩序予以演化,形成了系统的多中心(poly centricity)自主治理理论,并进一步从制度分析角度证明,多中心治理模式是对人类社会自生自发扩展秩序的积极响应,并适用于人类事务的所有制度。

多中心理论发展了以是否具有竞争性和是否具有排他性为标准的物品分类方式,指出我们所说的大部分公共物品都不是严格意义上具有非竞争性和非排他性的纯公共物品,而表现为具有一定竞争性或排他性的准公共物品。这一特性的区分就使得在公共物品的生产公共事务的治理上,可以通过产权契约安排由相互独立的分散主体提供,从而将传统的铁板一块的公共物品按照地域、特性等方面予以分散。每个部分拥有该物品的有限生产权或公共事务的有限处理权,对自己生产的物品、提供的服务承担责任。每个单位或主体既相互独立,同时又具有千丝万缕的联系。多中心治理试图在保持公共事务公共性的同时,通过多种参与者提供性质相似、特征相近的物品,从而在传统中由单一部门垄断的公共事务上建立一种竞争或者准竞争机制。通过各个生产主体之间的竞争,来迫使各生产者自我约束,降低成本,提高质量和增强回应性。并且,公民还可以根据各生产者的相对优势,按照自己的意愿,在各个生产者之间进行选择。

城市边缘区空间规划机制应是围绕边缘区内空间发展中涉及规划公共事务的有效管理、实施和运作,即通过对各类规划管理问题的迅速解决,各种城市规划服务的高效率提供等方面从制度安排角度予以优化完善。它意味着在为实现城市规划的持续发展绩效目标中,强调由社会中多元的独立行为主体要素(个人、商业组织、公民组织、政党组织、利益团体、政府组织),基于一定的集体行动规则,通过相互博弈、相互调适、共同参与合作等互动关系,形成多样化的公共事务管理制度或组织模式。在众多独立决策主体相互作用时,并没有一个拥有"终极权威"的机构去行使垄断性的权力,决策权力处于高度的分散状态。按照多中心理论模型的假设,其具体内涵包括以下几个方面。

①城市规划作为一种公益性的公共服务产品,其生产提供方式和使用消费方式具有很大差异,存在多种利益主体要求,公众特别是农民群体积极参与协作生产,来补充规划编制者的不足之处。

②城市边缘区内的不同区域、不同村庄及乡镇的居民因文化、风格、血缘因素内在联系产生的类聚性,而对公共服务具有共同偏好或价值观,且此共同偏好因地理因素不同而对规划服务具有不同需求。

③从地理空间上看,一般大城市边缘区均位于两个以上行政管辖叠合区域,因此边缘区内的居民或农民可以通过比较不同管辖单位的绩效,自主选择有利于自身的城市规划服务。

④大城市地区因科技及第三产业发达,可以存在许多城市规划服务的提供者或生产者,使得规划管理者能够为公众有效地选择生产者,并通过招标、投标或与其他生产者签约来约束绩效较低的生产者。

⑤为获取更多市场份额,城市规划的生产者或提供者将通过更多技术创新,积极主动地为规划部门或公众提供高质量的规划服务,并开展有效的团体和协作生产以提高整体绩效。

多中心理论所具有的特色完全不同于单中心的行政管理模式,它作为城市边缘区规划理论发展的重要方向,无疑是深入比较、思考转型期中国大城市边缘区空间发展制度建设的重要参考。

4.4　多中心理论与单中心理论比对分析

4.4.1　内在行动秩序的差异分析

秩序(order)是社会生活中各种各样的诸多要素相互作用而形成的一种相互关联的、极为密切的有序关系。按照迈科尔·波兰尼的秩序论,单中心秩序是指直接凭借外部权威,为实现一个共同目标靠指示、命令来计划或建立的行动秩序。这种人造的秩序即是"组织",或曰计划秩序。这种秩序被一个最终的权威所协调,并且通过一体化的命令结构来实施控制。在这种秩序里,存在着严格的上下级关系,并且,该秩序依靠上下级之间单向的"指挥—服从"的决策与执行链条来维系自身的发展,这种秩序也被称为"一元的单中心秩序"。现行规划机制均是来源于计划体制下的单中心一元主导秩序论。城市政府是城市辖区范围内的"无限"政府,处于绝对主导地位,实施全能化管理,为高效逐层落实上级意图,只能采取单中心层级制管理模式。

而另一种秩序与上述秩序相反,一方面,它同时存在着许多相互独立的行为单位,这些单位或者组成部分能够"计算受风险和不确定因素影响的潜在的成本和收益",促进自身利益的扩大;另一方面,体系的各组成部分之间受一般性规则的制约,又可相互调适,使利益相关的决策者、各独立单位之间相互作用、相互影响,保证整个秩序的稳定和运行,从而使这一体系成为富有活力的系统。这种秩序就是"多中心秩序"。多中心秩序是间接的,因行为主体都自发自愿地服从共同承认的规则而形成的行动秩序。城市政府是城市辖区范围内的"有限"政府,城市管理是多中心有限管理模式,市民的自发与自主治理成为城市管理的主要组成部分。

按照迈克尔·麦金尼斯所述,单中心体制是"决定、实施和变更法律关系的政府专有权,归属于某一机关或决策机构,该机关或机构在特定社会里,终极性地垄断着强制权力的合法行使"。而多中心体制则是指"许多官员和决策机构分享着有限的且相对自主的专有权,来决定、实施和变更法律关系"[①]。

单中心的行动秩序是人为设计或者指挥的,拥有垄断性地位的机构或官僚代表,通过一体化的层级制命令结构行使决策职能。各类信息和命令是在体制内循环,反馈的信息仅仅是上下级之间的沟通与协调,决策者对外界反映的需求信息判断,来自下级的信息收集、梳理、筛选后的整合汇报。因此信息缺失是不可避免的,决策中的判断与实际的要求不可避免会出现相应的不同步或滞后。

多中心的行动秩序是众多的决策单位在一个多方达成意愿的规则体系中,各自独立地相互作用,但并没有一个机关或者决策机构拥有同样的权力,更没有一个权力会凌驾于其他权力之上,决策权力处于高度的分散状态。"多中心"一词已成为一种思维方式和理论框架,更成为公共物品的生

产与公共事务的治理模式之一。多中心意味着在规划机制等公共物品生产、公共服务提供和公共事务处理方面存在多个供给主体。

4.4.2　不同治理结构的内在比较分析

"与单中心的集权和分权结构相反,多中心治理结构为公民提供机会组建多个治理当局。根据公共物品与服务的性质和范围,多中心的制度安排把有限的但独立的规则制定和规则执行权力分配给无数的管辖单位(如各级政府部门)"①。这样每一个管辖单位都能在特定地理区域的权限范围内行使重要的独立权力去制定和实施规则。所有各级政府单位都具有独立但有限制的权力,没有任何个人和群体拥有绝对主导权威可以凌驾于法律之上。同样地,多中心体制中,不同政府单位行使权力的本质差异极大,其中一些是行使一般目的的权力,提供内容广泛的公共服务;另外一些则是只能行使特殊目的职权,提供相对单一的公共服务;还有一些是针对特殊对策而行使特殊公权的基层组织。因此,公众和政府以及政府不同部门之间可能存在多样化关系。多个不同政府单位提供了实现不同规模经济、表达不同主体利益偏好的机会。它的特点完全不同于单中心模式下的官僚制组织体制。

多中心与单中心并不是两种截然相反的处理方式,不是简单地通过将单个决策中心分解为多个独立的决策中心,而是由多个互相之间既有关联又有重合交叉管理关系的行政单位,从不同的管理范围、不同的地域空间、不同的工作层次上共同为一个集体消费单位提供某种公共服务。从宏观角度讲,多中心治理意味着政府、市场的共同参与和多种治理手段的应用,这才是多中心的实质。

(1) 从成本-需求角度综合考虑不同利益主体的服务诉求

单中心理论中,在相对简单的系统中靠自上而下的命令来协调,有目的组织和合作可以相当有效。但当协调任务变得复杂时,多中心的自发的有序化就显示出优越性。当系统面临不可预见的演化时,这种优越性则更为突出(柯武刚,史漫飞,2002)。因此,多中心理论强调对不同利益主体的

---

①　张京祥,罗震东,何建颐.体制转型与中国城市空间重构[M].南京:东南大学出版社,2007:172.

互动中可能存在的相互策略影响行为以及信息成本及实施成本的综合考虑,通过一些竞争性的制度安排,从帕累托改进角度实现对不同利益主体策略行为的引导及协同。

在城市边缘区空间领域,公众(包括乡村农民)、政府和执行政府意图的规划管理部门、各类市场或非市场组织以及负责各类规划编制的技术服务人员,可被看作影响空间发展的四类利益行为者的化身。多中心理论的假设分析则真实地反映出社会公众对公共利益的内涵、主体诉求与各类组织实施自身利益行为的途径和方式,管理者或政府部门的利益追求和标准(包括政绩追求)之间的反差以及由此带来的规划行为与公众意愿的偏差、规划实施策略与市场经济发展轨迹的阻滞。

(2) 倡导城乡规划社群(乡村)自主治理新方式

单中心理论由于过于强调信息命令传达是在严格的权威分层结构中进行的,其追求的目标在于确定性和效率,为强化层级管理中心权威和效率,对非体制外的公众参与行为持排斥态度。其制度安排是为保证决策信息的确定性,并最大限度摆脱各种人的主观能动性干扰,使同样的决策能在同样的环境中得以复制。这种纯粹的制度能够实现制度成本最小化。如果采取公众参与方式,则会对现有制度结构产生极大的因协商、协调、修改而引起的外来制度成本,从而阻碍单中心层级体制的这种"能够用最有效率的方式来控制众人为追求特定的目标而共同进行工作"的结构体系。

另外一种极端方案则是政治学家和政策分析家们为解决政府体制过于集权、僵化、缺乏绩效的问题,建议实行的市场化模式。但是其解决问题的思路却是单中心秩序下依靠外来约束力的唯一化模式,区别只不过在于外来约束力是源自政府强制力还是市场机制的自由竞争力。表现在城市边缘区中,就是认为城市边缘区发展推动力只能依靠政府的统一干预或全市场条件下的企业开发参与,而认为社会公众特别是广大农民群体只能被动接受,忽略其作为空间生活主体应发挥的巨大潜力作用。

2009 年诺贝尔经济学奖获得者美国的埃莉诺·奥斯特罗姆教授关于制度的"多中心理论"则提供了一种崭新的替代单一中心秩序的选择,也是对简单忽略公共经济中公共服务自身特点的全盘私有化的否定。该理论强调的是个人或者社群团体在可替代的公众服务生产者之间进行选择的自由,并在此基础上提出了"社群自主治理":"社群可以决定直接解决某些共同的问题,他们可以决定他们要什么,然后与其他某个组织签约来提供这些服务。他们可以决定某些问题最好留给更具有包容性的政府单位,或者通过创造类似于市场的安排来解决。"[1]而且该理论可以推广应用于"分析和诊断与现实中大量集体物品相适应的各种各样的制度安排"[2]。对于城市边缘区的规划供给来说,它提供了一个全新视野的体制框架:以众多城镇小规模社区和乡村联合的村区为基本单位的生产者,完全可以在某些自主经济发展层面取代单一的市级或者区级规划管理部门与规划设计机构,成为自主性的供给者。在这种层面交叠、互补合作的新型管理框架体系内,规划的编制和管理从以往单中心层级中缺乏变化的自上而下的方式转变为"自上而下"与"自下而上"相结合的类型丰富的方式。

(3) 强化面向公共经济特征的城乡规划服务半市场化竞争体制

长期以来,"人们对于公共服务的研究都是一般化的研究,认为私益物品应该由市场来处理,而公益物品则应该由政府或者国家提供[3]"。因此,人们适用亚当·斯密的市场观点处理所有私益物品的提供,可通过市场机制中的竞争性购买和销售实现;而用霍布斯的主权国家概念处理所有的集体物品,公益物品的提供则通过官僚体制中层级制管理控制予以实现。但是长期的实践表明,公共物品(服务)的提供并不能通过以上两种途径予以圆满解决。

公共经济有着不同于纯粹市场经济和官僚政治的内在逻辑。公共经济是与市场经济相对的概念,"由规模不一的集体消费单位构成,这些单位通过安排集体物品的生产、管制集体物品的使用者范围,用途的类型,以及分配集体物品来提供服务。服务提供被看作是不同于服务生产的独特过程"[4]。因为在

---

① 迈克尔·麦金尼斯.多中心体制与地方公共经济[M].上海:上海三联书店,2000:4.

② 奥斯特罗姆,帕克斯,惠特克.公共服务的制度建构[M].上海:上海三联书店,2000:中文版序言 P26.

③ 奥斯特罗姆,帕克斯,惠特克.公共服务的制度建构[M].上海:上海三联书店,2000:中文版译序 P7.

④ 奥斯特罗姆,帕克斯,惠特克.公共服务的制度建构[M].上海:上海三联书店,2000:中文版序言 P4.

私人经济中不必组织集体消费单位,个人和单个消费团体可以积极参与自身的利益需求表达和消费决策制定过程。但当公益物品和公共池塘资源的排他使用存在问题时,就必须创建大于单个消费团体的集体消费单位,来克服搭便车以及偏好策略性显示问题。

按照公共经济理论,通过对集体消费单位的整合与划分,就能为服务的多元化竞争提供条件。"大城市地区公共服务生产者之间的竞争模式,就如市场中企业之间的竞争一样,也可以产生实质性的收益,因为整个体制的运作在为了更有效地解决压力之下引入了自我规范的倾向"①。与传统的单中心体制处于垄断地位不同,多中心体制的灵活与效率是通过不同的利益主体或集体消费单位之间的协作与竞争而体现出来的。不同层次、类型丰富的公共服务生产者所提供的多元化服务产品形成了交叠管制和权威分散的结构体系,可以满足公众多样化的选择需求。而"如果存在着足够丰富的政府单位为任意的某个城市地区服务,那么人类社群就能够利用这一丰富性或者交叠性,利用一个政府单位作为买者的协作者与其他政府单位和(或)私商签约,以生产不同的公益物品和服务"②。

(4)鼓励跨区域具有共同规划服务利益需求的集体消费单位建立

公共经济具有消费上的非他性、使用或者消费的共同性、衡量及量化标准的不确定性以及选择范围的有限性四大特征,这些特征决定了公共经济中具有公共服务属性的城乡规划服务无法完全由市场机制单独承担。只有将诸多的个体消费者集中组织为集体消费单位,通过公共经济体制来实现公共物品的市场化供给,才能克服搭便车以及因偏好而影响公平的策略问题,并以此明确公共经济适用成本如何在服务的受益者之间分担。集体消费单位的组成具有多样化特征,既包括各级不同规模、层级的政府单位(在范围上可能只是具有单一业务领域的政府单位),如交通委员会、农业委员会、旅游局;也可能是执行全面综合管理的各级政府,如城区、乡镇政府;也包括各种各样的非政府组织和社会团体;还可能是不具有任何正式性质的组织,如农民技术协会、志愿组织等。

①　迈克尔·麦金尼斯.多中心体制与地方公共经济[M].上海:上海三联书店,2000:58.
②　迈克尔·麦金尼斯.多中心体制与地方公共经济[M].上海:上海三联书店,2000:58.

因此,为了更好地发挥公众参与的协同作用,必须让具有不同需求的主体不受地域限制自愿流动组合成一个集体消费单位,为表达共同的或相近的利益诉求选择适合自身的公共服务产品。因为,如果具有截然不同的偏好的人们硬性地被人为划定或组织成一个集体消费单位,其利益需求就是一个分散的、支离破碎的表征,为其提供的公共服务产品指向不明,绩效就会大大降低,而且所带来的协商及谈判成本将大幅增加,而所谓偏好综合而产生的问题更为严重。因此,在城市边缘区空间发展的规划服务提供中,必须分不同层次、不同范围为不同集体、消费单位提供多样化的城市规划编制成果及管理服务内容。与此同时,应制定相应的政策及制度,为公众的流动提供保障,特别是对城镇居民户籍制度的管理以及农民的集体土地使用权的界定与流转,包括集体建设用地的真正流转,从而促使公民能够有效选择,向能满足自身公共服务要求的地区自由移居。

(5)建立解决多元利益主体冲突的协调机制

按照公共服务的半市场化多元竞争的特点,当提供的公共服务不能完全局限于对应的服务范围内,而是超出其管理的边界时,对其他范围内的服务主体会产生外溢效应,从而导致冲突。因为多中心体制的交叠性不像单中心层级制那样具有严格、清晰的范围界定,在叠合区域内必须协调好体制内多个单位之间的冲突,通过引入一系列制度安排来实现总体效益的最大化。如可以通过相互之间的契约设定、竞争性安排以及跨区域的协同组织机构或更高层次政府组织来协调基层消费单位之间的不同利益诉求。

(6)构建面向实际需求的组织模式,不存在通用的最优组织模式

生产和提供满足不同利益主体需求的城市公共服务是很困难的,因而无法确定何种制度安排是统帅全局的最优方式。适用多中心理论的制度分析家们也反对对所有大城市地区采用一种"唯一"的所谓最优组织模式,实际上这又陷入了单中心秩序论中的单一模式的误区。因此,只有深入研究特定城市公共服务生产和消费的特点后,方可针对实际情况"量体裁衣",确定具有较高绩效的制度安排组合。奥斯特罗姆研究认为,公共服务供给的制度优劣主要取决于服务的性质,而不是单纯依据制度组织规模水平来判断绩效。对于城乡规划来说,公共服务可以划分为直接服务和间接服务。

对于城市边缘区发展中的大型市政基础建设规划编制、建设管理等间接服务类型来说,其相应的制度组织规模更大、层次更高,需要一定规模的经济来协调更大范围的不同集体消费单位,因而可采用较大规模的组织方式。而面向边缘区中农民个体项目或乡镇企业发展的直接服务类型,无论是从规划编制的提供还是管理服务等方面均可采取规模较小的组织方式。"对于任何公共服务,包括警察服务在内的各类服务都不存在唯一最优的组织模式。"这是埃莉诺·奥斯特罗姆理论的重要发现。

因此,从实践论来看,多中心体制与单中心体制并非完全对立与排斥,在实践中依据现实状况可能呈现"你中有我,我中有你"的共存状态。但任何多中心模式的使用效率必须满足一些必要条件:第一,不同行政单位的规模与不同公共服务需求的规模一致,例如不同层次上的规划需求应由不同层次的机构组织来承担,属于农民层次上的可由农民自治组织予以承担;第二,在行政单位之间发展合作性的安排,以便采取互利的共同行动,例如在协调不同乡村之间的规划发展目标的差异化竞争取向时,应使之能够整合互补,避免恶性竞争,以发挥整体效应;第三,在各单位之间存在冲突、竞争时制定必要的有效协调机制。

4.5　多中心理论影响下的公共服务多元化管理变革

4.5.1　公共服务特征下规划管理内容

按照美国奥斯特罗姆教授对于公共经济中公共服务领域的多项实证性研究,在建立了集体消费单位后,每个单位可以至少从六个不同的制度安排角度提供公共服务产品(表 4-2)。

表 4-2　公共经济中获得公共服务的选择

一个政府作为集体消费单位通过如下途径得到公共服务:
(1) 经营自己的生产单位
例子:一个城市自己拥有消防或者警察机构
(2) 与私人公司签约
例子:一个城市与一个私人企业签约提供扫雪、街道维修或者交通灯保养服务

续表

(3)确立服务的标准,让每一个消费者选择私人供应商,并购买服务
例子:一个城市签许可证提供出租车服务,或者拒绝垃圾收集公司来清扫垃圾
(4)向家庭签发凭单,允许他们从任何授权供给者购买服务
例子:管辖单位签发食品券、租用凭单或者教育凭单,或者建立医疗补助项目
(5)与另外一个政府单位签约
例子:一个城市政府,从县政府购买税收估算和收集服务,从特别卫生管区购买污水处理服务,从邻近城市的学校董事会购买特别假期教育服务
(6)某些服务由自己生产,其他服务则从其他管辖单位或者私人企业那里购买
例子:一个城市有自己的巡逻警察力量,但从县行政司长官购买实验室服务,与若干邻近的社群一起共同承担公用的调遣服务,向私人急救公司付费提供紧急医疗运输服务

本表来源:迈克尔·麦金尼斯. 多中心体制与地方公共经济[M]. 上海:上海三联书店,2000:113.

按此观念推广到规划领域,规划管理部门在城市边缘区实施公共管理时可以从以下六个途径有效实施规划服务的组织和生产。

①建立和组织好规划部门自身的生产单位结构体系,包括自身市区、乡镇或村级管理服务机构以及下属的规划编制机构或编研中心,来提供全方位服务。

②放开一切可市场化运行的规划服务及编制设计领域,并与具有一定资质或信誉度较高的私人规划设计或咨询公司签约,提供相应的规划服务工作。

③建立相应的特别是城乡统筹新目标下规划编制的技术标准、技术规程以及管理涉及的技术服务标准。允许每一个不同层次的集体消费单位,甚至个人自由选择不同的规划服务提供公司或单位。

④对于基层的集体消费单位,特别是农民群体组织提供规划专项经费或资金补助凭单或消费券,允许他们凭此单从任何得到授权或通过资质审查的规划编制或咨询服务机构购买其需要的规划成果或其他规划咨询、技术论证服务(如日照间距核查、建筑间距核查、法规核查等)。

150

⑤可以与环保部门、园林部门、农业部门、林业部门、气象部门等其他政府单位签约或建立合作关系。通过购买或协商方式以满足全方位规划服务内容的需求，也可依据自身规划缺陷与其他城市或区级的规划部门建立合作伙伴关系，实现资源和服务的共享。

⑥建立适应自身特点的服务提供架构体系，一部分服务从自己的生产单位或下属机构获得，其他服务则可以从其他政府或私人生产者那里获得。

公共服务不是市场，其结构也不是等级制的，而是一个半市场化的多元结构体系，具体表现为"在每个政府单位之内权力都是分立的，所有的决策者都受到可实施的法律或者宪法约束的制约。每一个公民参与多个消费单位，这些单位通过交叠的政府层次围绕各不相同的利益社群来得以组织，并且其公益物品或者服务由一系列不同的公共和私人生产单位供给"①。因而公共服务不再仅由"一个"政府提供，多元化的以及交叠组合的供给方式无疑极大地拓展了传统服务的来源，破除了公共服务的政府垄断性，避免了单纯市场经济下公共服务失灵的缺陷，构建了一个半市场性质的多元化公共服务产业结构运作体制。

奥斯特洛姆教授指出，在公共物品的生命周期中，大致存在着三个角色："消费者、生产者和连接消费者与生产者的中介者"。在公共物品的生产过程中，三个角色分别由不同的主体来扮演。因此，多中心治理既反对政府的垄断，也不是所谓的私营化。但这并不意味着政府从公共事务领域的退出和责任的让渡，而是政府角色、责任与管理方式的变化。在以往的物品提供方面，政府扮演着公共物品唯一的直接生产者和提供者，参与了公共物品从被需要到被消费的整个过程，是唯一的参与者和主体，扮演着多重角色，承担着多重任务。而多中心治理的理论则通过其他主体、机制的参与，以多种方式将公共物品的部分生产任务委托给其他部门，可以说，多中心治理中政府不再是单一主体，而只是其中的一个主体。政府的管理方式也从以往的直接管理变为间接管理。在多中心治理中，政府更多地扮演了一个中介者的角色，即制定多中心制度中的宏观框架和参与者的行为规则，同时运用

---

① 迈克尔·麦金尼斯.多中心体制与地方公共经济[M].上海：上海三联书店，2000：114.

经济、法律、政策等多种手段为公共物品的提供和公共事务的处理提供依据和便利。

"这样传统上被看成一个整体的城市规划领域就可以根据需要分解为多个公共服务产业,如基础设施规划、生态规划、农业科技园规划、历史文化及旅游保护规划等。每一项产业都由集体消费单位和生产单位组成,独立地进行半市场化的交易。许多以往被认为是政府天经地义的规划职责,完全可以通过这种半市场化机制拓展公众的选择视野,从而提高规划质量和效率"①。但是在单中心管理模式下,城市政府几乎完全垄断了规划决策、规划编制、规划管理、规划监督的全过程,扮演着集体消费者单位和公共服务提供者的双重角色,采取的是上述六种制度安排中的第一种模式,主要有以下几个方面的原因。

第一,从组织生产过程来分析,政府的规划目标及意愿并非建立在不同利益主体需求,特别是公众需求真实反映的基础上,其提供的公共服务仅仅是满足自身的主观偏好的需求或政绩需求,在全球经济一体化发展的竞争压力下,政府的企业化倾向导致其主导垄断性意愿进一步强化。第二,从规划供给者的选择来分析,政府垄断了各类重大项目的决策权力,在短期内经济目标实现的效率,以及成本和制度的路径依赖等因素的影响下,倾向于选择自身建立的规划编制机构以及具有官方背景的开放企业作为提供服务的垄断主体。这些主体一般不会真正听取并落实公众以及其他非政府组织,特别是农民等个体消费者的意见,尤其是当这些意见与政府的决策目标不一致时,只能是"听听而已"。因此,这种公共经济的市场是不完全的,这些非政府利益主体没有能够将自身偏好的信息诉求传达给作为集体消费者的政府的渠道,因而只能被动接受政府提供的消费决策。第三,从目前规划的供给方式来分析,基本上是采取单一化供给,由政府授权给自己主管的规划设计机构完成,没有体现多元化竞争特征。第四,从规划的供给标准来分析,因为规划供给服务对象是政府这一个唯一主体,因此在面对市场经济中错综变化的问题时,往往只能是"以不变应万变",倾向于采用传统惯用方式

---

① 郭湘闽.走向多元平衡——制度视角下我国旧城更新传统规划机制的变革[M].北京:中国建筑工业出版社,2006:162.

去解决市场条件下的新问题,规划标准过于单一与僵化,用服务于政府的技术标准和规程去编制不同规模等级、不同利益需求的规划成果和管理服务产品,必然造成规划脱离公众实际的服务需求。

4.5.2　多元化城乡规划机制变革方向

在过去的商品经济时期,人们认为市场处于无序、混乱状态,因而通过计划予以整治或干脆用计划经济代替市场经济,对此由亚当·斯密所创立的秩序理论及以此为基础发展起来的微观经济学揭示出了市场经济的内在规律,建立了市场经济秩序的基本概念和理论框架,人们终于可以理解与掌控市场的运行规律。现在面对实践中复杂的公共管理问题,又设想通过集权的官僚制组织整治杂乱无序的公共服务状况,并取而代之,如同"以计划取代市场,以集权的官僚制组织取代分权的多中心公共管理体制,其结果都是一样的恶劣"[①]。现在我们已能充分理解市场经济的规律,同时也开始逐渐认识到传统的单中心集权或组织模式已不适用于管理复杂的公共事务,奥斯本和盖布勒的"重塑政府"运动以及在世界各地兴起的"新公共管理"理论与实践就是对传统集权官僚制的反思。自 20 世纪 80 年代起,这种新的管理方法起源于发达国家,并广泛运用于发展中国家。这一理论特别适合中国这一体制转型及过渡过程中政府行为模式的问题分析,因为制度变迁的成本及由利益格局所引致的冲突可予以衡量,特别是针对转型时期市场经济初步建构下政府管理的公共服务有效运行的全新实践体系,在处理政府与市场、社会的关系时提供了一整套不同于传统行政学的新思路,从而为发展中国家在转型期如何建构公共服务体系提供指导,避免再走以往发达国家走过的弯路。

该方法的基本内容是"通过政府与市场、政府与社会关系的重新界定来解决政府面临的困境,打破政府对公共服务的垄断,全面引入市场机制,私人企业、非营利性公共组织、半独立性公共公司、政府机构等各种类型的组织都可以提供公共服务,在公私之间形成竞争"[②],将涉及公共经济中的有关当事人或消费单位看作理性的经济人,把公共政策的制定和执行看作不同

①　奥斯特罗姆,帕克斯,惠特克.公共服务的制度建构[M].上海:上海三联书店,2000:中文版译序 P3.

②　陈福荣.公共管理学前沿问题研究[M].哈尔滨:黑龙江人民出版社,2002:22.

利益主体之间的相互协调,通过"多重博弈从而达成妥协的社会缔约过程",其目标是尽量克服单一政府主导模式在公共经济中的缺陷,遵从公共经济运行自身规律,减少交易成本,以实现公共利益的最大化。

"新公共管理"理论代表人物 B. 盖伊·彼得斯博士针对传统政府治理弊端总结了未来政府治理的四种可能模式,为如何实现多中心目标影响下的规划机制变革提供了很好的借鉴。

一是市场式模式,该模式认为传统官僚层级制无法提供足够的激励来实现其组织成员有效率地工作,同时其良好的管制愿望所制定的片面政策与实际有很大的差距。该模式的核心是认为公共部门和私人部门管理没有本质差别,并且私营部门的管理水平要高于公共部门。因此政府等公共部门应充分借鉴私营部门的管理模式来提高效率,即"最佳甚至唯一的改进方法是用某种建立在市场基础上的机制来取代传统官僚制"[①]。一方面可通过分权和权力下放来适应市场的效率要求,"可以利用私人或半私人的组织来提供公共服务",或是"将大的部门分解为若干小的机构或通过将职权下放给较低层的政府机关来实现"。另一方面则是参照私营部门的人事管理制度,改革现有的政府公务员"铁饭碗"的终身制度,"要使现存的公共体系变成反应迅速、敢于冒险、以产出为导向的高效创新的组织,转向更具流动性的组织结构"[②],以方便各分散职能的"企业型"公共部门根据市场需求制定出更富有效率的合理方案。

二是参与式模式,该模式是把现有公共部门中常见的层级制组织结构视为有效管理的严重阻碍,甚至认为"层级制是最直接的罪恶"[③]。与市场式模式相比,它更关心处于基层的政府管理部门和服务对象的参与需求。其核心如下:其一是强调管理部门的组织架构应当趋于扁平化,强化水平授权,简化行政层级,扩大基层管理部门的决策权并促进信息在内部的有效传递;其二是"组织要创造一种从各方面鼓励参与与沟通的机制,而不是仅仅

---

① B. 盖伊·彼得斯. 政府未来的治理模式[M]. 北京:中国人民大学出版社,2001:25.
② 欧文·E. 休斯. 公共管理导论[M]. 北京:中国人民大学出版社,2001:52.
③ B. 盖伊·彼得斯. 政府未来的治理模式[M]. 北京:中国人民大学出版社,2001:60.

凭借由上而下的方式来从事管理活动"①；其三是结合实际情况成立相应的新设机构和联合组织，可以"更有效地去关注单一政策领域的问题，而不会深陷在各种不同的问题中不知所措"；其四是建立适当的对话与沟通渠道，特别是倡导公众对公共决策的直接参与，并且是事前的控制而不是事后的公示。

三是弹性式模式，该模式是以具有弹性、可选择性的组织结构，来取代现有的终身制政府组织结构。面对不断变化的社会和经济情况，可以按照市场经济规律，利用越来越多的非正式机构和半政府组织来开展工作，可以保持整体组织结构的弹性，依据实际需求，选择最合适的机构和组织来组建工作组织结构。不少国家采用委员会、工作小组等模式专司机构之间的协调工作，更有甚者利用信息网络的技术优势，构建一些"虚拟组织"等弹性组织形式。

四是解制型模式，该模式倡导解除对公共部门的管制，重视发挥部门领导者在管理中的角色和作用，不片面地反对层级制，但是不强调集中化的控制结构，鼓励单个的组织在领导者的带领下，制定相关政策并执行自己的目标。它强调执行政策的控制和管理监督，尽可能释放公共部门蕴藏的能量，提高政府行动的效率。

综合以上四种模式，结合我国城市边缘区空间发展的实际情况，在边缘区空间发展规划机制变革方向是要扩大基层部门以及乡村群体组织的决策空间；改善现有的规划管理架构体系，充分发挥制度在资源配置方面的效率，打破传统公私部门之间承担公共服务制定政策的界限；促进各部门之间纵向和横向以及不同群体之间的信息交流，建立对市场反应灵敏的混合型组织。同时，拓展公众对规划参与的范围和渠道，实现自下而上的制度变迁动力，协调好多元利益主体的博弈行为，保障弱势群体的话语权，并降低规划服务与外部受益主体之间的交易成本，构建一个多元协同的规划机制结构体系。

综上所述，要实现目前城市规划公共服务的变革，必须从规划服务的最大提供者，同时也是制度的最大提供者——政府的有效组织入手。因为按照新制度经济学的观点，有效组织是制度变迁的关键，是推动变革的主动

① B.盖伊·彼得斯.政府未来的治理模式[M].北京:中国人民大学出版社,2001:63.

力,只有组织的不断更新才能促成制度的变迁和社会的进步。传统意义上的规划管理,基本上只是体制内的自我循环,能够参与的组织很少,仅局限于规划行政管理部门,而且组织本身沿袭计划体制下的静态管理模式缺乏灵活调适的动力。传统的规划机制运作具有高额的制度运行成本、政府过于强烈的经济利益主导需求以及对公众参与和社会弱势群体利益的忽视等弊端,容易导致规划缺失和滞后形成的"制度供给不足"以及规划过度干预所形成的"制度供给过剩"。因而要实行现有规划机制的创新,必须从规划体制这个组织因素入手,努力吸纳不同利益群体作为多元化组织参与管理体系运作、决策过程和实施管理监督,并且从制度的外部环境改善和制度内部的内生变量安排两个方面实现组织的自我更新。

多中心理论从管理制度体系架构中内在的行动秩序、治理结构等方面,相较于单中心理论具有更大的适应性,特别是在面对多元化的服务主体时,其分散的决策组织方式以及按照公共经济特点所要进行的公共管理治理结构模式,为边缘区城乡规划管理指明了变革方向。城乡规划是一种公共政策,因而具有公共服务的基本特征,作为提供给广大公众的公共物品,则不再仅由"一个"政府提供,只有采取多元化的以及交叠组合的供给方式才能拓展传统城乡规划服务的来源,破除城乡规划的政府垄断性,实现自上而下和自下而上的相协同的组织方式,避免单纯市场经济下公共服务失灵的缺陷,构建一个适应新时期经济、社会发展实际需求,具有半市场性质的多元化公共服务运作体制,从而充分发挥制度在资源配置方面的效率,扩大基层和乡村组织在城乡规划中的决策空间,促进多部门、多群体之间的信息交流,协调好多元利益主体的博弈行为。总之,多中心理论为构建一个适应转型期城市边缘区发展,具有多元协同的规划机制结构体系奠定了理论基础。

第5章　转型期大城市边缘区多中心平衡规划机制构建

5.1　转型期大城市边缘区多中心平衡规划机制框架分析

　　我国从传统的计划经济体制向社会主义市场经济体制转变的过程实际上就是制度变迁的过程。而要解决制度变迁中结构失衡的问题，必须从新制度经济学的理论角度，从政府现行一元主导方式入手，去解决制度的内在利益主体的力量均衡问题。城市规划不仅仅是调整空间资源分配的技术过程，更是市场条件下不同利益主体之间"通过博弈从而达成妥协的社会缔约过程"①。多元主义民主理论指出，市场经济发展下的现代社会已摆脱了以政府为单一权威的传统，大量相对自治的社会利益团体、非政府组织与政府部门一并构成了众多权力中心。按照戴维·杜鲁门在《政治过程：政治利益与公共舆论》中论述的观点，此时"政府的主要任务应该是制定利益集团竞争的规则，安排妥协与平衡利益，制定政策以规定妥协的关系，执行妥协的结果以解决集团间的冲突"②。因此城市边缘区规划机制体系建构要按照多中心的目标要求，改变政府一元主导模式，重点平衡协调好政府、市场和社会三方面的行为。多中心目标下的互动制度平台建设是发展方向，将市场力和社会力引入传统的政府部门，为实现市场经济下的城乡一体化发展创造条件。

　　考察转型时期城市边缘区空间发展的众多利益主体，学术界普遍将其归纳为三个层面的空间演化推动主体。

　　①政府层面，其主要包括不同层次的政府组织（如中央、地方、乡镇）以

---

　　①　柳新元.利益冲突与制度变迁[M].武汉：武汉大学出版社，2002：48.

　　②　赵成根.民主与公共政策研究[M].哈尔滨：黑龙江人民出版社，2000：220.

及村委会这一级非政府公共组织及其所推行的相关政策法规。其中村委会在国家制度设计中作为基层群众性自治组织而存在，村党支部也在政体管理中起到了政治调节和控制作用。村庄是当代农村社会治理的基本单元，那么村委会就是行政管理的基层权力中心，具有准政府组织的特性。在法定层面，村委会是村民自治的组织载体，是农村政治空间的基层代表，而在现实中村委会却转变为乡镇政府的基层管理协助者。

②市场层面，其主体主要是村集体经济组织、合作组织、生产企业（含农业和工业）、房地产开发企业。首先，要建立土地开发权银行制度，处理好政府、市场、乡村（农民）三者关系，合理确定土地价值及土地流转；其次，必须实行生态补偿制度，平衡生态地区和建设地区之间的经济利益；最后，开展被征用农民的城市住宅平价房工作，解决农民城市化后的住房问题，如廉租房和经济适用房。

③社会层面，其主体主要是边缘区乡镇居民、乡村居民以及各类非营利性质的非政府组织。一是需建立以一个或几个村民委员会为中心的团体组织；二是开展国家、集体、个人的多样化产权配置工作，尤其是对宅基地和集体建设用地经济属性的合法化，通过不动产证的确权登记，确定财富收益；三是建立被征地农民的社会保障和就业保障机制，真正缓解失去土地的农民的生存压力。

部分城市边缘区规划机制的制度，存在政府过于强大，市场较为片面，而社会相对弱小的不均衡的格局。其中，政府占据主导地位，行使权力；市场则是边缘区空间演化的载体。市场作为土地开发利用的最大使用者，在边缘区空间演变中发挥着重要的作用，但现行的规划管理机制尚缺乏对市场有效的控制与引导，市场片面化追求利润的缺陷难以得到遏制，而灵活高效的资源配置优势又难以在既有体制下得到充分发挥。至于社会公众作为空间活动的最大主体和承受者，是社会发展的基石和根本，是构建和谐社会及城乡统筹的最大潜在力量，但针对乡村居民的意愿征询较少，这部分群体受文化水平和表达渠道所限，明显处于弱势，在传统的自上而下的规则机制面前，话语权较少。

因此，按照博弈论的理论分析，规划机制要达到帕累托最优的制度均衡状态,必须充分考虑政府、市场和社会三者之间的联系与影响。而部分地区的规划机制,政府对市场、政府对社会的单向作用,导致出现"帕累托无效率"的非合作博弈状态,而社会公众的缺位导致城市边缘区中社会与市场缺乏有效的联系。这种不均衡的局面,对当前部分地区城乡统筹构建和谐社会的可持续发展进程将产生不可忽视的消极影响。

众所周知,城市规划作为公共政策的属性特征决定其核心价值观是实现社会的公平与效率。在城市边缘区空间发展演化中,传统一元主导规划机制因制度自身的缺陷,在社会资源分配的公平与效率方面只发挥了部分作用,实现了局部的阶段性目标。随着经济的全面转型,城市空间结构作为经济要素在空间上的投影,必须从制度自身的创新与变革入手,在满足不同个体理性的前提下达到集体理性,从而促进城市空间的合理发展(图 5-1)。

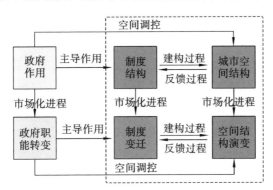

图 5-1　政府、制度、空间关系示意图

资料来源:付磊.全球化和市场化进程中大都市的空间结构及其演化

——改革开放以来上海城市空间结构演变的研究[D].上海:同济大学,2008.

因此,面对众多利益冲突和矛盾,无法通过传统的一元主导规划整合机制予以解决,只能另辟蹊径。只有在规划机制中实现多元平衡的格局,才能更好地体现城市规划的公平与效率。而要实现这个目标,应按照前面制度分析的过程和方法,从制度的正式约束、非正式约束、实施机制三个层次予以制度创新。将动态的市场机制引入既有的规划管理体制,重点须从以下三个方面予以改进和完善。

①面对多元化的利益主体,首先须对制度的提供者——政府的组织构

架予以完善，从而为规划机制的正式约束即制度环境的改变提供保障，以使编制和管理行为更好地适应市场经济发展的需要。因为按照新制度经济学的国家理论，政府是制度的最大提供者。如果不从这种层级制体制的改革着手，其制度的输出会无法真正实现实质性的制度变迁过程；只有从源头上坚决杜绝缪尔达尔所说的"软政权"的制度环境产生的政体基础，才能真正实现城市统筹规划的科学发展。

②按照制度学理论分析，正式约束是可以移植和予以修正的，但非正式规则由于内在传统和历史积淀，取决于国家文化传统的包容程度，而且其转化是一个长期而缓慢的过程，特别是在此阶段转型期内可能与传统的文化观念并不相容，从而出现"紧张"，导致正式规划的实施偏离轨道。借鉴西方的理论和经验，探索结合中国国情的公众参与决策程序，拓展社会在规划决策与编制管理过程中的影响力，是城市边缘区空间真正实现城乡统筹发展的重点。

③现行规划管理体制创新的关键是建立有效的实施机制。在创新时，更要注重规划管理实施机制的建立，从制度的可行性、可操作性及运行成本角度出发，尽量减少规划管理者和编制者随意变更的空间，保障城市规划的权威性和严肃性。强化规划修改、调整的法定程序，加大对违法建设和违反规划行为的处罚，通过有效的规划实施管理制度，充分发挥规划的宏观调控和引导作用，是实现城乡一体化和谐发展的关键所在。

5.2 转型期大城市边缘区多中心平衡规划管理组织架构的重构

L.芒福德曾经指出："如果区域发展想做得更好，就必须设立有法定资格的、有规划和投资权利的区域性权威机构。"一定形式的实体组织是大城市边缘区空间调控架构的基础与实施主体。后工业化社会的生产特征及经济全球一体化（globalization）的进程，使得世界经济生产方式呈现出空间性，既强调跨越边界、区际差异，也强调控制和协调，这种空间性表现在国家、区域、城市等各个层面。特别是针对城市区域化的特点，亟需构建一个管理和协调的系统，以保障区域、城市的可持续发展。按照"多中心"理论的公共管理要求,针对大城市边缘区空间剧烈变动中的政府、公司、社团、个人影响因素,将大城市边缘区中涉及的中央元(AC)、地区元(LG)、非政府组织元(NGO)等多组织元的权利相协调,在调控空间资源的主导部门中构建一个可综合包容经济、社会、生态等可持续发展因素的整体规划管理组织体系,方可确保规划机制的高效运转。

5.2.1　建立高效的三级双层制管理组织体系

当政府认识到都市区发展问题的严重性时,应充分发挥宏观调控力量和市场的灵活机制,特别是消弭城乡矛盾、促进城乡一体化发展时,通过管理体制的改革,赋予都市区内远城区一定的规划决策及管理自主权,促进其增强自身发展活力。而实现社会管理一体化发展,就是建立统筹城乡经济、社会发展的政府管理体系,充分发挥政府在协调城乡经济、社会发展和制度建立方面的作用。

20 世纪 80 年代以后,西方各国面对国际竞争的压力,以主张全面维护市场自由竞争、坚决反对国家干预为特征的自由市场主义,迅速取代了凯恩斯福利国家主义,通过推进公共管理体制改革,提高管理效率,促使政府走出福利国家的管理者角色。这种不同于以往的管理、组织和管治的模式被统称为"新城市政策"。该政策的特点是"地方政府的政策目标不再局限于那些传统上由城市政府提供的地方福利和服务,而是积极地利用企业家精神来改革公共管理部门,实施更加外向性的、用于培育和鼓励地方经济增长的政策,地方政府力求在自己的任期内促进地方经济增长,因而更表现出原本属于企业的特征——冒险、创新、促销和利益驱动,即建立'企业家型的城市(entrepreneurial city)'"。因此,按照公共管理理论的要求,企业型政府是具有顾客至上、成本意识和创新动力理念的政府,其管理组织架构应从原有的层级制金字塔结构,转变为以多元化主体为主的扁平结构,减少管理层次,扩大管理幅度,使决策权延伸至更低阶层、更远地方,建立一种松散灵活且具有高度适应性和竞争力的地方治理形式[①]。

---

　　① 张京祥,罗震东,何建颐.体制转型与中国城市空间重构[M].南京:东南大学出版社,2007:143.

　　由于国家、地区、政体的差别,文化背景的差异,以及所面对的具体问题的不同,国外大城市政府的架构方式与运行机制是多种多样的。其中美国迈阿密面对城市向乡村扩展中出现的问题而采取的方式具有重要的参考和借鉴意义。

　　迈阿密位于佛罗里达州南部的戴德县境内,是佛罗里达州都市圈(该都市圈包含了佛罗里达州南部的3个县)最大的城市。由于第二次世界大战后城市急剧向农村扩展,区域行政制度的设立成了必要的课题。1945年,人们试图把迈阿密市和戴德县合并的提议遭到了州议会的否决。而随后由于市县双方政府带来的沉重负担与设施建设、使用的不经济状况的日益加剧,人们对迈阿密市和戴德县紧密合作的要求日趋强烈。在这种背景下,1957年戴德县与迈阿密市形成了双层制的大都市,县(区域)内非城市地区的所有服务均由大都市(上层)提供,而27个自治市的公民接受他们所在市(下层)和大都市(上层)的双重服务,双层结构下政府的职能分工如表5-1所示。

表5-1　美国迈阿密大都市区双层政府结构分工

上层(大都市)	下层(市)
消费者的保护	教育
消防	环境卫生
公路和交通	住宅
警察	地方规划
公共运输	地方街道
战略规划	社区服务
垃圾处理	垃圾汇集

　　上层政府承担了少量的区域范围服务,资金来自整个大都市区范围的相关税收及那些非自治市地区的特别税,而下层政府承担了更具体的公共服务工作。这个双层制政府管辖与服务的面积是5200平方千米,总人口192.8万(1990年)(图5-2)。政府领导机构由全体居民选出的9名理事组成,并且是双层制大都市政府的最高决策机构。理事会下设8个常任委员会,协调解决财政、政府间关系、交通、环境和土地利用、社区事务等各项工作。在以迈阿密市为中心的大都市中,还设置了南佛罗里达区域规划协调

议会、南佛罗里达水资源管理委员会等专门的协调性组织。而上层政府对道路、铁道、公共汽车、飞机场、港湾等区域性交通系统实施明确的一元化管理。目前,人们正在努力谋求通过大都市土地规划法。这个法案要求地方的规划与发展构想,必须与大都市上层政府提供的综合规划一致,否则大都市上层政府有权终止地方规划[①]。

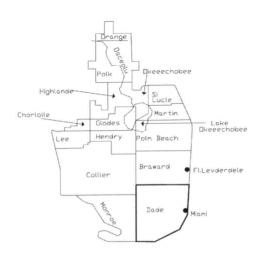

图 5-2　美国迈阿密大都市区区划示意

资料参考:张京祥.城镇群体空间组合[M].南京:东南大学出版社,2000:159.

联合的双层制政府体制并不是严格的区域、城镇政府等级隶属制,在两个层次之间有明确的分权。双层制结构体制既能保证全地区所共有职能的统一实施,又能在地方性事务方面保存地方和私人的自主决策权。它与大多数西方国家的行政管理体制及经济运行体制较为吻合,因而成为西方大都市地区普遍采用的一种协调组织模式(图 5-3)。

考虑到部分自上而下的层次体系中缺乏横向协调机制,导致了城乡管理脱节、决策行为具有较大非经济因素以及边缘区内条块职能不清等诸多问题,因此迫切需要建立一个区域性的协调管理机制。按照边缘区规划管理多元化的特征,为不改变现行整体市、区、乡镇三级行政体系,可以尝试借

---

① 　张京祥.城镇群体空间组合[M].南京:东南大学出版社,2000:159.

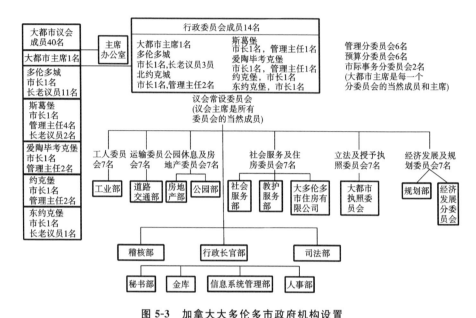

图 5-3 加拿大大多伦多市政府机构设置

资料参考：张京祥.城镇群体空间组合[M].南京：东南大学出版社，2000：159.

鉴国外区域协调管理机制的经验，构建适应中国转型期内大城市边缘区城乡统筹目标下的三级双层制管理组织体系。其组织形式可在现有规划委员会（简称规委会）的组织体系基础上进行改革创新，在城市边缘区采取市、区双层配置的方式，针对面向乡村发展多元主体诉求的实际情况，为提高决策效率和质量，促进规划管理服务基层，适应城乡统筹的实际需要，可设置边缘区内各区级政府和各乡镇政府，甚至各中心村的村民委员会共同参与的区级城乡规划委员会，行使相应的规划决策和区域协同规划实施部署的权利。

三级双层制管理组织体系：城市边缘区宏观发展战略规划、跨区域公共设施、基础设施建设协调等规划管理决策职能由第一层的市级规划委员会承担，并由其组织相应的市级职能部门、国家级开发区及为重大项目成立的指挥部或专班实施区域性质的城乡统筹规划；而边缘区内各城区地方自身特色发展策略、乡镇公共服务、中小型基础设施规划决策、农业产业布局、生态用地的监管及乡村各类具体规划建设等面向集镇和乡村的具体规划实施职能,可由第二层的区级规划委员会或其授权的乡村层面规划议事会承担,并由其组织相应的区级和乡镇职能部门甚至各级村委会落实区域规划,实施相关具体建设规划(图 5-4)。

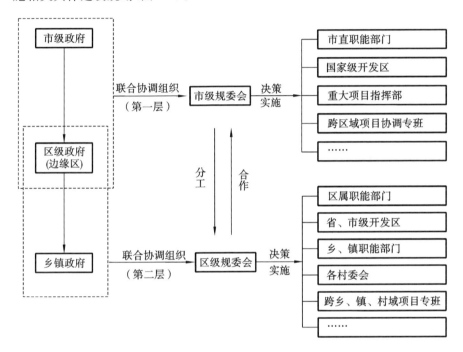

图 5-4　城市边缘区三级双层制管理组织结构示意

资料来源:作者自绘

为了发挥不同层级规委会协调管理组织运作的实质性作用,可以赋予其不同等级的环境保护、交通建设等资金的分配权,跨区域空间协调发展的项目审批权或监督实施权,区域性贷款及投融资的倡议权。由于中国渐进式改革的实际国情,规划管理体制不可能从层级制完全转变到单纯多中心自治模式,并且单纯多中心方式也不完全适合中国特色社会主义市场经济发展的实际要求,而三级双层制管理组织体系则更适合边缘区多中心发展的规划管理实际需求。三级双层制管理组织体系既保留了中下层次政府满足地方上诸项灵活机动的建设要求,又能在大型设施建设、长远目标发展方面与上级政府宏观要求保持统一,并有效克服了部分规划制度过于单一僵

化的问题,尽量保留了区级乡镇政府的民主和管理发展要求。

在三级双层制管理组织体系中,市级规委会和区级规委会并不具有严格的行政等级隶属关系,而只是面向不同规划管理范畴的组织机构。按照多中心理论要求,必须遵循公共物品的公共服务特征和公共经济的内在规律,通过建立一套完善的多中心特征的机制,有效解决多重权力制衡下的政治"碎化"问题。

因此,在边缘区规划管理组织机制的选择上,既要强调不同层面规划委员会之间的合理分工,同时也应加强二者的合作。特别是涉及边缘区内各城区间以及各乡镇之间横向的多层次协作的组织联系层面,可以从以下两个方面进行创新,为双层制的规划管理组织的运作提供技术支撑和制度保障。

一方面从公共经济半市场化特征角度,可以在双层制委员会的共同指导或联合委托下,将相关支撑规划管理的技术服务及协调工作交由市场化的各类规划咨询公司、科研院所及相关专业规划设计机构承担。特别是根据边缘区规划的实际情况,比如乡村群体所需要的一些中小型发展规划,可委托规划设计机构、规划咨询单位以及相关非政府组织从事设计、咨询、调查、产权评估、融资顾问等诸多公共服务工作。这些协调组织的工作职责包括确定规划编制的内容和时间安排,参与制定规划和进行协调、研究、咨询,并在规划的监督和实施管理中发挥作用。

对这些专业机构的具体管理模式应结合实际情况和解决的问题指向灵活选择,参照国外相关经验,可大力发挥各类协调或专业技术组织灵活机动的特点,既可以是自上而下的,在市、区级政府或其他行政机构内下设;也可以是自下而上的,采用乡村、城镇自行联合组织委托的形式。如在现行区级政府机构之内,吸纳这些专业机构,设立综合协调组织;也可尝试在现有的各政府职能部门之间,以共同的阶段目标和工作要求,结成具有一定职能的协调组织,如工作委员会中可包含一些专业机构等;甚至就是为完成某个具体规划实施工作(如各类拆迁工作)而委托相关机构进行组织。这种综合协调组织与一般行政组织在性质、目标和组织结构上具有本质的区别①(表5-2)。

---

①　张京祥.城镇群体空间组合[M].南京:东南大学出版社,2000:162.

166

表 5-2　综合协调组织与一般行政组织的比较

	综合协调组织	一般行政组织
一般性质	开放有机式	封闭式
目标设置	由多方利益制约,自下而上与自上而下广泛参与	单一明确、自下而上的管理等级结构
目标结构	不断探索的目标系统	单一目标
权力结构	分散、网络式	集中的等级式
计划结构	变化的、弹性的、一般的	重复的、固定的、具体的
控制结构	交互作用、成员自我控制	等级、具体成员外部控制

资料来源:杨开忠.迈向空间一体化[M].成都:四川人民出版社,1993.

　　另一方面,在城市边缘区发展中,必须结合国情转换思想,在进行政府自身组织变革及协调组织建设的基础上,积极探索第三条路径的解决方案,即通过各类专业规划技术人员的协同参与,在规划管理各个层面及阶段,建立专门服务于边缘区城镇和乡村地区的规划师制度,使其成为组织体系内一个重要的有效沟通与衔接政府和公众的协调运作主体。

　　以规划师制度建设为纽带来建立政府、市场、社会的三个工作平台,实质上体现了市场经济下城市规划的基本原则:要想保持公共政策的公平公正,就必须在政府、市场、社会中形成"三足鼎立"的平衡。借鉴国外经验,考虑我国城市所处的发展阶段和未来建设发展的需求,我国未来的规划师角色可分为政府规划师、职业规划师、社区规划师[①]以及乡村振兴中急需的乡村规划师四种类型。

　　政府规划师是受聘于城市规划行政主管部门或其他行政部门作为政府公务员的研究型规划人员。他们的职业目标就是尽量争取参与重大项目的政府决策,尽力维护社会公共利益,保护弱势群体,成为保证政府听取公众意见的渠道畅通的执行者,其提出的研究决策意见中必须包含社区规划师提供的调研成果。

　　职业规划师是指以市场需求为导向,就职于勘察设计单位,从事规划设

---

① 陈有川.规划师角色分化及其影响[J].城市规划,2001(8):77-79.

计、咨询服务的技术型规划人员。其职业目标是在遵守有关法规、条例、技术规范的前提下，为业主实现利益最大化。但是按执业规划师考核的实践要求，参照以往在乡村地区开展的技术下乡方式，从制度方面，要求其必须免费为边缘区基层社会完成相应的规划任务。这种方式促进职业规划师深入了解社会民情，坚守职业操守，尽可能提供多方利益平衡，有利于操作实施的规划方案，减少不必要的社会矛盾。

与分别作为政府和市场代言人的上述两种规划师不同，社区规划师和乡村规划师是公众意见及社区整体利益的代表。在大城市边缘区，他们既服务于乡村社区，也服务于城镇社区。在边缘区的社区发展建设中，他们既是基层从事各类规划事务的管理型规划人员，也是乡村和城镇等基层组织机构的政府规划师。社区规划师的职业目标是为本社区谋求利益，主要工作涉及社区更新改造、社区环境及市政基础设施的改善和提升、社区投资筛选、建设项目评估、社区发展评价、社区建设资料汇总。乡村规划师则应重点完成特色村庄风貌彰显、生态监测评估保护、农业产业及其他产业发展评价策划、农村基础设施建设评估、农村居民点建设选址评价以及总体环境塑造等一系列工作，为政府规划师进行城市发展研究和公共政策制定提供可靠材料和信息来源。

在上述规划师分类管理制度的基础上，为实现多中心理论下的边缘区社群自主发展，必须为大规模开展群众自治提供充足的专业技术人员保障，可积极探索现有注册规划师管理的制度创新，增加政府规划师和社区规划师、乡村规划师的统一资格认定以及轮岗工作制度。政府规划师提供的规划决策报告中须征得社区或乡村规划师的签字盖章和调研评估报告；对于职业规划师，则在执业资格的评定考核中增加到基层社区做规划义工等工作实践时间，以及免费完成基层规划编制任务等相关刚性规定，从而为城市边缘区的多中心发展提供专业技术保障。

随着转型的深入以及社区、乡村规划师管理制度的规范建设与完善，通过强化规划师与社区（村民）组织、非政府组织的"三位一体"的有效协作，将更有助于协调多元利益主体在城市边缘区中的不同立场，确保社区、乡村规划师成为城乡统筹发展中的中坚力量，为促进城市边缘区的科学合理发展、实现自下而上的公众深入参与提供强有力的技术支持。

168

5.2.2　完善适应边缘区发展的农民工会等自组织建设

根据多中心理论,应鼓励集体消费单位的大量涌现,保障公共服务的有效利用。除去在城市边缘区中已有的区级政府、乡镇居委会、乡村村委会等行政组织,非政府组织(NGO)也能承担大量的集体消费单位的角色,填补行政组织无法及时有效地提供一些公共服务的职能,既可在边缘区的小城镇社区中组织居民就社区规则的有关事务开展协作,也可在乡村中组织农民就乡村规则的有关事项开展相应工作。

在发达的市场经济国家,除了传统的政府部门和私人部门,各种非政府组织被视为重要的"第三级",也称为"第三部门",它与政府和市场共同构成了支撑社会和谐发展的鼎足之势。

从人口、资源、文化较为接近的韩国的乡村建设经验,可以提炼出边缘区发展的规律。韩国从 20 世纪 70 年代初开始的"新村运动"(new village movement)是为了解决综合资源缺乏的问题,且当时经济发展是政府主导型模式下出现的乡村与城市发展差距过大。在发展初期是以"官主导"、自上而下由政府组织实施并充当主要资金投入者的全国性建设运动,但随着运动的深入,群众和各类相关利益主体的积极性得以调动,政府的角色适时转型,运动主题逐渐转变为"民主导",即由非政府组织和机构负责组织协调、宣传和评价。财政投入也从政府主导逐步走向"民主导"多元化投入模式。在 1971 年初期 122 亿韩元的投资额中,政府和居民负担的比例分别为 33.6％和 66.4％,而到了 1978 年,7074 亿韩元的投资额中,二者的比例分别变为 10％和 90％,显示出新村事业,各村自立、自助事业规模的逐渐扩大。国家的依法行政也更加科学化,因为具体的乡村建设项目是由申请者主导并有众多志愿者热情参与的,而政府的基金管理机构只是与民间或地方出资者共同对项目进行监督与评估。如此意义上的乡村建设是一种政府提供财政资助,民间共同出力,主要由各种非政府组织主导众多志愿者热情参与,由多种多样小范围内的乡村建设实验构成的乡村建设运动[1]。

---

① 　石磊.寻求"另类"发展的范式——韩国新村运动与中国乡村建设[J].社会学研究,2004 (4):39-49.

　　而黄明英在对中国台湾农村建设的经验总结中认为,成立代表农民利益的自组织——"农会"是解决农村问题的关键。该组织是在20世纪50年代初,在中国台湾地区的"农会"组织基础上,逐渐在70年代转变为农办民有性质,成了"农有、农治和农享的公益社团法人"。"农有"是指农会是农民的职业团体,"农治"则表示由农民自己管理,而"农享"指其经济成果由农村和农民享受。乡、镇、县、市几乎都有自己的农会,其中乡农会是农民组织的基本单位。20世纪90年代后,随着经济一体化发展需要,中国台湾在农会基础上推行"策略联盟",规划区域性的生产、加工和贸易以保障地区的持续发展,也有助于应对农产品价格波动①。

　　相关经验表明在中国转型期大城市边缘区的乡村建设中,实现农民工会等自组织形式是保障其利益的重要渠道,而通过大量以农民为主体成立的各类非组织方式可以搭建一个多方体系,完善真正意义上公众参与的平台机制。例如针对现有村委会忙于各项行政事务而导致承包到户后农村群体过于松散的现实状况,具体可以参照城市企事业单位中的工会等组织形式,在原有农民协会基础上成立"农民工会",其职能主要是为农民提供各类服务,使其真正成为既可以代表从事农业生产的农民的利益和要求,也可协调外出务工的农民工对乡村发展建设需求,以及维护相关外出务工人员权利及利益的组织机构。

　　但是在中国城市边缘区中的乡村地区,受传统社会文化的影响,民间组织有一定的基础,但不够成熟,也不够专业,特别是与成为社会"第三部门"的差距甚大。应思考如何在满足市场经济条件多元化需求的前提下,让更多的专业工作者通过民间的渠道进入城市边缘急剧变动地区,从而提升整体管理的专业化程度,改变乡村中大量的公共事务无人承担或仅依靠以行政管理事务为核心的村委会的建设现状。

　　要解决乡村地区突出的"三农"问题,应将部分公共事务交由非政府组织承担,改变以往乡村单一的自主治理和自我努力发展过程中,无法获得足够的专业化组织的支持的情况。结合公众参与的历史发展进程,为推动大

---

① 黄明英.台湾农村建设经验及其启示[J].书屋,2006(12):12-15.

城市边缘区中社区(乡村)规划管理职能专门化和市场化进程,其自组织的发展方式可采用以下几种。

①在边缘区中按照城市化城镇社区、历史风貌特色城镇社区和乡村社区三个类别,邀请社区内外具有广泛代表性的人士参加,设立由政府官员、各类专家和社会公众,特别是农民代表组成的发展评估咨询委员会,专门负责审核边缘区发展建设规划。

②以非营利组织的身份为乡村社区的建设(如新农村建设中迁村并点的农民住宅的统一建设、旅游产业资源整合、生态农业的规模化开发经营与建设等工作)提供全方位服务,成立适应不同乡村特征和发展愿景的开发团体。

③在历史风貌特色城镇社区成立小规模信贷服务机构,在乡村则通过农民工会成立下设的信贷部,以土地抵押方式开展各种资助贷款的试验和体制创新。

④成立专业组织,负责对生态用地及农业用地、集体建设用地的土地价值以及旅游资源价值进行评估,为边缘区乡村土地流转的市场化运作扫清障碍。

因此,作为新型规划管理体制必不可少的重要一环,非政府组织的建设应受到重视,特别是在当前快速城市化过程中,作为相对弱势的农民群体,迫切需要更多专业化的组织来弥补他们在专业知识、公共服务、科学发展方面的不足。非政府组织与村委会可形成优势互补又相互竞争的关系,实现多中心理论所提倡的多个管辖单位并存的前提下,共同为居民和农民提供具有交叠性质的公共服务,促进边缘区的有效融合和健康可持续发展。

5.2.3　建立边缘区规划信用评价体系,完善监督和效能评价机制

在完善政府组织架构和多方公众参与组织体系的前提下,针对乡村地区的实际情况,积极完善相应的城乡规划监督制度,实行边缘区内规划实时动态监督机制,探索建立高效廉洁、独立于规划管理之外的大城市边缘区规划监督检查机构和效能评价机制。从规划自身的价值理念来看,和一切社会行为一样,规划应该符合公平正义的原则。按照西方实践哲学的代表人物约翰·罗尔斯(John Rawls)的诠释,正义原则包括第一自由正义原则和差

别原则,前者指个人基本自由优先和基本权利平等,后者指机会均等和改善最少数境况最差者的地位①。从其内在逻辑的过程和结果两方面来看,就"实质正义"(结果正义)和"程序正义"(过程正义)而言,程序正义更加重要。但涉及边缘区众多利益主体空间资源分配的城乡规划,作为一项公共政策,不能仅着眼于当前局部事件结果的正义,而是要放在历史长河中去考量长远结果的正义,特别是关于生态环境和耕地保护的正义取舍。因此其实施行为的公平公正更多地应体现在过程正义中,只有通过程序正义,方可使这项影响长远利益的政策充分体现出综合结果的正义,而不是"急功近利",着眼于短期的眼前结果正义,而造成长远整体结果的非正义。

在追求程序正义的城市规划机制制度创新中,按照制度经济学的分析,制度中的正式约束(规则)可以充分借鉴有关制度或规则。但如果缺乏支撑正式约束的非正式约束的建立过程,则会大大降低正式约束的有效性。而非正式约束中信用体系的建立,是保障正式约束有效执行的一个重要因素。构建讲信用的制度环境是政府提供给社会的公共产品,在规划管理中,如何建立规划信用的社会评价机制尤为重要。因为信用是一种无形资产,是确保以分工与合作为基础的市场经济有效运行的助推剂,是连接不同经济主体之间的纽带。据《中国青年报》报道,我国每年逃废债务造成的直接损失约1800亿元,合同欺诈造成的直接损失约55亿元,产品质量低劣和制假售假造成的各种损失约2000亿元,由于"三角债"和现款交易增加的财务费用约有200亿元。另据统计,近年来合同交易只占整个经济交易量的30%,合同履约率仅有60%左右。信用是交易活动中最重要的资源,不讲信用不仅增大了社会的交易成本(如防止被骗、收集信息、打官司等),而且使许多经济活动(交易)无法进行。

在边缘区规划领域,规划信用缺失的问题也日益突出,具体表现为如下三个方面。一是城乡二元分割,导致规划成果只局限于城市建设用地,忽略了边缘区内存在的大量非城市建设用地,影响了自身的科学合理性;特别是边缘区实现城乡统筹的规划管理体系尚未健全,并且缺乏一个具有实效的

---

① 希尔贝克,伊耶.西方哲学史——从古希腊到二十世纪[M].童世骏,郁振华,刘进,译.上海:上海译文出版社,2004:601.

规划编制体系,无规划或临时编制规划导致边缘区规划变更的随意性加大,从而造成规划信息的混乱,广大民众质疑其严肃性、权威性,"朝令夕改"的规划就是对自身权威的挑战,这又如何能获得民众的信任呢? 二是因为边缘区处于城市和乡村混合地带,管理职责分工不清,造成区域内管理混乱,出现大量非法占用土地行为,给耕地保护和生态用地留下隐患。因缺乏及时的过程监督,一些既成事实的土地违法行为造成了规划被动修改调整,大大降低了规划的权威性。三是边缘区内因市、区级规划监察部门仅对城市建设用地违法实施监管,对乡村用地建设缺乏执法依据。许多重大规划实施前期,大量农民违法违章建房的突击行为屡禁不止,影响了正常的城市建设发展。过低的处罚成本使违法所获收益大于其支出成本,并且没有一个零容忍的制度约束,这使得违法行为的收益大于合法行为的收益,从而造成规划不讲信用的扩散效应。从武汉市 1992 年到 2002 年全市查处违法建设统计中可以看出违法建设呈总体递增的趋势(见表 5-3)。

表 5-3　1992—2002 年武汉市违法建设统计一览表

年度	查处违法建筑		拆除违法建筑	
	项数/起	面积/万平方米	项数/起	面积/万平方米
1992	982	12.15	—	
1993	3322	32.25	486	4.8
1994	2605	42.6	421	6.5
1995	4915	28.1	3880	7.1
1996	10726	56.7	9252	21
1997	5770	30.6	5274	14.9
1998	5717	35.1	5096	16.4
1999	12580	46.8	11686	30.3
2000	26500	110.29	25800	75.39
2001	12000	127	26230	96.32
2002	31110	282.16	29781	145.56

说明:2002 年数据到 9 月底为止,10 月份以后查处违法建设职能转交武汉市城管部门。

从深层次看,当前出现信任危机的一个重要原因就是缺乏对产权的约束。传统规划机制中的单一行为主体(政府)决策时过于随意或者缺乏连贯

性,没有一定的监督及责任追究制度约束,难以建立一个良好的信用体系。另外一个重要原因是旧有文化观念的桎梏。现实中我国的社会信用很大程度上依靠血缘、宗族或其他私人方式来维系,或者建立在关系经济基础上,而不是建立在超越私人关系的法律基础之上。关系经济很容易使法律、制度、契约、信用失灵,因此建立适应中国特色社会主义市场经济体制所需的信用体系必须从改革制度约束、产权约束以及文化观念入手。

规划信用体系的建立必须分两个层面。第一个层面(也是最基础,最重要层次)是规划中各个实施行为主体之间的相互制约机制。如农民工会、开发企业、规划编制机构之间建立一种由行业协会、中介组织以及其他非政府组织组成的信用网络,在此信用网络内,谁违规,谁不讲信用,谁就会被排除。第二个层面是国家以法律、制度等为手段的信用保障机制。首先要打破地方保护主义,加大对农民群体的信用法律知识的普及力度,建立健全与信用相关的法律制度。其次政府行政职能必须从一些社会中介组织中予以分离,保证执法监督的公正性。

据 2009 年 8 月住房和城乡建设部稽查办公室印发的《地级城市住房和城乡建设稽查机构设立情况》统计,全国 283 个地级市中,有 180 个城市分别在建设、城乡规划、房地产(含住房保障和公积金)及园林绿化(含风景名胜区)等领域设立了稽查机构,共计 289 个。另有 103 个城市则没有设立稽查机构,这其中又有 32 个城市将部分住房城乡建设系统的稽查职能划归城市综合执法机构。在上述 4 个领域中,城乡规划领域稽查机构设立(含划归城市综合执法机构)情况好于建设、房地产、园林绿化领域,但仍存在机构设立情况差别大,稽查执法机制设立不平衡,市、区级指导机制不顺畅等诸多问题①。

《中华人民共和国城乡规划法》健全了行政权力的监督制约机制,强化了监督检查的内容,旨在制约规划行政的自由裁量权,其中包括上级对下级的全面监督,人大对规划实施与修改的重点监督,以及对违反规划行为的社

---

① 住房和城乡建设部稽查办公室.关于印发《地级城市住房和城乡建设稽查机构设立情况》的函[EB/OL].(2009-07-23)[2022-04-02].https://www.mohurd.gov.cn/gongkai/fdzdgknr/tzgg/200908/20090804_193305.html.

会监督。但对涉及城市边缘区内乡村地区的规划监督则基本是一片空白，并且原有规划监督制度是规划执行和规划监督同体，属于事后监督，未能从预防的角度切实有效地进行监管。我国为加强城乡规划的效能监察，原建设部从 2002 年开始试点城乡规划督察员制度，到 2006 年 7 月正式启动派驻城乡规划督察员试点工作，主要是对城市总体规划、国家重点风景名胜区规划、历史文化名城保护规划执行情况进行督察。此后陆续通过了《住房和城乡建设部城乡规划督察员管理暂行办法》《住房和城乡建设部城乡规划督察员工作规程》等一系列制度，对建立城乡规划监督体系做了有益探索。但这些制度只限于中央政府和地方省级政府之间，也只是局限于一些宏观层面的综合规划督察，对边缘区内相关城乡统筹规划执行情况以及生态用地等专项保护规划则较为缺乏。

因此，考虑到边缘区规划管理的特殊性，为加大对边缘区规划的监督监察力度，地方市级政府与边缘区各区政府之间的规划督察机制也可参照此制度构建。向位于城市边缘区内各城区、乡镇派驻各自负责不同督察范围的城乡规划督察分员，并逐步形成城乡督察分员的常设制度，构建独立于规划管理行政机构的监督检查机构组织；并建立督察分员的工作范围和深度，重点强化底线思维，建立负面清单的新型管理模式，注重事前、事中、事后的全过程监督，通过告知承诺制等信用制度的建立，提高市场主体自身的能动性和自我约束力，用市场的力量提升行政审批的效能。

5.3　转型期大城市边缘区多中心平衡规划决策机制的完善

通过构建城乡统筹的部门协同平台，规范城乡规划决策内容，合理构建政策区划，建立多种方式的公众（特别是农民）参与及利益表达机制，确保大城市边缘区多中心平衡规划决策机制的公平公正及规范高效运转。

5.3.1　以多规合一为突破口，构建城乡统筹的部门协同决策平台

要实现大城市边缘区的规划决策机制的创新，必须先解决边缘区面临的城乡统筹规划的内涵问题，在现有城市编制体系基础上完善城乡规划编制体系和相应技术标准，为构建一个富有成效、科学合理的规划决策平台提供基本保障。

　　作为一个传统农业大国,农村始终是中国发展的基点和动力源,城市边缘区内的乡村用地则是大城市发展的广阔腹地。20 世纪的乡村和农民在为现代工业和城市发展作出巨大贡献的同时也付出了极大的代价。"三农"问题的根本性解决最终需要依靠现代工业和城市的发展,中国经济发展也将逐步从"农村支持城市"向"城市带动农村"转变。2007 年十七大报告中首次提出了"城乡经济社会发展一体化"的概念,明确了"走中国特色农业现代化道路,建立以工促农、以城带乡长效机制,形成城乡经济社会发展一体化新格局"。

　　实施城乡统筹发展是我国迈向现代化强国的战略性选择。其主要内涵是强调四个一体化,实质就是要求从以往单纯的"以经济建设为中心"的经济效率至上论,向更高质量的"经济社会全面进步"转变。区域、城乡协调受到前所未有的重视,标志着我国经济社会发展已进入从量变转向质变的全面转型发展时期。在此宏观政策指导下,要求城市规划的研究领域和控制范围须从城市扩展到城乡整体的区域范畴,使得规划内涵从"以城市为主"转向"城乡覆盖",原有城乡分割规划模式将进入城乡一体化的总体规划新时期。其核心应是积极探索巨大的城乡差异和快速的城镇化进程中,城乡统筹规划的宏观指导作用,促进大城市边缘区社会经济维度、生态环境维度、城乡空间维度三者的相互协调发展①。社会经济、生态环境、城乡空间维度关系图如图 5-5 所示。

　　《中华人民共和国城乡规划法》第五条规定:城市总体规划、镇总体规划以及乡规划和村庄规划的编制,应当依据国民经济和社会发展规划,并与土地利用总体规划相衔接。同时,十七大明确提出要建设"生态文明"社会,生态环境保护课题日益受到重视。因此,环境保护规划与三规共同形成的"四规合一"必然成为今后城乡统筹工作的重点内容,通过整合四类规划内涵,实现城乡统筹的部门协调决策机制。

　　武汉市积极探索了"四规合一"的现实途径,逐步打破部门壁垒,强化了城乡规划部门与相关部门特别是发展和改革委员会、国土部门以及环保部门的协调和衔接。

---

　　①　资料来源:武汉市城市规划管理局编制.武汉市城乡建设统筹规划(2008—2020):31.

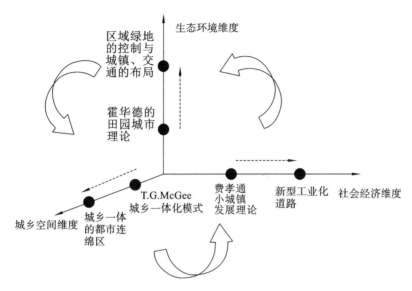

图 5-5　社会经济、生态环境、城乡空间维度关系图

资料来源:武汉市城市规划管理局编制.武汉市城乡建设统筹规划(2008—2020).

(1)与发展和改革委员会协调(国民经济和社会发展规划)

在与发展和改革委员会协调的过程中,应在确定区域或城市的功能定位、发展目标和发展战略时,与国民经济和社会发展五年规划以及中长期发展目标、主体功能区划等进行充分衔接,取得协商一致。同时充分发挥近期建设规划的行动规划属性,将国民经济和社会发展规划确定的重大建设项目在"城乡建设统筹规划"这一平台上进行有效整合,保证其确定的近期重点建设项目能够顺利落实。

(2)与国土部门协调(土地利用规划)

在新一轮土地利用总体规划修编工作中,原国土资源部开始在天津、江苏、山东、湖北和四川进行城镇建设用地增加与农村建设用地减少相挂钩的工作。在与国土部门协调的过程中,规划应依据"国土定量、规划定位"的指导思想,采取建设用地总量指标依据土地利用总体规划,具体布局按照"刚性框架、弹性利用"的理念,将区县所有可调整的城乡建设用地指标在空间上进行规划布局落实;规划布局范围内要求土地利用总体规划不能布局基

本农田,尽量少布局耕地,大力引导、促进农村集体建设用地的空间归并与整理复垦,以提高土地使用效率。

同时,针对以往存在的村镇体系规划滞后、农村居民点整理的观念障碍,以及具体的政策法规缺乏和资金瓶颈等现实问题,城乡规划部门应加强村镇体系规划的编制工作,继续大力推进农村宅基地的集中整理,在规划的各个层面落实村镇土地流转的要求,为实现土地规模化经营提供政策支持。积极探索在近期规划指导下的城乡规划实施年度计划的编制工作,超前做好土地储备和整理规划,确保年度下达的土地利用计划与城乡建设的年度用地安排相衔接,确保城乡规划在土地空间管制约束下发挥空间资源的高效配置作用。

(3)与环保部门协调(环境保护规划)

在与环保部门协调的过程中,城乡建设统筹规划进行"四区划定"和地区资源承载力分析等工作应进一步参照环境保护规划的要求。同时,应在与环保部门充分协调对接、取得一致的基础上,提出水、大气、噪声、固体废弃物等环境保护和污染物的排放控制目标及规划措施,通过空间管制途径将各类环境保护要求落实到具体地理空间,并且在规划指标体系中明确环境保护指标控制和禁止内容,在城乡规划的宏观调控作用下实现生态、环境保护和利用要求的具体化及操作的可实施化。

(4)建立部门之间相互协调的监督机制

在部门行政协调方面,应加强区级各部门之间的横向联系,建立部门横向协作机制(如进一步加强区级职能部门联席会议制度等方式),明确各部门的权责范围与操作程序,同时利用各部门职能划分现状,建立健全各部门之间的互相监督机制,以保障"四规合一"工作的开展。

5.3.2 以城乡统筹为目标,明确城市边缘区规划决策内容

按照多中心理论要求,多元化主体分散决策的组织方式,以及按公共经济特点所引起的多元化公共服务来源,为边缘区规划决策内容——规划编制、规划审批、规划决策实施的改革创新指明了方向。

面对中国大城市城乡统筹一体化发展的迫切要求和边缘区健康发展的

需求,必须打破现有的单一规划编制供给方式以及僵化的层级制规划审批模式,提高基层政权以及农民群体自治的组织实施能力。

(1) 规划编制层面

对现有的边缘区规划建立编制体系,首先,应避免计划模式下仅仅局限于城市及行政区划的编制理念,克服以往供给不足的制度缺陷,可在条块分类基础上实现全市域(含乡村地区)的分级编制管理方式,确保全区域规划覆盖,重点需增加对非建设用地的规划控制。在以往的城市边缘区规划编制中,由于城乡二元结构的影响,重点对城市自身的功能、发展进行了研究,而对乡村规划的关注不够;规划编制体系中只有一个反映城市政府意图的总体规划,缺乏可操作的适应城乡一体化建设的规划成果;规划管理的重点也是城市建设用地上的建设活动,非城市建设用地管理基本为空白,造成边缘区空间发展的混乱。按照城乡统筹发展的要求,为确保城市边缘区规划决策内容的全面与科学,必须将非城市建设用地上的多元主体建设需求,特别是乡村社区的发展利益纳入规划决策机制范畴之中。

以武汉市现行的"1+6+1"规划编制体系为例,主要包括由总体规划、分区规划、控制性详细规划构成的一个主干体系,由城市设计、历史文化名城保护、交通及市政专业规划、地下空间规划、旧城更新和改造规划、其他相关规划构成的六个支干体系,以及包含技术标准、科研课题、战略研究等的基础性规划研究。但无论是主干体系还是支干体系,总的思路都是突破原有的地域范围,遵循"一级政府、一级事权、一个规划"的基本原则,按照工作内容逐层分解的方式来划分不同阶段的规划层次。特别是在总体规划之上,着手开展"1+8"城市圈区域规划和武汉市城乡统筹规划,更是对地域范畴规划理念的突破。

针对城市边缘区的实际情况,可将边缘区规划编制体系提炼为"1+N"的规划编制模式,即一个包含城乡统筹规划、分区规划(打破行政界限,以功能组群为主)、控制性详细规划(含非建设用地)的法定规划,以及 N 个从边缘区区域角度及特点出发的交通及市政基础设施规划、生态建设与环境保护规划、区域公共设施规划、农业及林业产业发展空间规划、水资源综合利

用与水利发展规划、历史名村镇保护与旅游发展规划等专项规划。其中城乡统筹规划、分区规划以及涉及城市总体发展格局和安全要求的交通及市政基础设施、生态建设与环境保护等市域层面的专项规划,由市规划局主导编制,报市级规划委员会审查同意后,交由区级规划委员会监督落实。其余包含了非城市建设用地在内的控制性详细规划、农业及林业产业发展空间规划、水资源综合利用与水利发展规划、历史名村镇保护与旅游发展规划等各类更贴切服务于边缘区基层的规划,应由区规划局主导编制,并需报区级规划委员会审查决策,以及负责规划执行的监督检查工作。

其次,针对城乡统筹规划的编制内容,要树立一体化的思维模式,加大各类规划编制和类型划分的力度,做好市域内各种用地(含非建设用地及农用地)的统筹规划及具体功能区划。通过统筹城乡发展规划和总体布局,将城乡作为整体,避免城市和农村各自为战,改变城市发展较快,但农村发展滞后的状况。将城市土地、生态用地、耕地、农业用地予以统一考虑,重点对边缘区内非建设用地予以详细功能区划,扩充用地分类,从区域角度核定用地总量,根据实际情况严格控制并细化禁止建设、限制建设区的范围及类型,注重农业用地的规模化和产业化的要求。明确基本农田保护区、居民生活区、工业园区、商贸区、文化娱乐区、生态涵养区、交通基础设施区等功能政策区划,使城乡发展能够互相衔接、互相促进,从规划编制内容方面为明确城市边缘区的规划决策内容奠定基础(图5-6)。

最后,须建立公私合作的弹性规划编制供给体系,大力鼓励自下而上由各乡镇或村集体和几个相邻村联合开展规划编制工作,放开规划编制的决策权。政府可通过以奖代补或各级财政专项资金列支等多种形式鼓励各项规划的编制,并做好相关规划的指导工作,为促进城乡一体化发展提供资金保障。

(2)规划管理审批层面

在单一的市场经济机制下,各类利益主体为了各自的利益,对城市规划中影响自身利益的条款均提出了异议。一方面,部分大型利益集团借助手中的资源提出修改规划或突破规划的有关要求,有的甚至按其所需来编制规划;另一方面,少数乡镇村民组织无视规划要求,在自身诉求无法得到满

图 5-6　城乡体系结构规划图

资料来源：武汉市城市规划管理局编制.武汉市城乡建设统筹规划(2008—2020).

足时,采取违章违法行为,以形成既定事实的方式突破规划规定。从制度角度分析,其实质还是一元政府主导模式下,忽视了城市空间发生巨大变化的都市区发展的多元主体利益。

国外的相关区域规划均重视对空间区划政策的研究。英国的《东南区区域规划指引》根据地区的经济发展水平和面临的问题,通过强化城乡统筹宏观规划的指导作用,为明确规划决策的范围和模式奠定基础。以武汉市为例,按照城乡统筹规划的编制要求,以市域城乡为研究对象,从城镇建设、生态环境、乡村发展三个方面,对城市边缘区中用地功能予以详细区划,从而进一步明确了未来的城镇空间、生态环境保护和农业生产等地区的空间分布,建构一个适应边缘区发展的多中心空间结构体系(图 5-7)。由此形成的多中心空间体系的地域范围与多中心的规划管理机制对象高度吻合,确保城市外向拓展中建设成本低、与市场或者投资联系紧密,具有更经济的特征,也更具效率和可实施性。

首先,为避免以往的静态单向规划管理的弊端,按照规划管理公共服务特征的要求,必须转换思想,突破原有单一行政层级制的思维局限制约,面向边缘区复杂的多元化利益主体规划管理的实际需求,打破行政界限的束

图 5-7　武汉市域城乡功能区划图

资料来源:武汉市城市规划管理局编制.武汉市城乡建设统筹规划(2008—2020).

缚,按照功能区划进行分类规划、管理审批。力求真正做到强化刚性管理,增大弹性管理,填补乡村地区规划管理的空白,解除制约其自下而上的区、乡镇自主发展的规划束缚。

依据有效减少城乡差别,促进城乡融合,真正实现城乡之间一体化发展的机遇平等原则,为解决好边缘区多元化的规划管理需求,立足于多元利益主体的活动方式,从合理划分城乡空间入手,将边缘区划分为城镇化引导区、生态控制区和乡村协调发展区三类政策区划,并根据各功能区划所在地域不同、发展资源条件各异的客观情况,以及区域性交通基础设施和产业发展情况等因素,将边缘区进一步细分为以下七类政策区划:城际发展协调地区、城镇发展提升地区、城镇发展培育地区、区域绿地、城市绿环与带状绿楔、都市农业引导区、都市林业引导区。

①城镇化引导区是指武汉建成区外向空间扩展的主要区域,也是城市边缘区中对外辐射的主要通道地区,主要包括城际发展协调地区、城镇发展提升地区和城镇发展培育地区,具体可按照多中心理论的多元化发展需求,根据不同的发展特点采取不同策略来引导廊道拓展。武汉市域城镇化引导区指引图如图 5-8 所示。具体的分类规划管制措施见表 5-4。

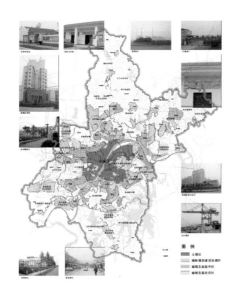

图 5-8 武汉市域城镇化引导区指引图

资料来源:武汉市城市规划管理局编制.武汉市城乡建设统筹规划(2008—2020).

表 5-4 城镇化引导区各类区划管制措施

分 类		管 制 范 围	管 制 措 施
城际发展协调地区	重大基础设施地区	区域性电力设施、水利设施、能源供应设施、空港、河港	(1) 各市城镇规划、市政管理部门将辖地设施供需情况反馈给武汉市市政、规划行政主管部门; (2) 市(区)规划、市(区)政主管部门根据设施供需情况,结合市域社会、经济的整体发展计划,对区域性基础设施进行统一规划,在市域范围内实现供需平衡;市城市规划委员会必须积极对市域内部因设施供需空间平衡要求而导致的设施在局部空间的增减以及设施共建共享等进行协调
	城际生态协调地区	长江取水水源地区、梁子湖湿地自然保护区、涨渡湖湿地自然保护区	(1) 在市层面建立城际协商机制,共同制定生态协调区域的保护规划和计划; (2) 市、区政府共同组织生态资源的开发,如城际跨境生态建设投资等。配合监测生态地区的生态环境状况

183

分　类		管 制 范 围	管 制 措 施
城际发展协调地区	城际交通协调地区	武荆高速公路、京港澳高速公路、武鄂高速公路、武黄高速公路、京广铁路、长江水道	（1）市政府通过立法和行政手段进行强制性监督控制，由各级区政府实施日常管理和建设； （2）通道地区由区级政府划定，区政府依据规划指引要求，在城镇体系规划和城市总体规划中具体落实通道走廊的位置以及相邻城镇通道走廊的接口位置； （3）通道由相关各区级政府进行磋商，由市政府协调、审查并监督实施； （4）通道的整理必须经市政府建设、交通等行政主管部门批准； （5）红线的规划应准确标注，不得擅自更改和挪用，项目报建应严格审查，防止侵占； （6）强化红线的监督手段，通过遥感监测、群众举报等手段对红线管理进行跟踪监督
	城际建设协调地区	盘龙—横店、武湖、蔡甸—走马岭、吴家山—金银湖、黄金口、北湖—豹澥、流芳	（1）成立武鄂、武孝城际合作工作委员会，搭建区域合作平台，负责协调城际建设协调地区的建设工作。城际建设协调地区的规划建设活动应受到两地市政府与城际合作工作委员会的管理和监督； （2）武汉市制定鼓励性政策，鼓励无污染企业向孝感、鄂州地区转移； （3）武汉市环保部门和孝感、鄂州市环保部门合作，共建地区环保设施； （4）市政府开放武孝、武鄂城市市政运营市场，建立城际协调平台； （5）鼓励镇级相互公开规划信息，统一产业发展标准和税费

续表

分　　类	管 制 范 围	管 制 措 施	
城镇发展提升地区	前川、邾城	产业园区	（1）市城市规划行政主管部门与区地方政府、规划行政主管部门共同编制工业园区规划，成立工业园管理委员会，统筹管理、协调园区各项发展事宜，为园区制定长远发展规划； （2）由区级政府统筹安排，按照"规划科学、定位准确、布局合理、功能健全"的原则，突破行政和地域分割，合理统筹土地资源，共享区域基础设施； （3）针对提升地区具体情况，市、区级政府应加大对产业园区建设的扶持力度，市、区级政府应共同制定有利于园区建设的企业、资金、人才引入等优惠政策，建立利润返还机制等； （4）区级政府和园区管理委员会还应设置发展门槛，禁止引入环境污染较大的产业、资源消耗型产业等
		公共服务中心	（1）区城市规划行政主管部门与市商业、文化、科技等行政主管部门共同编制公共服务设施规划； （2）市政府确定前川、邾城两处的公共服务中心发展性质、功能结构、组成以及规模，由区城市规划行政主管部门划定公共服务中心红线； （3）前川、邾城两处的公共服务中心原则上由辖地区政府负责建设，但可视公共服务中心的服务性质与范围，就市、区两级的财政支出与收益进行磋商

续表

分　类	管制范围	管制措施
城镇发展提升地区	前川、邾城	城镇居住地	（1）区政府制定村庄调整与改造计划和实施政策，确定市域调整与改造的总体目标及实施途径； （2）区政府对各城镇的村庄调整与改造进行监督，依法制止和处理各类违法行为，确保群众利益不受损失； （3）区政府制定外来人口集中居住地区的建设、管理计划和实施政策，明确区政府、城镇政府、相关企业以及外来务工人员的责、权、利关系；区城市规划行政主管部门组织编制外来人口集中居住地区的规划
城镇发展培育地区	乌龙泉—安山新城、邓南—侏儒街新城、东山街新城和各中心镇	（1）区政府对该类产业区的发展类型、建设规模、环境要求和建设标准提供有较强针对性的调控要求，镇政府负责具体的开发建设工作； （2）严格限制污染企业进入该区，防止出现与区域发展目标不一致的建设行为，保护该区环境； （3）各镇政府应严格按照城镇体系规划、城市总体规划中确定的用地布局、储备用地和生态廊道进行控制，保障远期发展的可持续性； （4）市政府应会同区、镇政府根据城市总体规划、城乡建设统筹规划以及其他重大发展计划中确定的对未来发展具有战略价值的地区进行强制性控制，储备发展用地、预留城市发展空间

其次，在城镇化发展迁村并点的过程中，应注意对历史文化名村的保护，制定特殊的规划管理办法和技术规定。该类型村庄应首先作为保留村，控制适宜的人口规模，在注意保持历史建筑风貌特色、空间形态和结构肌理的同时，应注意对原住民的传统文化习俗、生活方式等非物质文化要素的保护延续与合理利用，确保地区文化特色的本土性和民族性，真正将中国具有传统文化的特色予以继承和发扬，并将其塑造为能代表城乡一体化发展目

标下城市区域文化的一个重要的基源。

②生态控制区是从生态容量、生态安全角度确定的市域内需要永久性禁止或限制开发的地区,该区域是武汉最重要的生态涵养区,主要由以风景区、湿地保护区为主的区域绿地以及城市绿环与带状绿楔构成(图 5-9)。具体的分类规划管制措施见表 5-5。

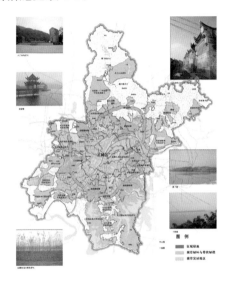

图 5-9　武汉市域生态控制区指引图

资料来源:武汉市城市规划管理局编制.武汉市城乡建设统筹规划(2008—2020).

表 5-5　区域绿地、城市绿环与带状绿楔管制措施

	管制范围	管 制 措 施
区域绿地	各类生态保护区、水源保护与涵养区、风景绿地、河川绿地	(1) 在自然保护区内建立水源保护区需要通过调查和检测,查清土地权属,明确范围,划定边界,并建立环境和资源档案; (2) 结合国家有关的法律、法规制定严格的管理制度,由负责区域绿地管理的市级有关职能部门(如环保、国土、林业、水利、农业等部门)严格开展各项维护和恢复、重建工作; (3) 生态敏感的自然保护区必须维持区内自然状态和原始状况,除维护原生系统的必需设施外,禁止一切开发建设行为,原有不符合其功能要求的各类人工设施应逐步迁出; (4) 水源保护区由市级相关部门划定,并进行管理及建设

管制范围	管制措施
区域绿地 各类生态保护区、水源保护与涵养区、风景绿地、河川绿地	（5）在森林公园、旅游度假区内设置公共服务设施，必须向市相关管理部门提出申请，经批准后，在指定的地点从事经营活动，并遵守区域绿地规划建设管理的有关规定； （6）对河川绿地的开发利用须向市级相关管理部门提出申请，允许在一定的限定条件下进行与其功能不相冲突的低强度开发建设； （7）制定大、中型水库的保护蓝线，并沿岸设置水源林，维持水库的合理水位； （8）区域绿地内的村应根据上位规划对村改造搬迁进行指引，结合实际情况，分期分批向周边中心村、中心镇迁移；各镇政府应严格按照区城镇体系规划、城市总体规划中确定的用地布局进行实施与监督
城市绿环与带状绿楔 山体、湖泊、公园、城区沿河沿街带状绿地	（1）涉及多个部门的环城绿带管理事项，由市规划行政主管部门综合各有关部门的意见，提出处理意见，报市人民政府审定； （2）涉及多个组团的环城绿带，根据不同的城镇整合区的主管（如城镇强制整合区由区政府，城镇控制协调区由分局，城镇松散联盟区由城镇管治委员会）贯彻建设及管理事务； （3）任何单位和个人在环城绿带内使用土地进行建设，必须符合环城绿带的规定，并服从城市规划行政主管部门和相应职能部门的管辖； （4）为了确保环城绿带用地的开敞性，必须严格控制环城绿带的用地强度，保证一定的空地率及绿化面积（空地率大于90％，绿地率大于75％）； （5）该地区内的村庄将按照城镇体系规划、城市总体规划中对村庄的改造搬迁指引，逐步搬迁至外围城市发展区，实现城镇化

　　在规划管理上应避免区域性的交通设施、市政基础设施的延伸,制定严格的规章制度,并从制度经济学角度进一步明确生态用地产权价值的评估,提高各区、乡镇政府对生态权益长远经济效益的再认识水平,从源头上严格控制该地区各种形式的建设行为,逐步减少人口规模。

　　③乡村协调发展区是主要从事农、林、牧、渔业生产活动的地域,主要可划分为都市农业引导区、都市林业引导区。在空间分布上,它是指位于城镇化引导地区与生态控制地区之间的大量非城市建设用地,在规划管理上应促进城镇化引导地区与生态控制地区在该区域相互渗透,协调好城镇建设与生态控制的比例关系(图 5-10)。具体分类规划管制措施见表 5-6。

图 5-10　乡村协调发展区指引图

资料来源:武汉市城市规划管理局编制.武汉市城乡建设统筹规划(2008—2020).

表 5-6　都市农业引导区、都市林业引导区管制措施

	管 制 范 围	管 制 措 施
都市农业引导区	种植业、生产养殖、畜牧家禽养殖、乡村居民点	（1）在基本农田保护区内建立水源保护区需要通过调查和检测，查清土地权属，明确范围，划定边界，并建立环境和资源档案； （2）生态敏感的基本农田保护必须维持区内自然状态和原始状况，除维护原生系统的必需设施外，禁止一切开发建设行为，原有不符合其功能要求的各类人工设施应逐步迁出； （3）对农业区的开发利用需向区级相关管理部门提出申请，允许在一定的限定条件下进行与其功能不相冲突的低强度开发建设。应严格按照区城镇体系规划、城市总体规划中确定的村庄改造规划指引，迁并分布零散、规模小的村庄，将规模较大、经济情况较好的村庄建设为中心村。各镇政府应严格按照上位规划要求予以实施和监管
都市林业引导区	经济林、生态林、花卉、苗圃、乡村居民点	（1）结合国家有关的法律、法规制定严格的管理制度，由负责林业管理的市级有关职能部门（如环保、国土、林业、水利、农业等部门）严格开展各项维护和恢复、重建工作； （2）对林地的开发利用需向区级相关管理部门提出申请，允许在一定的限定条件下进行与其功能不相冲突的低强度开发建设； （3）应严格按照区城镇体系规划、城市总体规划中确定的村庄改造规划指引，迁并分布零散、规模小的村庄，将规模较大、经济情况较好的村庄建设为中心村。各镇政府应严格按照上位规划要求予以实施和监管

最后,在城乡统筹的目标指引下,城市边缘区的规划管理审批必须突破以往按行政界限和规划类别进行市、区分工的原则,针对上述七类不同的政策区划,从不同功能所属的空间范围来确定市、区分工。

由市级规划委员会规划决策、市规划管理局予以全程行政审批并直接管辖的空间范围主要包括城际发展协调地区、区域绿地和城市绿环与带状绿楔等生态监督性管制区。由市级规划委员会确定项目选址、市规划管理局发放选址意见书、区级规划委员会予以监督、区规划管理局进行具体建设工程审批并报市局备案的市区联合管辖的空间范围主要包括:城镇发展提升地区涉及全市的重大产业相关的工业园区、市级重点公共设施项目;可能产生环境污染和有特殊负面影响的项目选址;边界地区的开山、填湖等对自然资源有重大影响的建设行为;涉及城市防灾与安全的工程建设行为,如堤防工程标准及选址,工程竖向标高设计等;以及城镇发展培育地区中已明确为城市未来战略性控制预留的发展用地。其余的均由区级规划委员会予以规划决策、区规划管理局进行全程行政审批并直接管辖,空间范围包括其他城镇发展提升区、其他城镇发展培育区、都市农业引导区、都市林业引导区等乡村协调区。具体如图 5-11 所示。

(3)规划决策实施层面

按照三级双层制组织体系,考虑编制和审批程序的不同类别和政策区划要求,对边缘区内由市规划管理局审批的区域内重大产业项目、市政基础设施以及涉及城市安全、生态等方面的建设项目,一律提交市级规划委员会决策,并由市政府组织规划、建设、国土、交通、环保、水利、林业等相关部门依照各自的职能,依据法规实施管理;其他项目则由区级规划委员会决策后,由区级政府或乡镇政府组织相关部门以及各村民委员会实施。

但是如果项目实施建设与各类法定规划(分区规划、控制性详细规划)以及市级规划委员会审查通过的各类专项规划不一致或有重大冲突,应先由区级政府报市规划管理局组织咨询评估,再提交市级规划委员会,审查通过后方可组织实施。与市规划管理局审批的规划基本一致或需稍微调整的,以及区属管辖范围内项目实施与区级规划委员会审查的规划和决策不一致的,由区、乡镇政府或村级组织报区规划管理局进行咨询评估后,上报

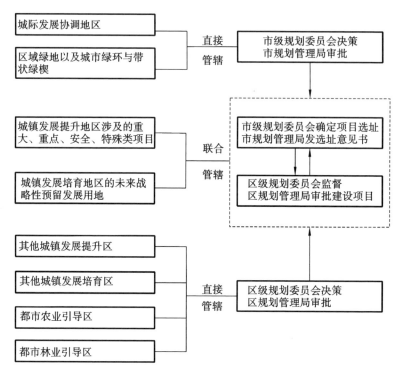

图 5-11　市、区规划管理审批分工结构

资料来源:作者自绘

区级规划委员会,审查通过后方可实施。

　　因此,作为边缘区重要的规划行为决策和项目监督实施的机构,区级规划委员会必须是一个由多方主体参与的具有实务性质的机构,即应包含市级规划委员会部分成员、各级政府官员、村民代表、开发企业、独立型专家学者及科研设计机构等,涵盖政府、社会、市场三个层面的不同利益主体代表。

5.3.3　拓展城市边缘区公众参与途径,强化多元化规划决策程序

　　在中国的转型特殊时期,城市边缘区的乡村社区组织建设方面基本是空白,仍然依赖原有村落等地理空间构建的松散型村民组织形式;城市边缘区的各类小城镇的社区建设中,则因居住形式构成及居住人群的复杂化,没能形成相对清晰的、具有归属感的社区空间载体。再加上城市文明意识的淡薄,单纯依靠公众自主参与意识的觉醒是有一定困难的,通过强化居委会

的行政职能也有较大阻碍,依靠村民委员会更是无法形成相对清晰的、具有归属感的社区空间载体。

因此,在城市边缘区中面对更多不同利益诉求主体,以及乡村广大农民民主意识更为薄弱的现实状况,如何从制度建设方面,真正建立边缘区规范的公众参与长效决策机制尤为重要。

第一,要完善相关城乡规划法规,明确不同参与主体的权利和义务边界,赋予公众参与的法定地位。特别是在城市边缘区中,树立城乡规划的专业意识、权利与公众参与的相互关系新思维,转变政府一元主导的路径依赖模式,真正意识到一定的社会开放性的民主参与对规划发展的重要意义,从法律层面确立公众参与在城市规划体系中的地位。

因为只有从制度层面赋予其合法地位,公众才能真正参与公共事务,体现城市规划作为公共政策的立法为公、规划为民的公平公正本质。目前虽然部分城乡规划相关法律中提到了公众参与的内容,比如 2008 年实施的《中华人民共和国城乡规划法》第二十六条规定:"城乡规划报送审批前,组织编制机关应当依法将城市规划草案予以公告,并采取论证会、听证会或者其他方式征求专家和公众的意见。公告时间不得少于三十日。"2005 年 12 月原建设部颁发的《城市规划编制办法》第六条规定:"编制城市规划,应当坚持政府组织、专家领衔、部门合作、公众参与、科学决策的原则。"但是大多数法律只是以附属的形式出现,缺乏系统的、程序性的规定。因此需要在规划的立项、编制、审批、实施监督以及行政复议中对公共参与的内容和程序进行明确的规定。与此同时,应在各级地方规划法规和条例的制定过程中,切实从操作角度落实公众参与。进一步增强规划立法的透明度,拓宽各种参与渠道;建立系统化的文件公开机制,实现立法公开;健全和规范城乡规划立法会议公开制度,建立以听证会为立法论证主导程序的制度;强化和落实民众参与立法的其他多种方式[①]。

第二,采取多种灵活有效的渠道与方式,重点考虑农民群体易于接受的方式,提高广大群众特别是农民群体参与的积极性。现有城乡规划中公众

① 郭建,孙惠莲.城市规划中公众参与的法学思考[J].城市规划,2004,28(1):65-68.

参与程度不高的原因主要包括主观和客观两个方面的因素。主观方面,广大群众缺乏主动维权的意识,特别是农民群体的民主意识更为薄弱,认为规划是政府和专业部门的事情,公众意见发挥不了作用,从而不会投入太大的热情去关注;客观方面,由于规划成果的技术性太强,展示方式过于简单,而大多数人对规划并不了解,文化素质又有限,并不能很好地理解展示的规划成果,从而影响公众参与的积极性。因此,必须开拓思路,多渠道、多方式地为公众参与创造条件。首先,应展示城乡规划成果文件,突出与居民生活密切相关的规划内容。采用形象化的广告式语言和图画来呈现表达效果,使技术性很强的文件变得通俗易懂、重点突出。同时,规划的编制单位在城乡统筹中及农村发展规划的编制成果中,注意采取农民喜闻乐见的图例等表达方式,突出规划的重点和要点,增加一些主题形象的成果示意。其次,在广泛普及规划相关知识的基础上,拓宽规划展示的渠道,尽量采取多样化的易于接受的展示方式,不但要借助多媒体、网络技术等现代媒介,还要运用座谈、公示等传统方式,在乡村地区还可以采取传统戏曲、评书等农民喜爱的文化娱乐方式,尽量扩大规划公示的普及面,增强其宣传力度,既达到了全面公示的效果,又普及了规划知识。最后,通过适当方式,最大限度调动公众积极性,切实照顾农民等群体的利益诉求。公众参与实际上是通过不同利益群体之间的互动交流,以协调不同阶层的利益活动诉求。因此必须采取适当有效的方式和制度安排让参与者体会到参与的好处,畅通不同的参与渠道,保障参与过程中的平等协商和公开、公正。

第三,结合规划的阶段性特征,针对不同类型的规划成果,确定边缘区不同的公众参与内容及重点。公众参与城市规划是指参与规划的全过程和各个不同领域,以更好地促进规划行为的公正与公平,确保规划能真正体现公众利益要求,并能顺利有效地执行。规划的全过程大致可以分解为规划立项或计划阶段、规划编制阶段、规划审批阶段、规划实施阶段和规划监督评估阶段五个部分。每个部分都有其工作重点,只有分清工作重点,研究不同阶段公众参与的方式和内容,方可真正实现规划全过程的公众参与。

同时在城乡统筹的农村社区发展规划中,要针对规划的对象及所设计的空间领域,从当地的文化风俗传统习惯出发,选择不同的参与方式,真正发挥公众参与的监督制约机制的作用,保证规划是符合当地实际发展的愿景。这样公众才会真正理解规划,从行为上自动遵守规划、执行规划、发展规划,不良现象才会得到遏制。规划只有成为公众生活中的一部分,才能具有长效的生命力。

第四,发挥乡村社群自治作用,倡导公众主动参与决策行为。一方面,传统公共决策中,公众被动式的过程参与多,涉及公共利益方面的参与少,并且对全局根本性的公共利益也较少关注。传统的"小我"参与心理习惯不利于"大我"价值的维护。另一方面,从组织模式上看,在经济转型时期政府企业化特征的影响下,政府主导的公众参与可能会偏离大众的利益,而且单一专家决策方式又缺乏相应的评判和监督,可能会掩盖真正的社会问题。

公众参与的决策方式不予以变革,公众参与的民主性也就无法予以保障。从制度经济学角度分析,公众参与也属于公共服务的范畴,必须借助各类非政府组织和乡村社群自治组织方式建立一个公私合作模式的长效规范机制。由这些组织来规划全过程的公众参与,既可减少现在公众参与的制度内、外成本,又能从社群意愿出发,从专业知识角度提出有针对性、切实可行的参与意见。只有这样才能真正促进公众积极参与,确保公众参与能落到实处,并能在规划编制和管理中发挥长效的积极作用。

把公众参与作为城市规划决策乃至一切决策的最终依据并非易事。某些城市缺乏对公众参与的法律保证,公众参与的形式停留在初级的层面,如规划展览会、民意调查、项目公示或网络公示等。与城市边缘区不同主体特别是乡村广大农民自主治理所要求的特征不同,当前的公众参与很大程度上只是作为政府决策的一种辅助手段。许多学术讨论只是停留在公众参与的技术层面,关心的是采用何种手段(如规划公示、问卷调查等)能够更好地收集民众对规划的反馈意见。

实际上,这种思路在潜意识中依然强调政府一元主导的决策作用,认为目前公众的参与意识和素质还未达到实质性开展公众参与的要求,只能给决策部门提供某些建议。这就是当前乡村社区自主规划和公众参与进展缓慢的主要原因。目前我国边缘区公众参与的主要形式及其局限性见表5-7。

表 5-7　目前我国边缘区公众参与的主要形式及其局限性

规 划 阶 段	参 与 形 式	局 限 性
规划立项准备阶段	政府单一决定项目	不符合乡村地区实际意愿
初步草案准备阶段	公开宣布规划决定,深入实际调查和收集资料	未能向公众公开介绍规划目的、方法和参与形式;未能组织好各级城市规划公众参与,特别是乡村地区农民的参与
规划方案形成及初步成果完成阶段	了解与此次规划相关的各方面意愿,并将方案向社会公开展示	未能有效保障农民等群体的利益要求,且无法有效落实公众的不同意见
规划成果审查阶段	召开专家评审会	规划的评审人员单一,规划评审结果往往对广大农民群体缺乏公平性与公开性,对于其他利益团体的利益分配也欠缺平衡性
规划成果完成阶段	规划成果公开展示	无法保证所有利益主体知晓
规划实施阶段	公众舆论监督	缺乏相应法律保障,公众意见不被采纳

　　"真正的公众参与在于把决策权下放或分权给社区。这里就涉及两方面的问题:一是政府是否把生活管理决策权下放给社区?二是社区是否有能力接过这一管理权?"[①]。当前我国小城镇中的居民委员会作为主要的社区管理组织,存在人员年龄老化、知识结构落后等制约因素,难以应对现代条件下社区管理的复杂矛盾,因此,单凭居委会是难以承担社区组织管理重

---

　　① 张庭伟.政府、非政府组织以及社区在城市建设中的作用——"在全球化的世界中进行放权规划管理的展望"国际讨论会回顾[J].城市规划汇刊,1998(3):14-18,21.

任的;而且在广大农村地区仍缺乏相应的社区管理机构,原有的村委会因管理职能的宽泛和行政化,其人员构成、文化程度以及其他硬件设施水平,根本无法为村民贴身服务,其社区内容的管理基本一片空白。所以无论是在城镇的居民社区还是在乡村的农民社区,非政府组织的协调作用正日益凸显。

在城市边缘区实践中,公众参与的成功案例目前还很少见,主要是一些被动式的过程参与方式,涉及自身利益的参与较多,同时受传统习惯和文化素质所限,公众参与的积极性不高,而且实际参与的渠道和方法也很少。

由此可见,我国现阶段中公众参与途径的完善应当立足于构建以社区为基点的公众参与机制,进一步完善公众参与的内涵,确保从规划决策到规划编制再到规划实施以及最后规划监管全过程的参与,并且要将公众意见采纳度作为规划审查和实施的标准;大力拓展多种形式的公众参与渠道和方式,提供多元利益主体协商交流的平台;调动社区居民特别是广大农民群体"当家作主"的参与积极性,高度重视非政府组织和社区组织的建设,培育良好的民主意识氛围;并通过政府的公共干预保障弱势群体的话语权,将边缘区公众参与的制度以法律的形式予以固化,增强其法律保障地位。

5.4　转型期大城市边缘区多中心平衡规划实施机制的创新

按照制度经济学的理论,制度分为正式约束、非正式约束及实施机制三个方面(诺思)。按照诺思的定义,制度是一种博弈规则,而规则实施建立的原因在于:一是市场经济中的交换复杂度日益增加,二是人的有限理性以及社会行为动机的冲突增多,三是合作者双方信息的不对称。而其中制度的有效性除了取决于正式规则和非正式规则的完善,还取决于实施机制的健全。如果离开了实施机制,那么制度就形同虚设。我国转型期城市边缘区的实施机制的创新重点,应是通过建立产权明晰和价值平等的适应市场经济的土地政策、相关策略和运作模式确保规划机制的有效运转。

5.4.1　明晰城乡多样化产权配置,建立分层次多元化土地供应机制

传统时期关于产权的一个误区是强调了产权的实物性,即强调生产资料归谁所有,而忽视了产权的价值性,即产权的可转让性和可交换性;强调

了产权的实物管理，而忽视了产权的价值管理；强调了产权的社会公平功能，而忽视了产权的资源配置功能。

菲吕伯顿和配杰威齐指出"产权不是人与物之间的关系，而是只由物的存在和使用引起的人们之间一些被认可的行为性关系。产权分配格局具体规定了人们那些与事物相关的行为规范，每个人在与他人的相互交往中都必须遵守这些规范，或者必须承担不遵守这些规范的成本。这样，社会中盛行的产权制度便可以被描述为界定每个人在稀缺资源利用方面的地位的一组经济和社会关系"[①]。产权经济学属于新制度经济学的分支。新制度经济学纠正了传统经济学的认识，认为产权失灵才是市场失灵的根源，按照"科斯定理"所述，许多市场机制作用下产生的负外部性，公共产品供给不足，根源并不在外部性和公共产品本身，而在于产权失灵，即"产权不存在或者产权的作用受到限制而出现的资源配置较低甚至无效的现象"[②]。但产权制度是否有效率，归根结底取决于国家意志，"产权的出现是国家统治者的欲望与交换当事人努力降低交易费用的企图彼此合作的结果"[③]。因此产权的无效或低效配置与政府行为有关，产权所有制残缺的根源在于政府过度干预和管制。

著名新制度经济学家登姆塞茨认为，产权的界定"一个有用方式是考虑权利束的两个重要成分：排他性和可让渡性"[④]，这里的排他性指的是，除了所有者，其他任何人都没有阻止其他人使用资源的权利，以及所有者决定谁可以使用一种资源的权利，同时可让渡性可以看作是基于排他性确立的，因此排他性就可以视为判断产权所属的最基本的标准[⑤]。根据排他性标准，登姆塞茨把产权分为公有制、私有制和国有制[⑥]。其中在城市边缘区内具有多

---

① 科斯，阿尔钦，诺斯，等.财产权利与制度变迁——产权学派与新制度学派译文集[M].上海：上海三联书店，上海人民出版社，1994：204-205.

② 卢现祥.西方新制度经济学（修订版）[M].北京：中国发展出版社，2003：185.

③ 诺思.经济史中的结构与变迁[M].上海：上海三联书店，1991：22.

④ 登姆塞茨.一个研究所有制的框架[M]//科斯，阿尔钦，诺斯，等.财产权利与制度变迁——产权学派与新制度学派译文集.上海：上海三联书店，上海人民出版社，1994：180.

⑤ 许彬.公共经济学导论——以公共产品为中心的一种研究[M].哈尔滨：黑龙江人民出版社，2003：94.

⑥ 登姆塞茨.关于产权的理论[M]//科斯，阿尔钦，诺斯，等.财产权利与制度变迁——产权学派与新制度学派译文集.上海：上海三联书店，上海人民出版社，1994.

样并存的产权形式,尤其是在土地资源权力束方面,农村集体土地的公有制与建设用地国有制之间的产权特点,因其不同的外部性问题,而具有不同的效率特点,特别是国家的政策不同,而导致价值内涵不同,对共有产权的可让渡性和交换性认识不足,导致产权的所有制缺失。其中集体土地转征用制度是国有建设用地唯一的流转渠道,低估了共有产权的价值,不完全适应城乡统筹的发展需求。

确保城乡用地的统一规划和管理,实现"四规合一"的城乡一体化发展的基础应是加速建立城乡土地流转制度,建立共有产权在内多样化产权配置模式的分层次多元化土地供应机制,重点是关注农村用地(耕地和宅基地)与城镇建设用地之间产权配置的统筹,核心是改变现有城乡分割的二元土地制度(土地的二元所有权以及二元经营管理权)。城市内的国有土地可以通过招、拍、挂等市场方式,实现市场价值的合理评估,并能以此获取使用权出让后包含增值部分的土地收益,但乡村中集体土地的价值评估明显低于市场实际价值,且不能直接进入市场自由流转并获取相应的收益,具有明显的产权残缺特征。只有加快农村土地制度改革,引入市场机制并完善法规,才能切实解决城乡发展不协调的深刻矛盾。

(1)坚持总量控制原则,积极推动农村土地流转

土地产权流转、土地征用制度的变革是多中心平衡机制的前提。推进土地管理和使用制度改革,建立集体土地与城镇土地之间的剪刀差,提高征地补偿的评估标准和价格,对耕地、生态林地或其他涉及生态及生命线的土地开发利用提高限制标准和建立多元化补偿机制。

在坚持农村基本经营制度、稳定和完善土地承包关系的基础上,积极稳妥推进土地承包经营权的流转。在农民自愿的前提下,建立以行政村和村集体经济组织为依托,以租赁为主、投资入股为辅、多种形式并存的农村土地承包经营权流转制度,促进农用地集中使用,实现农业规模化、产业化经营。土地流转改革应在坚守耕地面积和粮食产量底线前提下,建立并推进城乡建设用地流转和区域耕地有偿占补平衡机制。在坚持总量控制的前提下,鼓励农村建设用地流转,流转后的建设用地指标余额采取坚持城镇建设用地指标增加、农村建设用地指标减少的原则支援城镇建设。

可探索预留相应的建设指标,采取"产业建设指标券"的方式在产业项目成熟后依据"产业建设指标券"申请供地,也可通过指标交易平台进行交易流转或将指标通过租赁、作价入股的方式流转到自然资源运营管理平台,由政府组织统一开发运营获取收益,多种途径灵活释放区域资源。

(2)通过规范土地流转行为,加大土地流转市场的培育

由于我国现行农村集体土地使用权流转整体上仍处于起步阶段,加强政府引导和服务,加强制度化建设,切实规范土地流转行为,建立长效的土地流转机制显得尤为重要。积极尝试在各中心镇成立土地流转服务中心,各村成立土地流转服务站,负责农村土地流转的政策咨询和信息服务,指导流转双方签订土地流转合同,对土地流转纠纷进行调解,对土地流转合同的登记、变更等情况进行备案。同时,应积极培育农村土地流转市场,利用城市科技资源积极培育土地评估事务所、土地信托银行、土地保险公司等土地流转中介机构,开展土地评等定级、估价工作,为土地流转搭建平台,提供法律、政策咨询服务。

(3)设立土地流转集中区,实现农村土地规模化经营

以设立"土地流转集中区"为目标,促进农村产业与土地两者的集约使用,形成农用地、农民居住用地和生产用地三类土地流转集中区。土地的流转集中,实现农村土地的规模化经营,有利于各类市场资源的有效配置,提高农业用地的产出经济效益。

(4)鼓励农村人口向城镇集中,实行"土地换社保、宅基地换住房"

在失地农民向城镇集中,推动城镇化进程的过程中,由于现状农民收入水平的限制,进城的资金来源就成了农民面临的最大问题。农民最大的财产是土地,以土地换资金的方式是切实可行的资金筹措方式。"土地换社保、宅基地换住房"的做法正在全国范围内进行探索,有了城镇住房和社会保险,就能够帮助农民实现在城镇的稳定生活,从而推动土地流转进程。

(5)提高土地补偿标准,保障失地农民利益最大化

目前武汉市农户土地出让费用一般按照亩产800斤粮食的价格作为年租金,这种价格定位与受让方能够获得的收益相比,落差极大,对于农户来讲极为不平等。因此应按照市场价值调整农村土地的地租水平,建立级差

地租体系。探索建立农村土地资产评估制度,编制相应地价指数,制定土地流转的基准价格和标定价格,及时反映土地使用权流转市场的价格水平,并且保证信息公开,通过科学测算地租、地价,确定土地承包费和转包费,给予农户合理的土地出让补偿,支持其在非农产业中就业,提高农民进城的意愿。

同时,土地流转利益要按财产权性质进行分配。虽然集体非农建设用地的土地收益应主要为集体所有者所得,但应尊重土地使用权这一用益物权的权利,充分考虑土地使用权人的应得利益,使土地流转的利益分配落实到农民手中,坚持农户得"大头",从经济上充分体现农民的承包权益。

5.4.2　建立土地开发生态银行,保障一体化规划的市场调控机制

从国内外工业革命后近百年的城市发展历程看,城市外向扩张的过程中,边缘区中各类生态环境用地的保护与建设无不面临诸多困难与阻力,其中生态绿地更易被侵蚀。

1938 年,英国议会就通过了关于伦敦及其附近各郡的绿地法案,但由于受到各方阻力,收效甚微。韩国在 1971 年修订城市规划法,发布了控制发展区域法案,在 14 个大中城市设置城市生态绿地,但是在具体的操作层面,从颁布之日起就遇到了问题,并且直至今日关于城市生态绿地政策的存废在韩国国内仍然存在广泛争议。

从国内来看,北京在 20 世纪 50 年代由中央政府确定了"分散集团式"布局原则,在城市中心地区与边缘集团之间用城市生态绿地隔离。尽管取得了一定进展,但绿地规模一减再减,1958 年编制总体规划时确定的绿化隔离地区面积是 314 平方千米,到 1983 年减至 260 平方千米,至 1993 年修订总体规划时又减少为 240 平方千米。深圳、上海、南京、武汉等地也遇到了同样的难题。相关监测结果表明,近 20 年来武汉市汉口地区几何中心已经从解放大道附近推进到发展大道,内外推移了约 3 千米,建成区由狭长 L 带形演变为饱满的折扇形;武昌和汉阳的几何中心也分别向外推移了 3.4 千米、2.8 千米,每年移动速度分别达到 170 米、140 米。同时,加上城市边缘区内广大乡村地区的自发"城市化"扩展,在此双向扩张压力下,城市生态用地控制与保护的问题日益突出。

武汉市按照生态文明城市建设的要求,以"生态建设—城乡绿化一体化"为目标,坚持生态优先发展战略,构造和谐共生的城乡生态环境框架体系。围绕六大生态绿楔与环城绿化带建设,合理划定禁限建分区,加强生态功能分区管理,实施增绿和水系连通工程,维护并推动生态系统的稳定与平衡,特别是对城市边缘区内面临侵蚀危险的生态建设敏感区域,规划管理中通过制度设定予以严格控制,增强该地区内重大项目决策的科学性,明确生态建设重点。武汉市依据碳氧平衡法及建设用地需求量法两种方法的综合计算评估,确定都市发展区生态用地比重为 66%～77%,其中,纯生态用地比重控制在 60%～65%,非农建设用地与农村居民点面积比重控制在 5% 以内。生态控制地区又划分为禁建区、限建区和适建区。禁建区主要包括山体、水体及山体保护区,水源保护区,重要市政交通防护绿带,绿楔核心四个部分。其中山体、水体面积 706.2 平方千米,占都市发展区用地的 21.8%。限建区主要依据生态要素的保护,生态框架完整性的维护,各区土地出让的现实要素,以及城市发展轴向的引导要素进行划定,规划限建区面积 427.7 平方千米,占都市发展区用地 13.2%。适建区主要依据城市发展轴向的建设引导要素及各类评价要素的综合控制进行划定,规划适建区总面积 1044.7 平方千米,占都市发展区用地面积约 32.2%,其中城镇建设区 906 平方千米,占都市发展区用地面积约 28%,其他适建区 138 平方千米,占都市发展区用地的 4.3%[①]。

通过以上要素的划定,武汉城市生态用地初步形成"两轴两环、六楔多廊"的框架体系,即主城区内以长江、汉水及东西山系形成的十字形山水轴,城市边缘区内以中环线防护绿化带为纽带,串联严西湖、汤逊湖、后官湖、金银湖等山水自然资源,形成宽约 1.6 千米的串珠状生态隔离环;以城市外环防护隔离带为纽带加强对边缘区扩展腹地内道观河、沿湖、索河、梁子湖、斧头湖、涨渡湖、武湖、木兰湖、青龙山等大型水体、湿地和森林的保护,构成都市发展区的生态保护圈(图 5-12)。

---

① 资料来源:武汉市城市生态绿地规划实施及补偿机制研究.武汉市委政策研究室综合二处,2009.

图 5-12　武汉市域生态环境保护规划图

资料来源：武汉市城市规划管理局编制.武汉市城乡建设统筹规划(2008—2020).

城市的外向蔓延扩展对城市边缘区空间最大的威胁就是蚕食和破坏边缘区生态空间。一方面是在规划技术的管理上，对乡村生态空间的重视与保护不够，另一方面则是生态环保产权缺失而导致的外部性问题。世界各国对生态环境保护的实践已经证明，仅仅依靠政府单方面投资，不但政府承担不了，而且效率低下。随着社会、经济的发展，人们对生态环境保护的意识也愈发强烈。发达国家的环保资金一般占 GNP 的 1.5% 以上，以水污染治理为例，中国水污染防治费用仅占 GNP 的 0.2%。但这些有限的资金建立起的 2 万多套工业废水处理装置，运行有效的仅1/3。因而我国生态环保的低效与非市场化运行方式密切相关。尽管我国近几年经济有了快速增长，但其发展是以毁坏森林、过度开采矿物资源、污染土地、生态环境恶化为代价的，这些没有产权约束的开发，必然导致"公共地的悲剧"。

按照经济学术语来说，人（经济人）都是在既定约束条件下追求自身利益最大化，只有通过产权安排来约束人的行为，才是生态环境保护市场化有效运作的重要选择。"在不同的产权安排下，人的行为是不一样的。如何发掘人的潜力的问题实质上是一个激励的问题。不同的产权安排之所以影响人的行为,是因为不同的产权安排会改变人的行为的收益——报酬结构"①。

城市的生态环境建设具有很强的社会公益性和利益共享性,其巨大的经济、社会和环境效益主要体现在宏观效益和长远利益上,而对于现有生态绿地建设行为者而言,客观上现实中存在着近期局部利益损失的问题,主要就是边缘区中各级政府、相关企事业单位和村民的利益损害。

各级政府主要包括各边缘区的区政府和乡镇街道,其利益损害主要包括以下三个方面。

一是发展权受限所造成的损失。如武汉的城市边缘区均是远城区,当前经济发展还大多处于粗放型的经济增长阶段,发展模式均依托于中心城区,而蔡甸区位于城乡接合部的生态绿地地区,东与武汉经济技术开发区接壤,是该地区与主城区最为接近的区域。政府从 2003 年开始先后在该区域投资 15 亿元修建了新天大道、知音湖大道和天鹅湖大道,以及相应配套的供水、供电、污水处理等基础设施,但生态绿地规划以禁建区和限建区为主,这就意味着该地区的空间发展权被限制,但缺乏相应的生态补偿机制,对区级经济发展造成极大冲击。

二是土地收益的损失。威廉·佩蒂曾说过:"劳动是财富之父,土地是财富之母。"土地作为不可再生资源具有极大的价值,但生态绿地内因规划划定的禁建政策,导致其土地价值与绿地外的土地价值具有差异。但这部分土地因开发权限制而受到的损失却无任何补偿。按近几年武汉市边缘区土地出让价格趋势分析,政府出让价格和市场交易价格均价达 30 万~40 万元和 120 万~150 万元,与政府征用价格相比,分别增值 10~13 倍和 40~50 倍之多。如果将边缘区土地划定为城市生态绿地,禁止开发和改变土地性质,则会给当地政府带来巨额土地收入损失。据武汉市蔡甸区规划土地等部门测算,目前该区在规划中划定绿楔区内建设用地约 15 平方千米,按该区目前同类地块 60 万~100 万元/亩的价格计算,其土地收入损失将达到 135 亿~225 亿元。

三是政绩考核上的利益损害。目前在我国转型发展过程中,经济转型

---

① 卢现祥.西方新制度经济学(修订版)[M].北京:中国发展出版社,2003:179.

极为重要,尽管中央政府要求转变发展理念,经济发展应是生态优先的高质量发展模式,经济利益仅仅是公共利益的一个方面,但在地方政府的考核标准中,公共利益中可以量化的重要指标就演变为公职人员任期内经济的增幅指标。而对生态环境的保护与建设,反而可能因对某些产业的限制而降低经济增长速率。这将导致生态环境保护目标高的地方政府在政绩考核方面受到影响,这也使得生态环境建设在一些地方成了敏感问题。

在边缘区生态环境建设中,乡村及村民利益受损问题尤为显著。首先是发展权受损的问题。生态环境建设并不会像一般的征地那样造成大量的失地农民需要安置的问题。同时基于生态的需要,城市生态环境建设也不会破坏与生态绿地兼容的地面附着物以及青苗,但因禁建区的限制要求,会对其经济建设予以适当限制。长此以往,这些地区与其他地区之间的经济差距会越来越大,村民的生活水平也会随之出现较大的差距,实质上是牺牲了生态环境保护区域内村民及乡村的发展机会。其次是直接的经济受损。生态用地内乡村集体的污染性较大的小企业、小作坊将被取缔,同时一些对山体、水体造成破坏的农副生产活动(如网箱养殖、石材加工等)将被禁止。这些都会造成村民的直接经济损失,如果不能得到应有的补偿,村民进行生态保护建设的积极性会降低,甚至产生抵触情绪,将会进一步加大生态破坏力度,使生态环境保护陷入恶性循环之中。

以往位于生态保护区内的企事业单位的利益受损相对比较简单,主要是按要求进行转产或搬迁所必需的新征用地的土地成本,以及相应的建设成本和其他损失。

总之,在面对这些不同主体利益受损时,按照制度经济学的交易成本理念,体现公共利益投入成本应由受益者公平负担的原则,尽量杜绝"搭便车"的现象,必须在产权确定的基础上建立生态补偿制度,以平衡受益主体和建设主体间的利益得失,起到缩小区域差距、促进区域关系和谐发展的作用,最终实现社会公平和共同富裕。

正如哈耶克所强调的,市场是一个发现过程,通过市场人们才能发现人与环境之间的有效平衡,而产权在此平衡状态中起着重要的作用。有效的产权制度既可以解决"公共地悲剧"所产生的外部性问题,又可以解决责任

问题,并有利于经济主体激励制度与约束机制的建立。

针对城市边缘区生态环境保护凸显的问题,强化规划管理的技术手段和控制措施固然必要,但建立产权制度的实施机制更为重要,因为这是从根源上、从问题产生的基础层次上解决实质问题。在当前边缘区生态环境保护的市场调控机制建设中,尤其要引入生态产权的理念及制度化建设,以降低生态环境保护的成本,提高保护效率,而且在利于人与环境之间的平衡体系建立的基础上,真正达到两型社会的发展目标要求。

(1)构建完善的生态产权银行功能

借鉴美国"开发权银行"的社区发展经验,针对边缘区生态保护而导致周边土地开发权益增加,但自身效益无法体现的问题,应由政府设立"生态产权银行"这一特殊组织机构,并由相关非政府组织来运行和监管。其主要应具备以下几种功能。

第一,土地开发权存储和交易。首先在城乡统筹规划中,明确禁建区内的生态环境保护,水源涵养、林业等的用地范围线,并参照周边城镇建设住宅用地价值,赋予其土地开发强度。但该可建设规模只是用地开发权益,可以存储保留,随着周边土地价值的上涨,其价值也会上升,同时也可以上市交易转卖。该用地上可开发建筑容量类似美国区划中的容积率转移方式,其转让资金用于生态用地的保护和建设。政府在基准地价基础上,综合考虑级差效益和规划要求,制定不同土地区域的地价折算规则,充分利用市场机制和政府的经济杠杆,灵活地调控生态用地的可转让土地价值。

第二,促进边缘区生态环境保护持续健康发展。生态产权银行通过建立生态环境建设指标评价体系和考核体系,对各生态环境保护区域进行评估及监测,并根据评价考核结果确定不同的等级和特点。按照年度发放生态环境改善或维缮资金补贴,以激励拥有生态用地的社区自发保护生态环境,减轻其维护的经济负担,一旦评估发现生态环境质量下降或不良的开发利用迹象,则调低其补贴额度,以让其内部形成自发的监督机制和氛围。

第三,为生态环境用地生态产业发展及保护与建设提供所需的金融支持。一方面,通过设立生态补偿基金,为开发潜力较弱的近期开发权价值不高的偏远区域发放生活补助,为开发殆尽的生态区域内企事业单位搬迁提供补偿。另一方面,为生态用地内产业调查和升级提供资金信贷扶持。生态补偿基金可在原有开发权转让效益的资金来源基础上拓宽资金来源渠道。一是相关经济主体补偿金,鉴于生态效益的公共产品性,相关经济主体有责任对享受的生态效益以货币资金形式予以补偿。如各中心区域应根据辖区面积、人口、GDP 等指标综合计算缴纳一定的生态补助金,充实到生态补偿基金账户。同时,一些能耗较大、污染较为严重的大型企业也应缴纳生态补偿金。二是大力吸引民间私人资金满足居民投资需求。三是积极向国内外环保投资组织争取资金支持,充实到生态补偿基金账户。

(2)强化生态产权银行的市场调控作用

生态产权银行的建立,将为增强政府宏观调控能力及面向市场多元化需求时的灵活机动性发挥重要作用,为促使传统规划机制向多元协同方向转化提供重要的市场平台。其调控作用体现为以下四个方面。

第一,凡是城乡规划中确定的生态用地均须按规划确定的开发容积率无偿上交资金,此资金由政府统一掌握,作为宏观调配的公共资产予以补偿分配,并与建设用地供应指标相组合,形成双管齐下的宏观调控手段。政府通过产权量的投放控制,可以灵活调节开发权的市场交易价格,并将其与土地供应总量、集体建设产权的转让和流转挂钩。当土地开发受到过度热捧时,除了增加土地投放量,为保护耕地、节约土地,可以增加开发权的投放,避免以往单纯依靠土地规模这种单一调控手段,可多层次、多渠道稳定土地价格,克服土地炒作等市场机制的缺陷。同时可由市、区人民政府出资设立投资基金,积极引入社会资金、产业资本和金融资本用于统征储备。鼓励金融机构对"产业建设指标券"、土地承包经营权、林权开展抵押贷款。

第二,从城乡统筹功能以及空间分布的角度,合理确定城市边缘区土地开发强度分区,实行强度区间分级浮动制,将容积率分为基准容积率、修正容积率、限制容积率三类。基准容积率是确定地块法定基本开发范围的依据;修正容积率及限制容积率则须经过规划论证,按不同级别到生态产权银行购买相应的开发权,其所交费用也随级别增加而递增。这种经济杠杆作用可以将开发权转让与规划宏观调控相结合,从而有利于增强规划的科学性。同时将以往由政府部门一元主导的决策转化为众多产权主体的自由决

策和更有效率的市场交易行为,有利于整体规划目标的综合实现,也大大杜绝了规划管理中的寻租和腐败行为。

第三,产权银行还可以通过调整"产权利率",调节市场交易,进而作为有效的经济手段,完善生态用地的保护与建设,促进城乡一体化的持续健康发展。凡是生态用地所赋予的开发权,都可以作为"定期产权"存入生态开发权银行,并得到较高的利率回报;而近期准备用于转让的开发权,就只能按"活期产权"存入,得到较低的利率或者无利率回报。

政府通过调整利率,可以杜绝生态用地产权业主们出于近期短视利益,将开发权一并转让,给后续的自身发展带来危害的问题,尤其是对于边缘区内生态环境保护难度较大且面临城市建设扩张压力的区域,以往苦于外部资源及资金缺乏,自身无法进行有效的保护与建设,通过这种长期存入产权、长期获得较高利率的方式,就可以适时开展内部的生态保护基础工作,即使无法全面改善提升生态环境质量,也可避免环境进一步恶化。

产权银行实施的持续资金援助,有助于生态用地的保护与建设,以及自身"造血"功能的健康运行,从而创造生态环境质量更为优良的城市环境,带动周边土地价值的进一步提升。从生态容量承载度的角度,生态用地也可承受更多的建设活动,从而实现人与环境之间的良性循环,达到一个更动态的高效平衡。

第四,促进多元平衡规划机制的形成。在开发权交易市场上同时存在政府、私人和乡村社区所表示的公共、私有和共有三种产权形式,而它们之间的地位和权力都是平等的,特别是在乡村社区集体土地上的共有产权形式下,生态开发权转为乡村的无形资产。乡村可以自主选择,按此开发权实施农业产业的更新改造或旅游开发,也可以将其转让,把所得款项用于乡村的建设以及产业升级。应转变发展思路,突破现有"景中村""绿中村"的大拆大建改造模式及路径依赖,以留、改、建并举,以长远平衡、综合平衡、组团平衡为原则,打造绿色、生态、高附加值的旅游休闲服务产业经济,真正实现乡村振兴。

5.4.3 丰富边缘区产业类型,拓展劳动力转移实施机制

在工业化与城市化发展的初期,由于资源禀赋优势或区位优势、政策优

势等,某些地区的工业获得了先行发展的机会。而受技术、资本的限制以及实际需求的需要,消费品工业和传统服务业最先得到了发展。而且这些劳动密集型产业对劳动力基本素质的要求并不高,这刺激了区域内农业剩余劳动力的转移。总体来说,武汉工业化和城镇化的初级阶段已经持续了一段时期,周边农业地区人口向中心城区聚集的趋势日益明显,工业和服务业的发展势头迅猛。

在工业化与城市化发展的中、后期,人口的集聚引发了需求的增长,从而促进地方产业发展,吸引区域外的劳动力向该地区转移。随着城市产业集聚引发规模效应,企业的生产和交易成本大大降低,就会形成所谓的"交易集聚",促使特定产业或具有密切联系的相关产业集聚到该区域。同时,竞争的加剧会促进产业分工的深化和产业链的延伸。随着资本密集型产业开始发展并成为主导产业,产业的深化会派生出对服务业的强烈要求,从而拉动服务业发展。因其具有更高的就业弹性,能弥补工业吸纳能力的不足,促进了农村劳动力继续向非农产业转移。近年来随着武汉市产业结构的升级,高新技术产业、资金密集型产业和服务业取得了长足的发展,进一步吸引农村地区的剩余劳动力。其劳动力转移具有以下几个方面特征[1]。

(1)产业间的转移分析——本地人口从第一产业向第二、三产业转移的趋势并不显著

从武汉市 1995—2007 年第一、二、三产业从业人员的变化来看(表5-8),第一产业从业人员年均减少 8000 人左右,第二产业年均减少 3000 人左右,第三产业年均增加 4.5 万人左右,可见武汉市本地人口从第一产业向第二、三产业转移的趋势并不显著。同时,武汉作为我国重要的重工业基地,第二产业从 20 世纪 60 年代开始就占据了经济发展的重要地位,其占全市 GDP 的比重甚至长期超过了 60%,第三产业的比重则呈逐年稳定提升的态势;2007 年,第三产业占全市 GDP 的比重达到一半,第二产业达到45.8%,第一产业只占 4.1%。综合以上,可以两个方面分析,一方面是第一产业从业人员年均变化不大,另一方面是第一产业在全市 GDP 比重大幅下降,逐年累

---

① 　资料来源:武汉市城市规划管理局编制的《武汉市城乡建设统筹规划(2008—2020)》。

积,城乡居民收入差距越来越大。加快第一产业从业人员向第二、三产业转移是缩小城乡差距的根本途径。

表5-8　武汉市分产业从业人员一览　　　　　　　　单位:人

年　　份	总　　计	第　一　产　业	第　二　产　业	第　三　产　业
1995	3986400	936400	1509800	1540200
1996	4064200	914300	1546000	1603900
1997	4118300	929700	1542200	1646400
1998	4152000	928500	1522500	1701000
1999	4177800	929600	1518700	1729500
2000	4178000	914300	1489500	1774200
2001	4061200	904200	1414700	1742300
2002	4073000	860200	1434100	1778700
2003	4120000	830800	1444300	1844900
2004	4074000	717100	1413000	1943900
2005	4218000	805800	1376600	2035600
2006	4296000	833600	1403900	2058500
2007	4422000	829600	1466000	2126400

资料来源:武汉统计年鉴2008.

（2）地域间的转移分析——从远城区向中心城区人口转移的趋势并不显著

从武汉市历年人口空间分布趋势来看,从远城区向中心城区人口转移的趋势并不显著(图5-13),1990年武汉市远城区人口316万,2007年远城区人口331.1万,在现状人口基础上略有增加;但远城区农业人口占总人口比重却又显著下降,从1990年的54.2％下降到2007年的62.8％,可见总人口的增长主要来自市域外人口转移,从远城区向中心城区转移的人口总量较小,分析其原因:一是武汉市第二产业以重化工业、机械制造、高新技术等产业为主,人口就业弹性较小;二是第三产业发展滞后,吸纳的人口不足。

（3）劳动力总体转移规模分析

2004年,武汉市农用地面积5673.79平方千米,其中基本农田3225.66

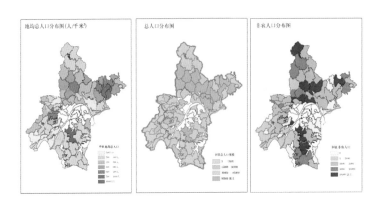

图 5-13 武汉市城乡人口分布图

资料来源:武汉市城市规划管理局编制.武汉市城乡建设统筹规划(2008—2020).

平方千米。随着迁村并点等措施对土地的集约利用,农村耕地面积会有一定程度的增加;而随着城镇化水平的提高,城镇建设用地规模的扩大,农村耕地面积又会有一定程度的减少。综合考虑两种作用,《武汉城市总体规划(2006—2020 年)》确定,至 2020 年,全市耕地保有量不少于 3195 平方千米。根据对耕地规模化较强的汉南区的调查,户均耕地如果达到 40 亩,亩均收入500 元,则农民户均收入可达到 2 万元,达到一般工业企业职工收入水平(如果考虑到农业税的减免以及农户的副业收入,农民的收入还将提高)。考虑工农业产品价格同步发展,城乡一体化阶段农民理想户均耕地面积以 40 亩计算,则武汉市共需种植农户 119813 户。以每户 4 人计,合计 479252 人。2007 年,乡村从业人员中农林牧渔业与其他行业比值为 45∶55,参见此比例,农村人口约为 100 万人(表 5-9)。

表 5-9 2007 年武汉远城区人口密度一览表

远城区	土地面积/千米²	户籍人口/万人	人口密度/（人/千米²）
东西湖区	439.19	26.14	595
汉南区	287.70	10.71	372
蔡甸区	1108.10	44.65	403

续表

远城区	土地面积/千米²	户籍人口/万人	人口密度/（人/千米²）
江夏区	2010.00	62.8	312
黄陂区	2261.00	111.85	495
新洲区	1500.00	98.57	657
远城区	7605.99	354.72	466
中心城区	888.42	473.5	5330
市域	8494.41	828.22	975

2007年武汉市农村人口299.59万人，《武汉城市总体规划（2006—2020年）》确定2020年农村人口规模190万人，根据武汉市耕地保有量推算农村人口容量约为100万人，由以上三个数据分析可知，2020年本地人口会有约100万人从农村转移到城市，到规划远景（2030年）本地人口累计会有约200万人从农村转移到城市（图5-14）。

图5-14 武汉市域城镇人口迁移图

资料来源：武汉市城市规划管理局编制.武汉市城乡建设统筹规划（2008—2020）.

从国内有关城市劳动力转移的经验分析可知,武汉农村劳动力转移最可能的去处,一是本区转移的劳动密集型的产业园区,即武汉总体规划明确的各种类型的新城组团、城乡统筹中需要重点提升和培育的新城组群备用区以及中心镇产业园区,二是跨区转移、从事服务行业,即主要转向武汉中心城区。远城区各区农业人口转移估算可见表 5-10。

表 5-10　武汉市远城区农业人口转移估算　　　　　　　　　单位:万人

城(郊)区	2007 年农业人口	2020 年规划农业人口		转 移 人 口	
		转移低方案	转移高方案	转移低方案	转移高方案
东西湖区	7.75	6.4	6.4	1.35	1.35
汉南区	5.32	4.8	4.8	0.52	0.52
蔡甸区	30.83	25.6	25.6	5.23	5.23
江夏区	38.21	37.5	15	0.71	23.21
黄陂区	82.55	58.5	23.4	24.05	59.15
新洲区	70.91	53	21.2	17.91	49.71
合计	235.57	185.8	96.4	49.77	139.17

注:转移低方案远城各区城镇化水平按照 50% 计,转移高方案远城各区城镇化水平按照 80% 计,其中东西湖区、蔡甸区转移高低方案均按 80% 计,汉南区转移高低方案均按 60% 计;转移低方案已在 2020 年完成,转移高方案预期在规划远景年(2030 年)完成。

综合上述分析,关于劳动力就业服务政策,现有农村富余劳动力主要面临的就业问题是缺乏稳定就业。究其原因:一是城镇化水平较低,就业岗位缺乏,吸纳农民就业能力不足,因而农村剩余劳动力向城市转移的空间有限;二是当前农村的产业化基础薄弱,产业链延伸性不强,无法就地安置剩余劳动力;三是因为农村劳动力知识和技能储备不足,难以适应目前非农职业技术化要求;四是缺乏相应的政策措施和制度保障,无法有效推动劳动力的有序流转。

针对以上四种情况,按照制度经济学理论要求,制度的创新将会带来巨大的边际效益。为保障农村剩余劳动力转移的综合效益最大化,在丰富边

缘区各类产业类型基础上,应重点做好以下四个方面的机制建设工作。

(1) 加快城镇化进程,增强吸纳农村劳动力的能力

当前,武汉市远城六个区城镇化水平较低,吸纳农村剩余劳动力的空间有限(表5-11)。为此,应采取措施加快城镇化进程。一是在乡村协调发展地区大力推进小城镇建设,提高农村人口城镇化水平。小城镇战略是就地转移农村剩余劳动力的方法之一,即"离土不离乡"的转移策略。加快推进小城镇建设战略必须着眼于农业产业布局和产业结构的调整,以农业为基础大力发展农村非农产业,通过农村的工业化来形成城镇化的基础;要鼓励和支持乡镇企业向小城镇集中,使小城镇建设与乡镇企业发展相结合,扩大中心镇的建设规模。二是要在城镇化引导地区重点提升和培育新城组群备用区,迅速加快前川和邾城新城的基础设施建设,提高其聚集、辐射、带动能力;以城际轨道建设为契机,加大力度培育江夏、汉南、蔡甸、东西湖等新城组群备用区,按照武汉城市产业外拓的时序,有计划、有步骤地启动远郊潜力新城的建设。

表 5-11　武汉市域各乡镇城镇人口预测

结构体系		名称	现状人口/人	现状农业人口/人	现状非农人口/人	规划城镇人口/万人
中心镇	新城组群备用区	新沟	9665	3693	5972	1
		永安	25902	25230	672	2
		侏儒	58353	57725	628	4.5
		安山	25899	19065	6834	3.5
		乌龙泉	49163	28161	21002	3
		东山	18341	14702	3639	2.5
		辛安渡	16709	14982	1727	1.5
		东荆	—	—	—	—
		邓南	14656	14656	—	2
		山坡	53050	43900	9150	2

续表

结构体系		名称	现状 人口/人	现状农业 人口/人	现状非农 人口/人	规划城镇 人口/万人
中心镇	中心镇	长轩岭	51097	43161	7936	2
		姚集	52103	50409	1694	1.5
		祁家湾	89866	89639	227	2
		六指	89767	69984	19783	3.5
		汪集	80140	77038	3102	2.5
		双柳	52008	48760	3248	2.5
		仓埠	76625	73100	3525	2.5
		旧街	66820	60897	5923	2
		湘口	27379	23819	3560	2.3
		大集	26782	25581	1201	1.5
		涨渡湖	8297	6007	2290	1.5
一般镇		花山	28733	28211	522	1
		天河	30197	22728	7469	1.5
		三里	19783	17763	2020	1
		柏泉	11032	8478	2554	1
		张湾	35442	33107	2335	2
		玉贤	17135	16689	446	1
		消泗	19836	19320	516	1
		桐湖	—	—	—	—
		法泗	26931	26931	—	0.5
		湖泗	31188	28090	3098	1.6
		舒安	22947	22947	—	0.5
		金水	7444	3205	4239	1.2
		罗汉	68266	63645	4621	1.5

结构体系	名称	现状人口/人	现状农业人口/人	现状非农人口/人	规划城镇人口/万人
一般镇	蔡榨	44951	41531	3420	1.5
	王家河	65637	61003	4634	1.5
	李家集	87099	80359	6740	2
	蔡店	52091	41832	10259	1.5
	木兰	46558	43741	2817	0.5
	李集	53456	53456	—	1
	三店	77997	62778	15219	2
	潘塘	33200	27017	6183	1.5
	辛冲	59220	57713	1507	1
	徐古	41094	38421	2673	1

（2）大力发展农村产业,实现就地安置部分剩余劳动力

从实际情况看,农村剩余劳动力全部转移是不可能的。要通过农村产业化延伸农村产业链条,提高农民和产业的关联度,要把土地、资金、技术、劳动力等这些生产要素有机结合起来,促进农业向精深加工、劳动密集型发展,从而扩大对农村剩余劳动力的吸收。要扶强扶壮龙头企业,大力发展渔业和畜牧业,使农民从单一寻求土地效益转向多元发展,拓宽收入渠道,达到提高收入的目的。

（3）做好失地农民的就业技能培训

坚持培训与就业、培训与市场相结合的原则。提高培训的针对性、有效性,切实提高失地农民的就业能力。特色化、精品化、高级化是武汉市工业发展的主要方向,因此应以推进新型工业化为重点,增加针对高技能人才的培训计划,同时积极培养农业特色化、旅游化发展需要的各类技术人才,完善职业资格证书制度。重点增强对新兴服务业,如信息传输、计算机服务和软件业、金融业、科学研究、技术服务以及大型商贸业和中高端旅游服务业等行业从业人员的培训。安排专项资金用于农村劳动力转移就业职业技能

培训基地建设,增加农民工转移就业培训补贴金额,用人单位对农民工实行商住培训,提高各乡镇现有就业技能培训每日补贴标准。

（4）尽快完善促进农村剩余劳动力转移的政策措施,降低农民进城门槛

当前农村剩余劳动力转移已经引起了各级政府的重视,但目前缺乏一系列与之相配套的政策措施。应在城乡统筹观念的指导下,打破一切导致城乡差别的制度壁垒,实行城乡一体化,形成以城带乡、以工促农、城乡互动、协调发展的体制和机制。当前要抓紧处理农民进城就业限制性不合理政策的问题,改革户籍制度,建立农民权益保障、社会保障等机制;同时加快推进"农村宅基地换房"等系列政策来鼓励农民进城,加速武汉远城区城镇化进程。

建立城乡一体化的劳动力市场。建立覆盖城乡的劳动力资源和就业统一统计制度,明确城乡劳动力资源就业与失业标准,尽快建立农村劳动力就业和失业登记制度。

建立完善城乡平等竞争的就业政策,破除城乡就业壁垒。从以身份管理为主向以职业管理为主转换,实施失地农民与城镇下岗职工相同的就业扶持政策,免费进行就业培训、免费进行职业介绍,强化财税金融政策支持,让城乡劳动者享有平等的就业和创业环境。

以农民工签订劳动合同为重点,全面推行劳动合同制度。强化劳动保障监督执法,建立针对农民工和城市弱势就业群体的法律援助制度,最大限度减少侵害城乡劳动者合法权益的事件发生。

5.4.4 拓宽边缘区公共设施建设的多元协同实施机制

按照多中心理论要求,公共服务应是面向多元主体需求、多渠道的供应方式。针对城乡基础设施差异大、各种功能布局不合理、设施共享性差等突出问题,为实现基本公共服务均等化的要求,必须坚持统一考虑、统一布局、统一推进的目标,着眼城乡设施衔接、互补,加大对农村道路、水、电、通信和垃圾处理等基础设施的建设投入,并与城市设施统筹考虑,实现城乡共建、城乡联网、城乡共享;同时要调整以往城市公益性服务设施的建设思路,不能仅考虑城市户籍人口的需要,要将外来人口、边缘区的农村居民对教育、医疗、文化等公共服务设施的需求纳入城乡统筹规划之中。

针对我国国情,以往单一依靠政府进行基础设施、医疗卫生、教育文化等公共服务设施的建设,无法消除城市边缘区快速发展和以往基础薄弱的现实矛盾。只有在将生产生活服务和社会事务向新型社区集中的基础上,多渠道分层次、分级进行公共类设施的建设,才能快速灵活地建立城乡统筹一体化发展目标下的乡村社区半市场化机制体系;同时,公共服务体系的完善与建设可以减轻农村居民向城市居民转换过程中产生的"城市文明焦虑症"。公共设施硬件标准的提高,为边缘区乡村居民向城市市民转换提供了较好的物质条件,有利于其建立新的社会网络关系,融入城市主流社会,减少社会分异与极化现象,并且也为大力普及城市文明、提高文明素质奠定了基础。

第一,公共类设施的服务提供属于公共经济范畴,按照公共池塘理论所阐述的全市场化、全政府一元投资模式,无法满足实际需求时,必须针对公共服务的类别、等级和规模有针对性地采取分区、分级的多元化的实施标准和措施。城市边缘区公共服务主要类别可划分为以道路交通和市政组成的基础设施以及医疗、卫生、教育、文化娱乐等公共服务设施[①]。

1）基础设施建设

城市边缘区的基础设施建设包括道路交通和市政设施两个方面,其中城乡交通系统建设是城市边缘区发展的核心。只有构建一个"通达便捷、结构合理、城乡一体、服务均等"的交通体系,才能进一步合理拓展城乡的空间发展需求,重点是农业生态区内的交通体系规划,应重点落实地区差别化、城乡一体化、土地与交通协同化、公共交通主体导向化四个发展策略。按照不同分区对城乡规划道路网的建设提出不同建设要求,即根据边缘区内不同区域交通发展愿景、目标、战略任务、发展政策、价格收费、管理对策等,分别对城镇化引导区、乡村协调发展区、生态控制区三个不同区域,实行差别化的分区建设与并提出对应的管理要求,从而在宏观上引导各类交通方式在不同区域发挥优势与效用,公平分担交通社会成本,促进交通战略目标的实现,最后达到城与乡的"同城化"。

---

① 资料来源:武汉市城市规划管理局编制的《武汉市城乡建设统筹规划(2008—2020)》。

城镇化引导区作为城乡发展基础地区,其道路可划分为四个等级。一是区域性干道。区域性干道是市域内重要对外交通、各区之间快速联系与对外交通枢纽、风景区的交通联系道路,由高、快速公路或一级公路构成,道路等级达一级公路以上标准。二是区、县中心镇级道路。区、县中心镇级道路是联系边缘区内各县区、中心镇政府及各县、区中心镇主干道的主要道路,其等级应达到二级公路以上标准。三是一般镇级道路。一般镇级道路作为联系一般镇的主要道路,是一般镇与中心镇、村实现区域经济一体化的重要促进因素,其等级应达到三级公路以上标准。四是中心村、基层村之间的村级道路,其等级应达到四级公路以上标准。

　　乡村协调发展区的道路交通是以构筑镇、中心村之间的网络状道路体系为目标,以中心镇、一般镇为节点形成镇际网络公路,主要包括省道、区县道,可分为三类:中心镇级道路,中心镇之间的主要道路,其等级达二级公路以上标准;一般镇级道路,是连接一般镇的主要道路,是镇际公路的主要构成部分,其等级应达三级公路以上标准;中心村、基层村级道路,是乡村联系的主要通道,其等级应达四级公路以上标准。

　　出于保护生态环境的要求,特别是避免或弱化道路建设对生态敏感区造成的生态负面影响,生态控制区的道路网络应尽量减少高等级道路网穿越。对旅游区道路生态性建设应依据道路修建所影响生态系统面积和斑块数目合理造线及确定道路等级(图 5-15)①,该地区道路一般宜控制在三级以下。在构建差别化的交通分区体系基础上,依据城乡空间结构、设施资源供应水平与利用率、交通需求状况等合理规划道路交通。

　　为实施交通区域化发展战略,促进内外平衡、供需平衡,高度一体化交通体系应以交通走廊来引导城乡整体发展,以交通枢纽整合边缘区内的交通走廊、城乡对外交通的转换和城乡交通流的空间分布,实现边缘区土地利用与城乡交通建设的协调发展。城镇化引导区应加强交通建设,引导该地区土地集约利用下的高强度开发;作为承载城市功能对外扩散的主要区域,乡村协调发展区应进行适量交通建设,以较好地联系城镇与乡村之间的发

　　①　资料来源:武汉市城市规划管理局编制的《武汉市城乡建设统筹规划(2008—2020)》。

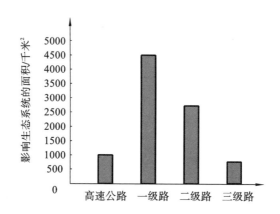

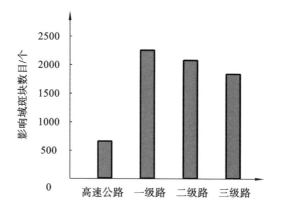

图 5-15 道路与生态系统和斑块关系图

资料来源:武汉市城市规划管理局编制.武汉市城乡建设统筹规划(2008—2020).

展;生态控制区应淡化、控制交通开发,以更好地保护生态环境。

对于城市边缘区空间发展而言,为促进城乡一体化的联系,在进行道路交通建设的同时必须加强城乡公共交通系统建设,从投资规模上,公共交通可分为三类:城际铁路、地铁、轻轨(投资规模较大),快速公交系统(BRT)(投资规模适中),普通公交、出租车(投资规模较小)。为解决偏远地区乘车难问题,在进行客运集散枢纽化建设的同时,对不同区域的公交基础设施、公交线网布局应区别对待,通过不同的层级公交服务模式,以满足边缘区公共出行的不同需求。如城镇化引导区通过建立三级城乡公交运行网络,确保各县区之间,各县区与各中心镇之间,各中心镇与一般镇、中心村之间有便捷的联络线,尤其在重点城镇,可引入 BRT 公交优先网络,加速其与主城区及周边城镇之间的联系。同时可在位于进、出城镇道口处或者主要机动车流地段设置独立的客运站、公交站,以方便居民出行。乡村协调发展区内的行政村应实现"村村通"柏油路建设,自然村道路硬化覆盖率达 80% 以上。将农村客运站场建设与农村公路建设有机结合起来,在中心村级以上地区定点开设上下班高峰接送线、区间快速线等不同结构功能的专线,同时采取固定(定时、定点、定线)发班、街天发班、隔日发班、包车等多种形式,使城乡公交形成有别于单一城市公交的特色,保证城乡公交持续、稳定、健康地发展。城市边缘区内部分有优势或者有潜力的乡镇、中心村则应考虑覆盖BRT 公交优先网络。通过以点带线到面的发展,真正形成城乡发展一体化。生态控制区是生态敏感地区,应尽量避免公共交通进入,更不能采取 BRT公交优先网络方式组织交通。

市政基础设施则是边缘区城乡健康发展的基石,是城乡融为一体的标志化设施,也是保障边缘区可持续发展的关键性设施,特别是在城乡经济和空间快速转型时期,现代化城乡市政基础设施建设正是这一时期城乡统筹发展的首要工作。功能分区不同,对各项市政基础设施也具有不同要求。

①在供水工程方面,构建安全、充量、优质、节能的供水系统。重点从提高供水水质、节约用水、水源保护等方面,对城乡供水系统进行合理布局和优化配置,构筑覆盖整个区域安全可靠的供水主干网系统,逐步形成和城乡各区域功能定位相适应、水量供应充裕、水质不断提高、节能环保的供水系统。

②在污水工程方面,遵循规划环境影响评价理念,优化污水管网和关键设施的布局,构筑"污水利用中水化、尾水排放生态化、污泥处理无害化"三位一体的污水处理系统。结合边缘区建设的实际情况,分别采用不同的处理模式,逐步实现此类区域内的城市化集中处理模式。对生态控制区的污水排放,采用单独集中处理的模式。对于以农耕为主的乡村协调发展区,从操作性以及经济角度考虑,根据不同区域,推荐采用分散式处理模式达到自净目的,如使用人工湿地、生态沟、氧化塘等小型农村净水系统,达到排放标准后排放至附近水域或者用于农耕灌溉。

③在雨水工程方面,在城乡各功能区内,应建立独立的雨水管网系统,按照就近排放的模式进行处理。同时,适度处理初雨和开展雨水综合利用;遵循调蓄在先、排放在后的原则,并以水库、湖泊、湿地调蓄为主体,建立防洪、排涝、景观用水相协调的雨水收集排放利用系统。

④在防洪排涝工程方面,以建设安全、秀美、突显本地自然风貌的防洪排涝工程为目标,始终贯穿水文循环过程的理念,并以改善水环境质量、保护生态为前提,确保防洪、排涝安全;把本地自然风貌特色引入城乡防洪排涝工程中,进而体现"山、水、人"和谐的科学发展理念。

⑤在环卫工程方面,落实污染控制措施,实现污废再生利用。可在城乡各个功能区内,推广实现生活垃圾分类收集、分类处置。将被动的消纳处理调整为积极的资源化利用,以适应可持续发展的需要。加强医疗垃圾、固体危险废弃物的污染控制与防治,合理布局垃圾处理处置设施,考虑跨行政区域建设,与其他城市统筹协调,责任共担,资源共享。

⑥在电力工程方面,构造供需平衡、安全可靠、经济的供电系统。明确整个城乡发展的电力需求,完善其电网建设,确保电力设施满足城乡生产、生活的用电需求。加强电网结构升级,增强城乡各功能区内各个角落供电的可靠性,保证其用电安全和用电质量。

⑦在通信工程方面,推广电话网、数据网、电视网三网合一,用光纤接入技术,结合无线网络接入技术,为城乡各功能区提供灵活、全面的通信服务。构建各功能区完善的局域网络,在各个区内实现基于非接触或IC卡技术的智能管理系统,完善区域安防管理系统。

城市边缘区是城市向外扩张的主要承载区,城乡之间距离较大,腹地空间也较大。如果在城乡范围内采取以往公共服务政府一元投资方式,平均布置道路及市政基础设施,必然导致政府资金投入过大,或有效资金无法发挥高效的作用。特别是现在大城市仍呈现内向聚集的发展态势,主城区改造建设资金不足,边缘区建设资金完全依赖城市政府投入也是不现实的。

只有按照公共服务多中心理论不同层次公共服务模式,将边缘区内城镇化引导区、乡村协调发展区、生态控制区三个功能分区,依据不同主体建设的特征规模确定不同建设模式。城乡道路交通体系中二级以上公路可由政府投资兴建,三级以上道路可引入民间资本,或各区政府采取市场化方式建设,三级以下道路可由各乡镇政府出部分资金、各村级组织筹措部分资金建设。经济发达的乡村可采用自主方式或农民以劳代建方式建设,即农民以劳动方式参与道路工程建设,可以降低道路投资成本,也可按市场化 BOT 融资模式采取多组合建设方式。同样地,其他基础设施建设也可采用由国家提供设备、材料、工具和技术,农民提供劳动力的方式完成,可实现农村剩余劳动力的技术培训和有效转移。

2）公共服务设施建设

城乡一体化发展战略的核心点就是缩小城乡之间公共服务水平的差距,努力促进城乡公共服务均等化,特别是对教育、医疗卫生、文化等方面加大建设力度,实现公共服务一体化发展。城市边缘区作为临近城市主城区公共服务边缘的区域,应提升城镇公共服务等级,增加农村公共服务资源供给,为区域人民生活直接提供社会性公共服务的设施,也间接为区域生产系统提供条件。城乡公共服务设施,按照其功能内涵可划分为:教育设施、医疗卫生设施、文化娱乐设施、体育设施、社会福利与保障设施、行政管理与社区服务设施、商业金融服务设施、邮电设施。武汉市城乡服务中心职能分为四级:一是市级综合服务中心,二是区级综合服务中心,三是街道(中心镇)级服务中心,四是一般镇(中心村)级服务中心。

不同类别的地区,对公共服务设施的要求也存在差异。针对不同的地区规模和服务对象,必须按照服务功能和规模对公共服务设施进行分级,以满足不同地区及服务对象的需求。公共服务设施可以分为三级:基础型设施、提升型设施和旅游服务型设施。这三级公共服务设施分别对应乡村协调发展区、城镇化引导区、生态控制区。

（1）乡村协调发展区——基础型设施

基础型设施是指以农业生产为主导,满足中心村居民基本生活要求的配套设施,其配套水平应与村庄人口规模相适应,并与村庄住宅同步规划、建设和使用。

规划社区基础型公共服务设施分为公益型设施和商业服务型设施两类,公益型设施包括文化、教育、行政管理、医疗卫生、体育等公共设施;商业服务型设施包括日用百货店、集市、食品店、粮店、综合修理店、小吃店、便利店、理发店、娱乐场所、农副产品加工店、农资生产用品店等公共设施。应重点控制公益型设施的规模,商业服务型设施则按相关标准配置。

中心村公共服务设施(也称配套公建)应包括教育、医疗卫生、文化体育、商业服务、金融邮电、社区服务、市政公用和行政管理八类设施,并可按照各类设施配置明细、规模控制标准、指标控制要求等予以规划(表5-12、表5-13、表 5-14)①。

表 5-12 新农村公共服务设施配置一览表

类　别	项　目	重点中心村	中心村	基层居民点
行政管理	居(村)民委员会	●	●	○
教育机构	初级中学	○	—	—
	小学	●	○	—
	幼儿园、托儿所	●	●	○
文体科技	村级组织工作及村民活动室	●	●	○
	村多用途场(站)	●	●	○
医疗设施	卫生室	●	●	○
	计划生育服务站	●	●	○
商业设施	百货店	●	○	○
	食品店	●	○	—
	银行、信用社、保险机构	○	○	—
	饭店、饮食店	●	○	○
	理发店、浴室、洗染店	●	○	—
	综合修理、加工、收购店	●	○	—
集贸设施	蔬菜、副食市场	●	○	—

注:①表中"●"表示应设置;"○"表示可以设置;"—"表示不设置;②表中公建项目为一般配置项目,视具体情况可予变更或增减。

——————————

① 资料来源:武汉市城市规划管理局编制的《武汉市新农村建设空间规划》。

表 5-13　公益型设施建设规模一览表 1

公共建筑项目	建筑面积/米²	服务人口/人	备　　注
居(村)民委员会	200～500	建制村管辖范围内人口	
初级中学	8000～10000	3 万～5 万	呈网点布置，18～24 班
小学	4200～5500	1.0 万～1.2 万	呈网点布置，12～18 班
幼儿园、托儿所	600～1800	所在村庄人口	2～6 班
文化站(室)	200～800	同上	可与绿地结合建设
老年活动室	100～200	同上	可与绿地结合建设
卫生所、计生站	50～100	同上	可设在村委会内
运动场地	600～2000（用地面积）	同上	可与绿地结合建设
公用礼堂	600～1000	同上	可与村委会、文化站(室)建在一起
文化宣传栏	长度大于 10 米	同上	可与村委会、文化站(室)建在一起或设在村口、绿地

表 5-14　公益型设施建设规模一览表 2

村庄规模/人	800～1500	1500～3000	3000 以上
建筑面积/米²	＞500	＞600	＞800

各乡村级别的公共服务设施规划布局按照配置模式主要分为三种，具体划分如下(图 5-16)。

模式 1(布局于主要出入口)：适用于沿交通干线及公路的村庄及旅游服

公共服务设施布局模式1——布局于主要出入口

公共服务设施布局模式2——布局于中心村中部

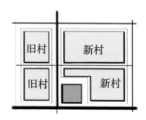

公共服务设施布局模式3——布局于新、旧村庄接合部

图 5-16 村级公共服务设施布局模式

资料来源:武汉市城市规划管理局编制.武汉市城乡建设统筹规划(2008—2020).

务型村庄,设施沿中心村对外出入口附近设置,此类设施在为中心村居民提供生活服务的同时,也为过境人流提供商业服务。

模式 2(布局于中心村中部):独立型社区可采用此种模式,服务设施集中布置于中心村中部,服务半径合理,并能形成中心村最具活力和人气的公共场所。

模式 3(布局于新、旧村庄接合部):适用于中心村与旧村毗邻建设的村庄,服务设施可同时服务旧村和新村,有利于分期实施,同时兼顾新、旧村庄的需求,实际操作性强。

（2）城镇化引导区——提升型设施

提升型设施是指根据地方农业资源特色，扩大服务范围，适度发展农产品深加工、都市农庄等相关产业，并为相邻村庄提供产业服务或休闲服务的设施。城镇化引导区应建立农村农副产品加工及销售体系，充分发挥农产品的附加值，适度发展都市农业、现代农庄等与农业相关的第三产业。

城镇化引导区的公共服务设施可以分为三级：区级、街道（中心镇）级、一般镇（中心村）级。区是指功能相对完整、由自然地理边界和交通干线等分割形成的、人口规模为 20 万～30 万人的功能型片区；街道（中心镇）是指以社区中心为核心、服务半径 400～500 米、由城市干道或自然地理边界围合的以居住功能为主的片区，人口规模为 3 万人左右；一般镇（中心村）是规划半径 200～250 米的城镇最小社区单元，人口规模为 0.5 万～1 万人，由 3～6 个基层社区构成。城镇化引导区的公共服务设施控制指标见表 5-15。

表 5-15　城镇化引导区的公共服务设施控制指标

村镇层次	规划规模分级	各类公共建筑人均用地面积指标/（米²/千人）				
		行政管理	教育机构	文体科技	医疗保健	商业金融
区	中型	0.5～2.2	4.3～14.0	1.0～4.2	0.3～1.9	2.0～6.4
	大型	0.6～2.4	5.3～16.0	1.1～4.2	0.3～2.1	2.2～7.0
街道（中心镇）	小型	0.3～1.5	2.5～10.0	0.8～6.5	0.3～1.3	1.6～4.6
	中型	0.4～2.0	3.1～12.0	0.9～5.3	0.3～1.6	1.8～5.5
	大型	0.5～2.2	4.3～14.0	1.0～4.2	0.3～1.9	2.0～6.4
一般镇（中心村）	小型	0.2～1.9	3.0～9.0	0.7～4.1	0.3～1.2	0.8～4.4
	中型	0.3～2.2	3.2～10.0	0.9～3.7	0.3～1.5	0.9～4.6
	大型	0.4～2.5	3.4～11.0	1.1～3.3	0.3～1.8	1.0～4.8

（3）生态控制区——旅游服务型设施

建设旅游服务型设施是指充分发挥历史人文、资源等优势，结合国家级森林公园、省级以上风景名胜区、著名文物古迹，通过大力提升旅游服务、休闲度假、商业零售等第三产业设施档次，形成新型的农村旅游产业体系。

生态控制区应建设集农副产品生产、绿色生态、休闲观光、餐饮娱乐于一体的乡村综合服务体系;同时,建立旅游服务中心,落实接待、导游、安全管理、咨询等服务项目。一是充分利用村庄历史人物资源,改造旧宅集中区域,特别是传统院落建筑,发展为以民俗旅游接待为主的旅游服务区,以"修旧如旧"为原则,应体现"传统特色""民俗文化"等主题,建筑形式、街巷空间等保持原有尺度,为旧宅添加旅游商业服务功能,可作为出租屋、旅馆等旅游服务设施;二是农民参与投资、经营旅游业,通过种植、加工、销售乡村地方特色产品、旅游纪念品等多种途径直接或间接地为旅游者提供服务;三是推进旅游基础型设施建设,增加指示牌、导游牌,完善环境卫生设施,加强绿化空间建设,并适当增加停车位;四是大力发展都市农业旅游及相关配套设施(表 5-16)。

表 5-16　生态控制区旅游设施

旅游形式	主要设施及特色
农家乐	以农民家庭为接待单位,利用田园景观、自然生态、农村文化及农民生活等资源,开展以"吃农家饭、住农家屋、干农家活、享农家乐、购农家物"为特色的乡村旅游活动
观光农园	在农业生产基地开展适度的旅游观光活动而形成的一种观光农业形式。开辟特色果园、菜园、茶园、花圃、渔场、牧场,在兼顾农业生产与科普教育功能开发的同时,向游客提供摘果、拔菜、赏花、采茶、钓鱼等农业活动,享受田园乐趣
休闲农场	以体验农村农业情趣为主,市民一般利用周末休闲度假、回归自然。休闲活动内容一般包括田园景色观赏、农业体验、自然生态领略、垂钓、度假、休养、娱乐等
农业公园	按照公园的经营思路,把现代农业生产场所、农产品消费场所和休闲旅游场所结合为一体,利用农业生产基地吸引旅游者观赏和游览

要实现上述边缘区内不同区域基本公共服务的接续和自由转移,就必须逐步实现城乡基本公共服务和制度政策的对接,其核心是消除教育、医疗、信息等方面的政策落差,进行相应的体制和制度改革,为实现公共服务

多元化协同实施机制提供基本保障。一方面,对涉及全面的基础型城乡公共服务应增加各边缘区区级财政对公共服务设施和服务体系建设的投入,增加其在整个财政支出的比重,保证每年新增公共服务性支出向农村的高比例投放。另一方面,充分发挥财政资金的杠杆作用,发挥公共服务半市场机制的作用,吸引多元的市场资金投资农村公共服务设施和服务体系建设,确保农村教育、医疗卫生事业获得稳定的财政支持。

针对边缘区现有农村幼儿园、小学教育基本覆盖,但教育质量无法保证,教育设施服务半径过大,部分小学规模过小的状况,应积极推进农村办学体制多元化,进一步改变单一办学的状况。应按公共服务多中心理论要求,形成以政府办学为主、社会团体及公民个人办学为辅的教育新体系。理顺投资者、管理者和学校三方关系,推进政府宏观管理、社会参与投资,学校自主办学、权责明确、运行通畅的办学和管理新体制。同时,增加教育设施建设,特别是在新选址的农民居住用地的土地流转集中区,按照城镇建设标准配套建设,也可以采取城镇小学与农村小学捆绑结对的方式,共享资源、共同提高。

针对农村医疗设施建设薄弱的现状,应推进医疗卫生管理体制改革与机制创新,实现医疗服务城乡一体化。探索建立医疗卫生服务多元化建设道路,形成以政府为主体,社会及个人参与的新模式。在加大政府宏观监管、制度规范、技术援助的前提下,实现乡村医疗服务半市场运行机制。一方面,推进城市医院对农村医院的并购和重组。促进区级医疗机构对乡镇卫生院、社区卫生服务机构进行托管、合并,村卫生室(社区卫生服务站)人、财、物全部划归乡镇卫生院(社区卫生服务中心)统一管理,由地方财政进行资助。逐步将乡镇卫生院与村卫生室依照城市社区卫生服务的改革模式进行转型,构建适合农民就近就医和享有公共服务"一网多用"的农村社区卫生服务网络。各远城区疾控中心的分支机构向乡镇延伸,实现公共服务城乡一体化。另一方面,对各类社会资本投资的农村医院,以及乡村地区民间的医生个人兴办的医疗诊所,在进行相应医疗技术标准、硬件设施、收费标准规范化管理和监管的同时,通过建立城市公立医疗卫生机构巡回服务制度,形成其与农村医院或个体医疗诊所对口帮扶的经常化、制度化,构建城

市支援农村的长效机制。

在城市边缘区公共服务设施多中心网络化空间布局的影响下,应逐步建立城乡一体化信息机制,通过信息化城乡全覆盖的形式,形成城乡资源共享的信息平台。以教育资源共享、城乡医疗互动为核心,以就业服务、产业生产服务、社会服务管理为基础,推动公共服务资源向农村流动。可由政府投资兴建主体信息光纤基础、社会主体提供资源服务方式,为城乡一体化信息网络快速建成提供保障。建立学校教育信息系统,为城乡教师继续教育、农村学生学习提供远程服务,可进一步扩大优质教育资源的覆盖面。在现有信息硬件设施基础上,完善配置,加快城乡医疗卫生互动信息网建设,逐步实现覆盖全区城乡的医疗卫生数据库整合与共享。建立高标准、广覆盖的城乡劳动就业产业服务等信息网络,为农村的富余劳动力稳定就业和多种产业经营提供一个更为广阔的平台,通过社会服务管理方面的网络资源建设,宣传并增强公众城市文明意识,为公众参与规划等社区自主治理模式提供可行的操作平台,从城市文明宣传普及角度为城乡一体化长远发展打下坚实基础。

5.4.5　构建以乡村社区为主体的政策配套机制

为保障城乡统筹一体化发展的有效实施,必须立足于以乡村社区为主体的机制创新,加快完善相应的城市边缘区户籍、医疗、社会保障、住房建设、金融财税等配套政策。

（1）加大户籍制度改革力度

人口发展是城乡统筹发展的核心,户籍制度把人口划分为农业人口和非农业人口,农村和城镇分别是这两类人口聚集的区域,城市边缘区则是这两类人口混杂的区域。城镇化过程中,大批农业人口从农村向城镇集中,但是只有很少一部分能够成为城镇非农业人口,其他大部分则成为流动在城镇和农村之间的第三类人口——农民工。

因此,要实现城乡统筹发展,首先必须加快扫除农民变为市民的户籍障碍。加大户籍制度改革力度,引入市场机制并完善法规,切实解决失地农民的就业和生活保障问题。实行城乡一体化的户口登记制度,统一登记为"城市居民"户口,逐步过渡到以身份证代替属地户籍的管理制度,允许农民工职业与身份、住地与户籍的同步转换,实现公民身份在法律意义上的平等。其次应完善土地政策、转移就业输出政策、创业优惠政策、有关费用减免政策,并逐步完善所有社会保障政策,真正为促进农业劳动力的转移开发提供保障。

同时,户籍改革不仅要变动户口,更要改变社会福利分配都以城镇户籍为依据的现状,体现城乡利益和权利上的对等。因此,在城、乡一体化户口登记制度基础上,应同时改革人口管理制度,逐步剥离附加于城镇户籍的社会生活权益,以社保户头为切入点,探索以社保户头对常住人口和流动人口进行动态管理,社会福利的分配按社保户头进行的方式,逐步消除城乡户籍实质性差距。推行流动人口居住证制度,健全区域内流动人口就业、培训、就医、定居、子女入学等制度和政策,促进农民由就业转移向居住性转移转变。

（2）进一步完善医疗与社会保障政策

医疗与保险政策应围绕失地农民养老、新型合作医疗和农民工保险等热点问题,开发惠及农民的新政策。以建设覆盖城乡居民的社会保障体系为目标,尽快建立城乡全覆盖、统一的养老保险、医疗保险和最低生活保障制度,提高农民社会保障水平。

首先在完善进城农民工社会保险制度的同时,应根据统筹城乡就业试点工作要求和农民工最迫切的社会保障需求,尽快制定“失地农转非人员社会保险办法”。建立农民工的医疗、养老、失业、工伤、生育等保险制度,推行以个人账户为核心的低门槛的“便参保、广覆盖、易转移”的农民工保险办法。在参保资格上应打破原来的城市居民身份限制,只要参保人员按养老保险条例的要求按时足额缴纳保费,均可参保并享受同等养老保险待遇。在缴费金额上适当优惠,争取覆盖进城务工人员。

其次应积极构筑农村社会保障底线。在目前国家财力有限的情况下,应遵循“低门槛、广覆盖、有保障”的原则,在农村设立包括医疗保险、基本养老保险和最低生活保障在内的三条社会保障线。可由中央补助一部分,地方各级政府和农民分担一部分,并将农保基金纳入各级社会保险基金监督范围。探索建立以“城乡合作医疗”制度为核心的医疗保险改革方案。为解

决农民养老保险费用不高的问题,可以采取建立农业社会养老保险社会统筹与个人账户相结合的模式,按照"三个一点"的筹资机制运作,在乡村地域的农民养老保险费应由个人、集体与地方财政分别负担,按比例缴费。每年的缴费比例应根据农民年均收入水平整理。同时,建议将新增"敬老院"的建设经费纳入各级财政预算。同时应按照"应保尽保"的原则,积极尝试全面推行城乡统一的最低生活保障标准。

最后应积极鼓励失地农民"以土地换社保"。该办法是一种使失地农民获得可靠社保资金来源的新兴途径,能够帮助农民补充个人账户资金,有效免除农民后顾之忧,推动土地流转。

(3)积极探索新型住房保障政策

"居者有其屋"的城市住房建设理念应扩大到城市边缘区城乡统筹中。一方面,城镇应加快推进政策性住房建设,将进城农民工纳入政策性住房覆盖范围,逐步解决进城农民工和农民变市民的住房问题。同时,鼓励引导农民自愿放弃宅基地,向城镇和中心村集中居住。

2004年武汉市农村居民点用地面积49059.74公顷,占全市总建设用地面积的42.4%,人均用地面积184.6平方米,大大超过了村镇规划标准中人均150平方米的最高指标。而根据《武汉城市总体规划(2006—2020年)》,2020年全市城镇建设用地规模为1030平方千米,都市发展区城市建设用地规模约为900平方千米,则农村居民点用地总面积约130平方千米,规划至2020年,农村居住人口190万人(现状265万人),由此推算农村人均建设用地规模达68.4平方米。其中,中心村(农村新型社区)人均建设用地规模为50~60平方米,基层村人均建设用地规模为60~80平方米。武汉市2009年完成的《武汉市新农村建设空间规划》,针对农村地区普遍存在的聚居点多、小、散以及建设较为粗放的传统问题,提出通过适当迁并农村聚居点方式,构建"城—镇—村"3级、7个层次的居民点中心体系。到2020年,将现有的1.6万个农村基层居民点减少到7000个左右,形成23个新城、15个中心镇、107个重点中心村。依据不同的现状条件、人口规模、区位交通条件、生态资源和发展潜力等,将重点中心村分为保留重点发展型村庄和保留适度发展型村庄。保留重点发展型村庄是指现状具有一定规模和较好发展基础及条件的村庄,主要是中心村。本类型村庄结合农业规模化和生活集中化,以建设农村新型社区建设为目标。保留适度发展型村庄指现状具备一定条件、可适度发展的村庄,主要为基层村。本类型村庄以环境整治和配套设施建设为重点,鼓励有一定经济基础又有合并意愿的自然村并入保留村,减少自然村的数量,实现集约化发展,探索、建立村庄跨地域联合组成社区的方式。积极引导农村居民向中心村集聚,通过乡村道路建设、市政设施建设、公共服务设施建设改善中心村的对外通达性、对内生活舒适性。适时以农村现代化产业体系、农村新社区、农村素质公共服务体系和城乡配套建设为重点,大力推进农村地区现代化发展,全面推进村湾向农村新社区转变,提高村民生活质量,在提高农村居民点利用效率的同时,实现传统农村向现代农村的发展,在城乡五个层次中心体系结构基础上,按中心村—基层村的结构层次,确定各层次村庄职能的空间布局要求(图 5-17)。

图 5-17 武汉市域城乡居民点体系图

资料来源:武汉市城市规划管理局编制.武汉市城乡建设统筹规划(2008—2020).

中心城和中心镇是加快城镇化、实现城乡一体化的主要推动力,中心集镇和中心村则是社会主义新农村建设的主要载体。具体来讲,中心集镇是

农村中工农结合、城乡结合、有利生产、方便生活的社会和生产活动中心；中心村是农村中从事农业、家庭副业等生产活动的居民点，具有为本村提供基本服务的配套设施。

另一方面，在逐步推进"宅基地换住房"的计划时，必须建立相应的测算标准和相关政策，帮助迁并的农民获得补偿或用于置换城镇住房。同时允许在城镇务工的农民和在城镇已有居所的农民出租、转让在原籍的房屋或宅基地。与此同时，各城区、乡镇、村三级财政和农民个人应多方筹资改造旧农房，建设新农村，具体的资金分摊比例可根据各地情况具体设定，农民出资方式也可选择现金支付或出工出力等不同形式。在迁村并点的新农村规划建设中，也必须注意大力发展宜农产业，提高农业产业化水平和发展质量，严格控制用地扩张。一般村庄最小规模为 1000～1500 人，特大型村庄规模为 3000 人，适宜规模按 1500～2000 人控制。用地规模按人均 90～120 平方米控制，一般以人均 100 平方米为宜，按居住户数或人口规模划分为村（社区）、组团两级。相反，历史文化名村、名镇则应适度控制人口规模，限制大批量人口迁入。

（4）全面扩大财税金融政策

一直以来，我国实行的城乡分割的财税金融制度造成了农村基础设施供给严重不足，农村教育、文化、卫生、社会保障等发展滞后，资源要素向城市快速流动，农村劳动力转移缓慢，城乡收入差距不断扩大，农村消费品市场份额持续萎缩等一系列问题。因此，实行城乡统筹的财税金融制度，应从扩大公共财政覆盖范围、完善农村金融服务体系、建立规范的城乡统一税制、防范农业风险等几个方面着手，加快城乡财政体制改革。

第一，扩大公共财政覆盖范围。以武汉为例，目前农业和农村非农产业发展所需要的资金和政府投入仍然不足。同时现状投资分布存在明显不均现象，各类投资集中在城区周边乡镇，而江夏、黄陂、新洲、汉南、蔡甸、东西湖等远城区乡镇投资不足，在未来的一段时期与其他地区的发展差距将进一步扩大。

政府财政的改革方向将是负担更多的公共职能。公共财政应逐步退出竞争性领域（属于产业发展类领域），加大对"三农"、社会保障、科教文卫、生态环保、公共安全等民生性领域的投入。利用财政贴息、补贴和税收政策，提高投资引导水平，支持农村重点领域和薄弱环节的发展。具体来讲，就是政府投资应向远城区转移，向村公共服务设施（以公益性公共服务设施为重点）和基础设施建设（以道路、能源、自来水、环卫设施建设为重点）与生态建设和环境保护转移，发展农业产业化经营工程、农村扶贫开发工程和农村环境建设工程。

出台土地流转扶持政策和相关奖励政策，有效解决土地流转资金难的问题。可设立专门的"土地流转基金"，基金来源主要为政府补贴、社会捐助和土地流转中的部分收益。基金的用途可以设定为针对农村土地流转项目的补贴和奖励。对农户投资兴建直接受益的生产生活设施，可给予适当补助。企业捐款和投资为土地流转集中区特别是"四荒地"流转进行设施建设，可以按规定享受相应的税收优惠政策。对土地流转业绩较好的镇村、直接参与流转工作的镇村相关人员、有关中介服务组织及带动效应明显的业主给予一定的资金奖励。

第二，完善农村金融服务体系。长期以来，农村金融发展中的关键性难题在于农村金融需求方在提供抵押物（农民的土地、房产没有产权权证，不能作抵押）、资金需求规模等方面存在着明显的缺陷，使得商业性金融不愿涉足农村建设，政策性金融扶持功能缺位，农村信用社支农乏力，同时邮政储蓄的分流更加剧了农村金融市场的资金供求失衡，多种因素最终造成广大的农民和城乡众多中小企业融资难。同时由于武汉城市圈综合配套改革实验区批准建立的时间短，还没有建立专门为统筹城乡发展服务的银行，城乡统筹领域仍然存在金融空白点。

因此，深化金融体制改革，统筹城乡金融发展，要从培育农村资本市场（培育适合农业产业特点和农村中小型企业发展需要的金融组织）与优化农村金融布局两方面着手，为金融资源从非农产业向农业、从城市向农村流动构造机制、疏通渠道，完善城乡一体化的金融服务体系。

应鼓励与建立多元化投资融资体制，努力形成商业金融、合作金融、政策性金融和小额贷款组织、农村资金互助社互为补充、功能齐备的农村金融体系，积极利用多层次资本市场提高农业资产资本化水平。放宽农村地区

银行金融机构准入政策的试点范围,允许不同所有制的金融市场主体进入农村,使国有银行和信用社处于竞争的市场环境。设立村镇银行、贷款公司、农民资金互助社、小额信贷组织等新兴农村金融机构。实施农村信用社改革,按照股份制、股份合作制、合作制三种产权制度及股份制银行、县级信用联社、县乡镇各级联社和兼并重组四种改革形式扩大农村信用社改革试点范围。

同时应优化金融机构布局。新型农村金融机构的布局应有明确的区位导向,主要着眼于农村金融服务出现空白或竞争不充分的地区,特别是鼓励或适宜土地大规模流转的地区,从而改变农民恶劣的初始条件,促进其土地流转的积极性。

引导各类金融资金投放方向和政府投资转移重点。采取增加农资综合直补、增加良种补贴、提高粮食最低收购价格等一系列综合措施,进一步加大对农业和粮食生产的政策支持力度。鼓励发展中小企业投资引导基金,强化对农业高科技企业的支持力度。加强对中小企业的贷款力度和担保机制,开展金融支农贷款营业税全免试点。建立土地收益支农机制,设立"土地基金",将大部分土地出让金用于农村公共服务项目和设施的资金补助。建立多种形式的担保机制,引导金融机构增加对"三农"和土地流转运作的信贷投放。

第三,建立规范的城乡统一税制。现行的农业税收制度带有明显的城乡二元结构特征,从长远来看,我国农村税费改革应和城市的税制改革统筹考虑,在取消农业税的基础上,对农民按城乡统一标准征收个人所得税,同时对农民使用集体所有的土地和个人财产,应在城乡统筹的框架下研究出一套可行方案,征收土地使用税和财产税。

第四,防范农业风险。应建立完善的农业农村保险体系,逐步形成农业灾害风险分摊机制,并将商业金融和商业保险引入农村和农业,改变以前多由财政买单的三农补贴状态,减轻财政负担。

在财政政策方面加大对农业保险的扶持力度。以财政扶持为主,进行商业化运营,增加对农业保险的补贴,形成"先粮食作物、后经济作物;先种植业、后养殖业"的基本补贴路径。同时实施农业保险税收优惠,除了免征种植业、养殖业保险的营业税、印花税,对于涉农保险,降低营业税、印花税税率,给予一定的税收扶持。在免征农险所得税的同时,准予"以商补农"部分税前扣除,通过"以险养险",改善目前农民付不起、保险公司赔不起的农业保险发展局面。还可向办理农业保险的保险公司提供专项管理费补贴。

合理安排资源配置倾斜政策,发挥城市业务在资金、管理、产品、信息等方面的辐射和带动作用。借助信息技术系统,加强和改进基础管理、资本管理、风险定价管理等,建立服务于"三农"的风险防控长效机制。

5.5　基于国情综合运用具有中国特色的规划机制建设模式

多中心平衡的理论基础来自西方制度经济学和公共管理理论,是市场经济发达的国家和地区的经验总结。尽管多中心理论倡导的公共服务机制总体上有其制度上的优越性,但是并不代表它就是通用的最佳模式(这本身也不符合多中心理论的要求)。因而并不是所有的发达国家的做法都可以无条件照搬,就北美地区的公众参与而言,其中也存在着诸如旷日持久、耗费公共资源、延误规划决策、容易为利益集团所控制等一系列弊端①。按照制度经济学的分析要求,在制度的形成过程中,非正式规则是制度移植成功与否的关键,结合我国的国情和民主制度建设的实际情况,我们必须有选择地建立具有中国特色的规划机制建设模式(尽管未来一段时间内较为理想的模式将依然在政府主导的框架内开展,但多元平衡机制所倡导的各类社区自治组织,特别是乡村社区组织将有望担负其社区小规模建设与自主更新的主要任务),这样才能扬长避短,既发挥我国决策体制民主集中的优势,又避免制度变革偏离公共期望。在一定时期内,强调分散授权的多中心机制与强调权力集中的传统单中心机制,不仅不会相互对立,而且有可能相互共存互补、有机结合,共同发挥各自的优势,形成一股合力,关键是根据不同情况、不同使用对象灵活选择合适的机制。因此,多元平衡机制将在不同领域、不同时间内作为对传统一元主导机制的改善或者补充,为增强市场条件下规划调控的有效性发挥其应有的作用。为更好地灵活掌握二者的调控作用,现将一元主导规划机制与多中心平衡规划机制的综合比较总结为表 5-17。

---

　　① 梁鹤年.公众(市民)参与:北美的经验与教训[J].城市规划,1999(5):49-53.

表 5-17　一元主导规划机制与多中心平衡规划机制的综合比较

	传统一元主导规划机制	多中心平衡机制
规划权力主体	政府	政府、社区管理机构、公众参与决策机构
特征	呈现政府力过于强大、市场力片面突出而社会力过于弱小的不均衡格局	在政府主导下,实现政府力、市场力和社会力的相对平衡
结构体系	层级制、僵化的单一管理	三级双层制多元管理
更新实施主体	①政府;②企业	①政府;②社区;③符合条件的社会团体;④企业
应用范围	仅限于城市建设区范围内的建设活动	着眼于城乡区域内,重点是乡村地区的建设活动
规划编制体系	控制性详细规划、城市设计、各类专项规划,偏重物质形态规划	综合发展规划或社区层面上、与居民日常活动密切相关的更新制度和政策
规划目标	以城市自身发展为主,为此牺牲乡村地区的发展权利,丧失历史文化价值多样性	以实现城乡一体化共同发展为核心,注重对乡村的利益保护,延续民族历史文化多元特色
规划实施途径	①行政指令性;②企业开发	①公私合作;②社区与企业合作;③社区自助式更新等多种方式
更新实施特征	自上而下推动的大规模更新	自上而下与自下而上相结合的渐进式更新,通常以社区为实施单元
技术支持条件	政府指定的规划设计单位	社区自主选择或政府指定的规划设计单位、社区自主聘请的社区规划师

238

	传统一元主导规划机制	多中心平衡机制
技术监督	自我评估及事后监督道德标准的建立	多元主体、公开透明的科学评估、全程监督
实施模式	政府自上而下推动的单一财政模式	多元化财政投资融资与个体多种方式建设模式

从表 5-17 的综合比较中可知,如何在具体的实施过程中选择一个适合中国国情、适应地方特点的边缘区规划模式任重而道远;如何把握二者的适用程度,是一个长期探索的课题。但对于地域广阔、利益主体众多的大城市边缘区来说,借助制度分析来剖析规划行为的内在机制,规范不同的主体建设行为,是新时期我国城乡统筹发展目标下一条行之有效的正确途径。

第6章　转向多中心平衡的大城市边缘区

大城市边缘区是转型期内大城市快速扩展背景下,城市外向拓展的唯一空间载体。它是城市要素扩散与乡村要素集聚相互渗透、相互影响的混合区域,是实现城乡统筹一体化发展的重要前沿阵地,具有其自身特有的发展规律。

本书在面对我国特有的城乡二元结构实际国情以及经济体制转型中多元利益群体分化与博弈的现实情况下,将大城市边缘区作为一个整体系统,从大城市扩散中边缘区空间结构的历史演化特征与发展趋势的角度,依据新制度经济学、公共管理学等学科的有关理论,综合运用比较研究、原型分析、实证研究、归纳逻辑总结等方法,对当前由政府主导的单中心规划机制展开了剖析,以武汉市为例,循序渐进地阐述了传统规划机制的成因和弊端,提出了转型期我国大城市边缘区规划机制变革的方向;并从管理组织架构、决策机制、实施机制等方面,深入、系统地研究了边缘区多中心平衡的规划机制构建框架及其主要内容,提出了以下主要思考。

①通过国内外大城市空间扩展中边缘区的形态阶段演变特征的对比分析,从理论和实践两个方面分析了转型期我国大城市边缘区规划机制的内涵和发展规律;阐述了市场经济条件下,政府一元主导规划机制暴露的某些日益明显的公平和效率缺陷所导致的城市边缘区空间无序蔓延与混乱发展;总结了其发展演变在空间、政策、管理、社会环境等方面存在的诸多问题。但寻根求源,只有找到引起这些问题的内在运行机制,才能从本质上真正解决规划失效的问题,仅仅依靠规划方法的改进是无法突破现有束缚的,必须转换思想,另辟蹊径。

②基于城乡统筹、城乡一体化发展目标要求,通过引入新制度经济学和公共管理学理论,重新认识和探讨了转型期城市边缘区空间发展的内在运

行轨迹。借助新制度经济学中有关制度非均衡向制度均衡转化的变迁理论,总结了边缘区规划机制形成过程中所具备的"初始均衡—中期僵滞—末期创新—新始均衡"四个螺旋循环上升的内在演化阶段特征,分析了城市边缘区空间过去、现在以及未来的发展态势,阐述了现阶段规划机制的变革。只有从规划制度的外生变量(制度环境)以及内生变量(制度结构安排和实施措施)两个方面出发,方可构建一个运行良好、效率高的规划机制,对协调城市边缘区中多元利益主体的博弈行为,降低社会总体交易成本,真正实现边缘区空间城乡统筹发展目标发挥关键性作用。

另外,针对边缘区空间拓展中的多元主体分化的现实问题,通过"单中心"与"多中心"理论对比分析,提出了基于乡村社区自主的多中心平衡规划机制可以在特定范围、特定阶段内,弥补传统政府一元主导模式的不足;明确了通过协调市场环境中多元利益主体的博弈行为,明晰产权权利约束,可以大大降低规划行为与外部主体之间的交易成本,有效保障乡村地区弱势群体的话语权,进一步改善并有效发挥规划调控的实质作用。

同时本书也进一步阐述了以多中心理论为背景的多中心平衡规划机制是转型期实现边缘区城乡统筹发展的有效途径。一方面,它可以充分发挥市场经济条件下多元市场主体在资源配置方面的效率,打破传统公私部门之间必然的界限,避免了现实运作中公私两极分化的弊端,为政府的宏观调控行为与市场的效率配置提供了有机的契合点,也有利于引导市场行为满足日益多元化的公共利益服务需求。另一方面,它在规划过程中重视发挥长期被忽视的社会公众作用,通过制度内外的机制创新,将过度集中的规划组织结构体系和决策程序予以变革,将权力向体制内的基层机构和体制外的社区自主组织及公私联合的公众管理组织转移,实现了"自上而下"与"自下而上"相结合的多元化规划管理模式,使传统失衡的规划机制重新找到平衡点,向公平与效率的目标迈进,促进城市边缘区的可持续健康发展。

③以现状问题为导向,按照制度经济学还原问题本原的制度分析方法,分别从规划制度的理论和武汉市实证研究层面予以解析,提出了城市边缘区的多中心平衡规划机制框架体系内容。

241

a.在规划管理组织架构重构层面。

首先,提出了三级双层制的规划管理组织体系。通过在城市边缘区所采取的市、区双层配置的方式,将原有规划管理的层级制结构予以扁平化,进一步减少管理层次,扩大管理幅度,使规划决策权延伸至基层,既实现了包括乡村在内的边缘区中、下层次政府满足基层多元化规划管理的灵活机动要求,又有效克服了以往单一僵化的规划管理层级制弊端;同时为适应多中心发展的实际需求,在管理决策体系之外明确提出了专业组织机构的技术支撑作用和管理体系内乡村社区规划师的职责和地位。

其次,为更有效地发挥三级双层制的规划管理分工与合作的优势,立足于城乡规划公共服务的制度特点,充分发挥社会"第三极"的作用,提出了农民工会等组织建设的内涵和作用范围,以填补行政组织无法及时有效提供的一些公共服务职能,进一步完善了为适应边缘区多元化发展而构建的多方公众参与的管理组织框架体系。

最后,为保证规划管理组织的高效运转,从改革制度约束、产权约束以及文化观念入手,提出了边缘区规划管理中不同实施行为主体之间的相互制约机制,以及以法律、制度等为手段的信用保障机制。针对边缘区内乡村规划实时动态监督需求,积极完善相应城乡规划督察员制度,探索建立高效廉洁、独立于规划行政管理体系的规划监督检查机构和效能评价机制。

b.在规划决策机制的完善层面。

首先,考虑到边缘区现有城乡规划分割的情况,明确了从"以城市为主"转向"城乡覆盖"过程中城乡一体化规划的核心内容,应是积极探索城乡统筹规划中国民经济和社会发展规划、城市总体规划、土地利用总体规划、环境保护规划"四规合一"的工作平台;提出了通过整合四类规划内涵,实现城乡统筹的部门协调决策平台机制的主要内容,进一步强化了巨大的城乡差异和快速的城镇化进程中城乡统筹的宏观指导作用。

其次,按照多中心理论的要求,为适应多元化主体分散决策组织方式以及多元化公共服务供给要求,提出了边缘区规划决策的主导内容。即规划编制方面,为克服单中心模式下"供给不足"的制度缺陷,实现全市域(含乡村地区)的分级编制管理方式,提出了面向城市边缘区实际需求的"1+N"规划编制模式,并通过树立一体化的思维模式,完善了各类规划编制标准和编制内容及类型的科学划分,重点是对边缘区内非建设用地予以详细的功能区划;规划审批管理方面,跳出原有单一规划管理层级制的制约,面向边缘区复杂的多元化利益主体管理实际需求,突破以往按行政界限和规划类别进行市、区规划管理分工的原则,针对不同的政策区划,从不同功能所属的空间范围来确定市、区审批的基本原则和内容以及相应程序,力求真正做到强化刚性管理、增大弹性管理,填补乡村地区规划管理的空白;规划决策实施方面,按照三级双层组织架构体系,考虑编制和审批程序的不同类别和政策区划要求,提出了实施调整的程序和步骤,并明确了区级规划委员会人员构成涵盖政府、市场、社会(特别是乡村)三个层面的不同利益主体代表。

最后,为强化多元化规划决策程序,在总结现有公众参与局限性的基础上,提出了城市边缘区公众参与的拓展途径,通过以乡村社区为基点的公众参与机制建构,进一步完善公众参与的内涵,确保从规划决策到规划编制再到规划实施以及最后规划监管全过程的参与,大力拓展多种形式的公众参与渠道和方式,高度重视非政府组织和乡村社区组织的建设,并通过政府的公共干预,增强公众参与的法律保障地位。

c.在规划实施机制的创新层面。

按照制度经济学的理论,任何制度离开了实施机制就形同虚设。转型期城市边缘区的制度建设核心在于实施机制的创新,针对现状边缘区发展存在的突出问题,从土地供应制度、市场调控模式、劳动力转移措施和公共服务协调建设措施及配套的实施政策保障等方面,提出了切实可行的产权明晰和价值平等的有关政策、相关策略和运作模式,以确保规划机制的有效运转。主要内容包括以下五个部分。

Ⅰ.按照新制度经济学的产权界定和产权特点,针对城市边缘区内农村集体土地的公有制与建设用地国有制之间产权的外部性问题,通过明晰城乡多元化的产权配置,解决城乡土地之间的价格差异和产权残缺的矛盾,加速建立城乡土地流转制度,规范土地流转行为,加大集体土地流转市场的培育力度,提高补偿标准,建立共有产权在内多样化产权配置模式的分层次多元化土地供应机制。

Ⅱ.根据制度经济学交易成本的理念,通过生态产权的约束和安排,借鉴国外有关经验,提出了建立边缘区土地开发"生态产权银行",将生态产权与开发权和空间资源要素挂钩,土地开发强度与市场价值匹配的容积率转移、转让机制,通过经济杠杆与规划宏观调控的结合,充分发挥产权利率等市场调控手段的作用,实现城乡一体化的健康发展。

Ⅲ.在工业化与城市化发展的中后期,人口的集聚引发了需求的增长,从而促进地方产业发展,并吸引区域外的劳动力向该地区转移。特别是伴随区域中心大城市的产业结构调整及升级,产业的深化发展会派生出对服务业的强烈要求,从而拉动服务业发展。因其具有更高的就业弹性,大大弥补了工业吸纳能力的不足,促进了农村剩余劳动力继续向非农产业转移。本书以此为契机,以武汉市为实例,在丰富边缘区产业类型的前提下,提出了劳动力转移的拓展实施机制:一方面要加快城镇化进程,特别是中心集镇的城市化发展进程,增强吸纳农村劳动力的蓄滞能力;另一方面大力促进农业产业化、规模化的集约发展,带动乡村地区的整体发展,实现就地安置部分剩余劳动力,同时做好失地农民的就业技能培训,尽快完善促进农村剩余劳动力转移政策措施,降低农民进城门槛。

Ⅳ.针对城乡基础设施差异大、各种功能布局不合理、设施共享性差等突出问题,为实现基本公共服务均等化的要求,依据多中心的不同层次公共服务供给模式,分别对边缘区内城镇化引导区、乡村协调发展区、生态控制区三个不同区域,从道路交通、水、电及通信等由市政工程组成的基础设施以及包括医疗卫生、教育、文化娱乐等的公共服务设施两个方面提出了不同的建设要求和建设模式。

市政基础设施是根据边缘区内不同区域的发展愿景、目标、战略任务、发展政策、价格收费、管理对策等方面,实行差别化的分区建设与管理要求,从而能在宏观上引导各类市政基础设施配置方式在不同区域发挥优势与效用,公平分担市政基础设施的社会成本,促进基础设施城乡一体化战略目标的实现,最后达到城与乡的"同城化"。

而公共服务设施建设的战略核心点就是缩小城乡之间公共服务水平的差距,努力促进城乡公共服务均等化,特别是在教育、医疗卫生、文化等方面须加大力度,提出了政府、社会及个人相结合的服务供给新体系,以实现边缘区公共服务设施一体化发展。针对不同的地区规模和服务对象的差异化需求,必须按照服务功能和规模对公共服务设施进行分级。对应乡村协调发展区、城镇化引导区、生态控制区三类地区,明确将公共服务设施划分为基础型设施、提升型设施和旅游服务型设施三个级别。第一,在乡村协调发展区应以基础型公共服务设施为主导,重点提出了应适当控制公益型设施的规模以及需按相关标准配置适当的商业服务型设施。并相应提出了乡村社区级别的各类设施配置明细、规模控制标准、指标控制要求和规划空间布局模式。第二,在城镇化引导区应以提升型公共服务设施为主导,结合边缘区乡村发展实际,提出了三级控制模式:区级综合服务中心、街道(中心镇)级服务中心、一般镇(中心村)级服务中心。同时也明确了各级公共服务设施的千人指标建设标准。第三,在生态控制区应以旅游型服务设施为主,提倡通过建设集农副产品生产、绿色生态、休闲观光于一体的乡村综合服务体系,进一步壮大旅游服务、休闲度假等第三产业规模,并形成新型的农村旅游产业体系。结合历史文化名村镇、生态湿地、特色山林的保护与建设,构建边缘区各具特色的生态型服务设施类别。

同时结合边缘区存在的教育、医疗等突出问题,提出了积极推进农村办学体制多元化,形成以政府为主体,社会及个人参与的公共教育服务新模式;在加大政府宏观监管、制度规范、技术援助的前提下,初步构建了乡村医疗服务模式下的半市场化长效运行机制。

面对城市边缘区公共服务设施多中心网络化空间布局的影响,提出了通过社会服务管理方面的网络资源城乡全覆盖的形式,建立城乡资源共享的一体化信息机制,为乡村社区自主治理模式提供可行的操作平台。

Ⅴ.边缘区的城乡统筹是一项系统工程,但现行的管理体制和政策还未形成综合配套的合力,因此,除了在空间规划与功能布局、产业结构等方面需要进行城乡区域统筹,还需要配套覆盖边缘区的城乡户籍、社会保障、住房建设和金融财税等多项公共政策,通过建立城乡平等的社会制度,促进改革的整体推进。在户籍管理方面,提出了推行流动人口居住证制度,健全区域内流动人口就业、培训、就医、定居、子女入学等制度和政策,力求促进农

民由就业转移向居住性转移转变；在医疗、社会保险方面，通过建立农民工的医疗、养老、失业、工伤、生育等保险制度，推行以个人账户为核心的低门槛的"便参保、广覆盖、易转移"的农民工保险办法，在农村积极构筑包括医疗保险、基本养老保险和最低生活保障在内的三条社会保障基本线，同时大力鼓励失地农民采用"以土地换社保"的新兴保障途径；在住房保障方面，提出应将进城农民工纳入政策性住房覆盖范围，逐步解决进城农民工和农民变市民的住房问题，同时，鼓励引导农民自愿放弃宅基地，向城镇和中心村集中居住；在财税金融方面，提出应从扩大公共财政覆盖范围、完善农村金融服务体系、建立规范的城乡统一税制、防范农业风险等方面着手，加快城乡财政体制改革。

④按照制度经济学的分析要求，结合我国的国情，提出必须有选择地建立具有中国特色的规划机制建设模式。在一定时期内，分散授权的多中心机制与权力集中的传统单中心机制，不仅不会相互对立，而且有可能相互共存互补、有机结合，共同发挥各自的优势，形成合力。关键是根据不同情况、不同使用对象，灵活选择合适的机制，这样才能扬长避短，既发挥我国决策体制民主集中的优势，又避免制度变革偏离公共期望。

本书只是尝试通过多学科知识，从问题的本质入手，建立一个适应实际操作的机制，从制度经济学、公共管理学、社会秩序论角度诠释了大城市边缘区规划机制从城乡二元结构分离的单中心主导理论模式走向城乡一体化的多中心平衡理论模式的原因，为中国城市化出现的新问题提供一个解答方法，但并不能全面、系统地解决一切问题。

囿于笔者的能力和学识，本书在解析边缘区空间发展的各种影响因素时仍有不足，在规划机制构建的系统性和针对性结论方面与实际可操作性尚有差距，有待于在以后实践中继续总结。同时采用制度分析的方法研究城市边缘区的规划机制虽有所创新，但因涉及对新制度经济学、公共管理学等多学科理论的借鉴，肯定会出现无法驾驭的窘境，也难免会暴露理论上的粗疏与不足，对大城市边缘区的研究有待于今后进一步提高和完善。

参 考 文 献

[1] BROTCHIE J,BATTY M,HALL P,et al. Cities of the 21st century: new technologies and spatial systems [M]. Melbourne: Longman Cheshire,1991.

[2] CLOUT H D. Europe's cities in the late twentieth century[M]. Amesterdam:University of Amesterdam,1994.

[3] BOURNE L S. Internal structure of the city:readings on urban form, growth,and policy[M]. Oxford:Oxford University Press,1982.

[4] SASSEN S. Cities in a world economy [M]. London: Pine Forge Press,1994.

[5] BROTCHIE J F. The future of urban form: the impact of new technology[M]. London:Croom Helm,1985.

[6] GILLHAM O. The limitless city:a primer on the urban sprawl debate [M]. Washington D. C. :Island Press,2002.

[7] JENKS M, BURTON E, WILLIAMS K. The compact city: a sustainable urban form? [M]. New York:E.&F. N. Spoon Ltd,2000.

[8] MCLAREN D. Compact or dispersed? Dilution is no solution[J]. Built Environment,1992,18(4):268-284.

[9] LOPEZ R, HYNES H P. Sprawl in the 1990s: measurement, distribution and trends[J]. Urban Affairs Review,2003(38):328-355.

[10] MILLS E S. Book review of urban sprawl cause, consequences and policy response[J]. Regional Science and Urban Economics, 2003 (33):251-252.

[11] DUTTON J A. New American urbanism: re-forming the suburban metropolis[M]. New York:Abbeville Pub,2000.

[12] CARRUTHERS J L. The impacts of state growth management programmes：a comparative analysis［J］. Urban Studies，2002，39(11)：1959-1982.

[13] BERTAUD A. Metropolitan structures around the world［EB/OL］.［2022-04-22］. https://alainbertaud. com.

[14] 胡俊. 中国城市：模式与演进［M］. 北京：中国建筑工业出版社，1995.

[15] 张京祥. 城镇群体空间组合［M］. 南京：东南大学出版社，2000.

[16] 张宇星. 城镇生态空间理论：城市与城镇群空间发展规律研究［M］. 北京：中国建筑工业出版社，1998.

[17] 顾朝林，丁金宏，陈田，等. 中国大城市边缘区研究［M］. 北京：科学出版社，1995.

[18] 姚士谋. 中国大都市的空间扩展［M］. 合肥：中国科学技术大学出版社，1998.

[19] 段进. 城市空间发展论［M］. 南京：江苏科学技术出版社，1999.

[20] 黄亚平. 城市空间理论与空间分析［M］. 南京：东南大学出版社，2002.

[21] 朱喜钢. 城市空间集中与分散论［M］. 北京：中国建筑工业出版社，2002.

[22] 冯健. 转型期中国城市内部空间重构［M］. 北京：科学出版社，2004.

[23] 谢守红. 大都市区的空间组织［M］. 北京：科学出版社，2004.

[24] 王兴平. 中国城市新产业空间——发展机制与空间组织［M］. 北京：科学出版社，2005.

[25] 张勇强. 城市空间发展自组织与城市规划［M］. 南京：东南大学出版社，2006.

[26] 熊国平. 当代中国城市形态演变［M］. 北京：中国建筑工业出版社，2006.

[27] 张忠国. 城市成长管理的空间策略［M］. 南京：东南大学出版社，2006.

[28] 储金龙. 城市空间形态定量分析研究［M］. 南京：东南大学出版社，2007.

[29] 段进，比尔·希列尔，等. 空间研究 3：空间句法与城市规划［M］. 南

京:东南大学出版社,2007.

[30] 卢现祥.西方新制度经济学(修订版)[M].北京:中国发展出版社, 2003.

[31] 卢现祥.新制度经济学[M].武汉:武汉大学出版社,2004.

[32] 卢为民.大都市郊区住区的组织与发展——以上海为例[M].南京:东 南大学出版社,2002.

[33] 张京祥,罗震东,何建颐.体制转型与中国城市空间重构[M].南京:东 南大学出版社,2007.

[34] 吴良镛.人居环境科学导论[M].北京:中国建筑工业出版社,2001.

[35] 郭湘闽.走向多元平衡——制度视角下我国旧城更新传统规划机制 的变革[M].北京:中国建筑工业出版社,2006.

[36] 姚士谋,帅江平.城市用地与城市生长——以东南沿海城市扩展为例 [M].合肥:中国科学技术大学出版社,1995.

[37] 姚士谋,朱英明,陈振光,等.中国城市群[M].2版.合肥:中国科学技 术大学出版社,2001.

[38] 章嘉琳.变化中的美国经济[M].上海:学林出版社,1987.

[39] 赵民,陶小马.城市发展和城市规划的经济学原理[M].北京:高等教 育出版社,2001.

[40] 贾德裕,朱兴农,郗同福.现代化进程中的中国农民[M].南京:南京大 学出版社,1998.

[41] 周三多,陈传明,鲁明泓.管理学:原理与方法[M].上海:复旦大学出 版社,1999.

[42] 周一星,孟延春.北京的郊区化及其对策[M].北京:科学出版社, 2000.

[43] 张庭伟.1990年代中国城市空间结构的变化及其动力机制[J].城市 规划,2001,25(7):7-14.

[44] 张京祥,崔功豪,朱喜钢.大都市空间集散的景观、机制与规律——南 京大都市的实证研究[J].地理学与国土研究,2002,18(3):48-51.

[45] 章光日.从大城市到都市区——全球化时代中国城市规划的挑战与

机遇[J].城市规划,2003(5):33-37,92.

[46] 匡文慧,张树文,张养贞,等.1900年以来长春市土地利用空间扩张机理分析[J].地理学报,2005(5):841-850.

[47] 唐路,薛德升,许学强.1990年代以来国内大都市区研究回顾与展望[J].城市规划,2006(1):80-87.

[48] 韦亚平,赵民.都市区空间结构与绩效——多中心网络结构的解释与应用分析[J].城市规划,2006(4):9-16.

[49] 陈睿,吕斌.城市空间增长模型研究的趋势、类型与方法[J].经济地理,2007,27(2):240-244,260.

[50] 余瑞林,王新生,孙艳玲,等.中国城市空间形态分形维及时空演变[J].地域研究与开发,2007,26(2):43-47.

[51] 于立.关于紧凑型城市的思考[J].城市规划学刊,2007(1):87-90.

[52] 张宇星,韩星.城市与区域空间形态中的规模效应研究[J].规划师,2005,21(4):84-87.

[53] 张宇星,韩星.城镇空间的演替与功能聚散效应研究[J].新建筑,2005(1):8-11.

[54] 郭荣朝."边缘效应"与城镇发展空间组合研究[J].城市规划汇刊,2003(4):34-37.

[55] 刘盛和.城市土地利用扩展的空间模式与动力机制[J].地理科学进展,2002,21(1):43-50.

[56] 袁丽丽.城市化进程中城市用地结构演变及其驱动机制分析[J].地理与地理信息科学,2005,21(3):51-55.

[57] 石崧.城市空间结构演变的动力机制分析[J].城市规划汇刊,2004(1):50-52.

[58] 陈蔚镇,郑炜.城市空间形态演化中的一种效应分析——以上海为例[J].城市规划,2005,29(3):15-21.

[59] 唐凯.新形势催生规划工作新思路——致吴良镛教授的一封信[J].城市规划,2004,28(2):48-50.

[60] 王兴平.建立程序机制:城乡规划法制化的必然选择[J].规划师,

2003,19(12):40-43.

[61] 吴志强,唐子来.论城市规划法系在市场经济条件下的演进[J].城市规划,1998(3):11-19.

[62] 仇保兴.城市经营、管治和城市规划的变革[J].城市规划,2004,28(2):8-22.

[63] 殷洁,张京祥,罗小龙.基于制度转型的中国城市空间结构研究初探[J].人文地理,2005(3):59-62.

[64] 杨少华,范红忠.多中心城市的内生形成与政府政策的影响[J].当代经济科学,2006,28(6):15-21+122.

[65] 孙胤社.大都市区与大城市地区的空间发展[J].北京规划建设,1994(3):48-51.

[66] 罗震东,张京祥.大都市区域空间集聚-碎化的测度及实证研究——以江苏沿江地区为例[J].城市规划,2002,26(4):61-63.

[67] 李江,段杰.组团式城市外部空间形态分形特征研究[J].经济地理,2004,24(1):62-66.

[68] 王兴平.都市区化:中国城市化的新阶段[J].城市规划汇刊,2002(4):56-59.

[69] 张京祥,崔功豪.区域与城市研究领域的拓展:城镇群体空间组合[J].城市规划,1999,23(6):37-39.

[70] 张京祥,崔功豪.试论城镇群体空间的组织调控[J].人文地理,2002,17(3):5-8.

[71] 周一星,孟延春.中国大城市的郊区化趋势[J].城市规划汇刊,1998(3):22-27.

[72] 谢守红,宁越敏.中国大城市发展和都市区的形成[J].城市问题,2005(1):11-15.

[73] 姜世国.都市区范围界定方法探讨——以杭州市为例[J].地理与地理信息科学,2004,20(1):67-72.

[74] 石忆邵.从单中心城市到多中心城市——中国特大城市发展的空间组织模式[J].城市规划汇刊,1999(3):36-39.

[75] 谢守红.大都市区的概念及其对我国城市发展的启示[J].城市,2004(2):6-9.

[76] 徐海贤.大都市区空间结构规划策略及其空间组织——以温州为例[C]//中国城市规划学会秘书处.2004城市规划年会论文集(上).北京:中国城市规划学会,2004.

[77] 朱翔.我国城市边缘区可持续发展研究[J].城市规划汇刊,1998(6):16-20.

[78] 朱缨,黄胜利.城市发展与都市型农业[J].城市问题,2002(1):30-32.

[79] 朱会义,何书金,张明.环渤海地区土地利用变化的驱动力分析[J].地理研究,2001,20(6):669-678.

[80] 宗跃光.城市景观生态规划中的廊道效应研究——以北京市区为例[J].生态学报,1999,19(2):145-150.

[81] 宗跃光.城郊化是大都市发展的重要阶段[J].城市发展研究,2000(5):34-38.

[82] 周国华,唐承丽.试论我国城市边缘区土地的可持续利用[J].湖南师范大学社会科学学报,2000,29(2):49-53.

[83] 周一星.对城市郊区化要因势利导[J].城市规划,1999,23(4):13-17.

[84] 姚鑫,陈振光.论中国大城市管治方式的转变[J].城市规划,2002,26(9):36-39.

[85] 张鸿雁.发达国家城市"郊区化"的社会原因分析[J].南京工业大学学报(社会科学版),2002,1(2):45-54.

[86] 赵军.兰州城市边缘区土地利用及其变化研究[J].西北师范大学学报(自然科学版),2000,36(3):67-71.

[87] 赵燕菁.理论与实践:城乡一体化规划若干问题[J].城市规划,2001(1):23-29.

[88] 唐子来.西方城市空间结构研究的理论和方法[J].城市规划汇刊,1997(6):1-11.

[89] 郑柯炮,张建明.广州城乡结合部土地利用的问题及对策[J].城市问题,1999(3):46-48.

[90] 周大鸣,高崇.城乡结合部社区的研究——广州南景村 50 年的变迁 [J].社会学研究,2001,16(4):99-108.

[91] 周大鸣.广州"外来散工"的调查与分析[J].社会学研究,1994(4): 47-55.

[92] 唐子来,栾峰.1990 年代的上海城市开发与城市结构重组[J].城市规划学刊,2000(4):32-37+46.

[93] 周森.城中村改制和改造的思路与对策[J].南方经济,2002(2):57-59.

[94] 刘盛和,吴传钧,沈洪泉.基于 GIS 的北京城市土地利用扩展模式 [J].地理学报,2000,55(4):407-416.

[95] 周建军.对我国城市规划管理体制若干问题的思考[J].城市规划学刊,2000(5):54-57.

[96] 吴志强,姜楠.全球化理论的实证研究:上海城市土地开发空间布局的特征[J].城市规划学刊,2000(4):38-46.

[97] 周一星,孟延春.沈阳的郊区化——兼论中西郊区化的比较[J].地理学报,1997(4):289-299.

[98] 李世峰.大城市边缘区的形成演变机理及发展策略研究——以北京市为例[D].北京:中国农业大学,2005.

[99] 李黎.广州城市边缘区规划管理研究——以数字技术为辅助手段 [D].武汉:华中科技大学,2006.

[100] 周婕.大城市边缘区理论及对策研究——武汉市实证分析[D].上海:同济大学,2007.

[101] 付磊.全球化和市场化进程中大都市的空间结构及其演化——改革开放以来上海城市空间结构演变的研究[D].上海:同济大学,2008.

[102] 丁万钧.大都市区土地利用空间演化机理与可持续发展研究[D].长春:东北师范大学,2004.

[103] 姜怀宇.大都市区地域空间结构演化的微观动力研究[D].长春:东北师范大学,2006.